# 源代码分析

宫云战 邢颖 肖庆等 著

科学出版社

北京

# 内 容 简 介

　　目前,源代码分析是软件工程领域的必备方法之一,有着强烈的工程需求和实用价值,已成为国际学术界和工业界的一个热点。本书从源代码分析的基本概念开始,将其中所涉及的重要的技术和应用——抽象解释、符号计算、区间运算、路径敏感分析、抽象内存建模、上下文分析、程序切片、路径计算和约束求解等,结合大量的实例进行由浅入深的介绍和讲解;同时,在本书的最后专门介绍应用源代码分析技术所研发的一些常用测试工具,并重点介绍两款静态分析工具——DTS、CTS。

　　本书是软件工程领域的专业书籍,可供从事软件工程领域相关工作的研究人员学习和参考。

**图书在版编目(CIP)数据**

---

源代码分析/宫云战等著. —北京:科学出版社,2018.1
ISBN 978-7-03-055188-7

Ⅰ.①源… Ⅱ.①宫… Ⅲ.①源代码-分析 Ⅳ.①TP311.52

中国版本图书馆 CIP 数据核字(2017)第 270213 号

---

责任编辑:张艳芬　朱英彪 / 责任校对:桂伟利
责任印制:赵　博 / 封面设计:蓝正设计

*科 学 出 版 社* 出版
北京东黄城根北街 16 号
邮政编码:100717
http://www.sciencep.com
天津市新科印刷有限公司印刷
科学出版社发行　各地新华书店经销
\*
2018 年 1 月第 一 版　开本:720×1000　B5
2023 年 1 月第七次印刷　印张:17 3/4
字数:358 000
**定价:115.00 元**
(如有印装质量问题,我社负责调换)

# 前　言

　　一般软件工程师所开发的软件,如不经过任何测试,其缺陷密度可达每千行代码 100 个缺陷,而经过个人软件工程(PSP)、团队软件工程(TSP)训练的软件工程师所开发的软件大约是每千行代码 50 个缺陷。软件重用、软件过程控制与管理、软件测试、缺陷管理等技术是减少和发现软件缺陷的主要手段。

　　软件测试是软件开发过程很重要的一步,目前已有数十种软件测试方法,它们从不同的角度验证软件的某些功能或非功能属性,或发现不同的软件缺陷。对任何一种测试技术而言,测得准、测得快、测得多是其研究领域永恒的主题。通过众多的软件测试,逐步降低软件的缺陷密度,直至满足其需求。

　　软件测试是需要大量经费的。统计表明,美国的软件开发,有 53% 的费用投入在软件测试上,美国国家航空航天局甚至高达 90% 以上,而我国的软件开发在软件测试上的投入一般不超过 20%。这也从一个方面说明,为什么我国每年会有十几万到几十万个软件产品推出却没有一个在国际上知名的软件,为什么我国基础软件的产值会这么少。原因就是对软件测试的认识不够,对软件测试的投入太少。目前,制约软件测试技术发展的重要因素之一是测试的自动化问题,手工或半自动的测试需要太多的人力和时间,致使很多软件没有经过严格的测试就进入市场了。

　　代码分析是软件测试的基本方法,就是对代码进行各种计算,以期发现其中的缺陷、安全漏洞等。代码分析的理论研究已有 50 多年,2000 年以后,该技术得到快速发展。以该技术为基础,产生了上百个软件测试工具,现在每年的产值达到上百亿美元。

　　代码分析技术涉及的内容较多,包括抽象解释技术、符号执行技术、路径敏感技术、约束求解技术、上下文分析技术、抽象内存建模技术、区间计算技术、路径计算技术、程序切片技术、循环建模技术和缺陷模式库技术等,通过这些技术的综合使用可以开发出单元覆盖测试工具、集成测试工具和代码扫描工具等。本书对上述技术一一作了论述。

　　作者及团队在过去的 20 年中一直致力于软件测试方法的研究和软件测试工具的研发,在代码分析领域发表了 200 多篇论文,拥有 50 多项专利,所研发的两款代码分析工具——缺陷检测系统 DTS、代码测试系统 CTS 已在国内拥有数百个用户。本书是作者多年研究成果的总结,可为这两款工具的使用提供理论基础。

　　本书由宫云战教授提出写作方案,并进行统稿。邢颖博士具体负责了本书的出版工作，从内容组织到人员分工做了大量工作。中国科学院计算技术研究所李炼研究员、北京化工大学赵瑞莲教授以及在北京邮电大学学习过的邢颖博士、肖庆博士、金大海博士、王雅文博士、张大林博士、杨朝红博士和张旭舟博士参与了本书的撰写。

　　限于作者水平，书中难免存在不足之处，敬请读者批评指正。

作　者

2017 年 4 月

# 目　　录

# 第1章　源代码分析概要

源代码分析的应用从起初的编译领域已经渗透到软件工程的各个领域。目前,源代码分析主要用于缺陷检测、安全漏洞检测、恶意代码检测、源代码相似性检测、代码质量审查、程序理解、性能分析、故障定位、软件调试、逆向工程和中间件等[1]。本章从源代码分析的基本概念开始,通过叙述常用的图、树、表、运算及各种分析方法,为后续介绍奠定基础。

## 1.1　基 本 概 念

### 1.1.1　源代码

源代码也称源程序,是指未编译的、按照一定的程序设计语言规范书写的文本文件,是一系列人类可读的计算机语言指令。因此,源代码是静态的、文本化的、可读的(人能够理解的)计算机程序,该程序可进一步被编译为可执行文件[2]。

由于大量的商业软件获取其开发环境和源代码比较困难,实际的代码分析对象可能是中间代码(intermediate code)、目标代码或可执行代码。中间代码是源程序的一种内部表示,不依赖目标机的结构,易于机械生成目标代码的中间表示。中间代码是可移植的(与具体目标程序无关),且易于实现目标代码优化。目标代码是源代码经过编译程序产生的能被 CPU 识别的二进制代码。可执行代码是将目标代码链接后形成的可执行文件。源代码编译过程如图 1-1 所示,以 C/C++为例,经过预处理过程形成中间文件;经过编译汇编后形成的文件为目标代码;经过链接后形成的代码为可执行代码。

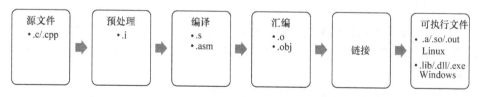

图 1-1　源代码编译过程

### 1.1.2　源代码分析

源代码分析是从源代码或源代码生成的相关构件(如位文件等)中抽取程序信

息并根据需要进行计算的过程。

代码分析技术可以分为静态分析和动态分析。如果一种分析技术可在代码编译阶段发挥作用,那么这种技术就是静态分析技术;如果一种分析技术需要实际运行程序才能得到结果,那么就是动态分析技术。无论哪一种分析技术,所提取的相关信息都应与语言的实际语义保持一致,并有助于人们理解源代码的含义。

### 1.1.3　分析过程

无论使用何种分析技术,所有针对软件源代码分析的工具,其工作方式大致相同。源代码分析的一般过程如图 1-2 所示,它们都接受源代码作为输入,为待分析程序构建可计算的模型,结合大量软件相关属性知识来对这个模型进行分析,并最终向用户提交其分析结果[1,3]。

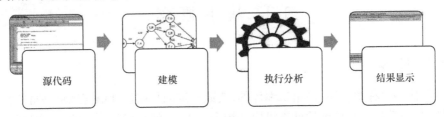

图 1-2　源代码分析的一般过程

### 1.1.4　源代码建模

代码分析技术所提取的信息通常可通过模型来表示,将其转换为一种程序模型,即一组代表此代码的数据结构。因此,源代码分析可视为状态空间中的模型实例提取过程。源代码分析所提取的信息往往是更高层次的抽象语义信息。在源代码分析中,除了宏观上的语法树、控制流图、缺陷模式等模型和数据结构,常见的微观领域的建模还有内存建模、函数建模和循环语句处理建模等[4]。

#### 1.　内存建模

针对 C 语言的源代码分析,内存建模一般包括指针、结构体、数组和字符串等的建模,这些模型用来对被分析的源代码的数据类型进行抽象表征,进而支持相对精确的分析。

指针分析的精度直接影响后续的程序分析。域敏感性用来描述指针分析是否需要区分结构体对象的不同域成员。完整的指针建模本质上是建立一套非标准类型系统,该类型系统由类型和类型规则组成。其中,类型用于描述存储对象的指向情况,存储对象包括程序中出现的标量、数组、结构体和堆对象;类型规则规定了指针分析应该具有的性质及其计算规则,同时保证指针分析的结果可以保守地描述程序实际运行时的动态存储构造。

数组对象的分析十分复杂,尤其是在 C/C++语言中存在着大量的别名关系、变量类型之间的层次关系等关联关系,如果不能有效、完整地表示这些复杂关系,那么分析的精度将会下降。针对数组的内存建模,其难点主要表现在数组的抽象内存表示、数组元素计算、数组与指针的结合、数组与字符串数组的结合等方面。

字符串是通用编程语言中的一种基本数据类型,是一种特殊的字符数组,应用相当普遍。指针的使用使得针对字符串的内存建模更加困难。操作字符串变量的程序经常使用一组库函数,如字符串比较函数、字符串查找函数和字符串复制函数等。目前,常用的字符串处理方法有数组模型方法和约束求解方法。

(1) 数组模型方法是使用数组模型对库函数进行模拟操作,把字符串中的每一个字符元素当做取值范围为 0~255 的整型变量来处理,并且用一组由赋值语句组成的逻辑公式来模拟字符串函数的操作。

(2) 约束求解法是构建字符串变量约束条件,用一组约束条件来刻画字符串变量的属性。给定一个字符串变量的一组约束条件,会输出满足所有约束条件的字符串,或者报告该约束条件是不可满足的。

### 2. 函数摘要建模

函数间分析主要关注函数调用引起的上下文变化,其分析结果可以提高调用函数(caller)内的分析精度。函数调用对调用上下文的影响可以归纳为如下三种:

(1) 函数调用对调用上下文的数据流更新情况的影响,包括传引用式形参及全局变量的数据流更新。

(2) 函数返回值、函数调用引起的其他数据流及控制流的变化。

(3) 调用点处必须满足的数据约束条件。

因此,可以根据上述函数调用的影响和实际分析需求对函数摘要进行建模。

### 3. 循环语句处理建模

在源代码分析过程中,循环语句分析往往难以确定循环具体的执行次数,如果循环每迭代一次都当做一条新的路径,那么将会引起路径爆炸问题。因此,结合分析给出一个有效的循环语句处理模型是源代码分析的必然选择。传统的 0-1 模型和 0-$K$ 模型并不能满足实际计算的需要,主要原因是这种静态的模型往往和实际不符,而本书提出并采用的动静 $K+1$ 模型是一个可行的方法。

# 1.2　语法与语义分析

## 1.2.1　语法分析

语法分析(syntax analysis)是最基本的代码分析,是代码分析的一个基本阶段。语法分析的任务是在词法分析的基础上将单词序列组合成各类语法单元,进而判断源程序在结构上是否正确,按照相应源代码的语法规则进行语法检查。完成语法分析任务的程序称为语法分析器,或语法分析程序[5]。

语法分析就是按照文法的产生式,识别输入符号串是否为一个句子。对一个给定的文法及输入串,要判断是否能从文法的开始符号出发推导出这个字符串;或者从概念上讲,就是要建立一棵与输入串相匹配的语法分析树。

语法分析的方法可分为自下而上和自上而下两种。自下而上分析法的基本思想是从输入串开始,逐步进行"归约",直至归约到文法的开始符号;或者说,从语法树的末端开始,步步向上"归约",直到根节点。所谓归约,就是根据文法的产生式规则,把产生式的右部替换成左部符号。自上而下分析法是从文法的开始符号出发,根据文法的产生式规则正向推导出给定句子的一种方法;或者说是从树根节点开始,往下构造语法树,直到建立每个叶子节点的分析方法。

## 1.2.2　抽象语法树

抽象语法树(abstract syntax tree,AST)在更多情况下是先创建的程序抽象模型,是源代码分析的一个很好的起点。抽象语法树的节点对应于解析树上的源代码。抽象语法树是创建更复杂的图结构(模型)的基础,如控制流图(control flow graph,CFG)等,这些图可用于不同类型或不同复杂程度的分析算法。

程序的语法树是一种树型数据结构,该数据结构充分地说明按照语法怎样看待程序的各个部分,语法树可以通过语法分析得到。完全符合文法规格要求的语法树(或分析树)对于进一步处理并不是最适合的,实际应用时经常会根据需要对语法树作适当的简化和修改,这种修改后的形式称为抽象语法树。为了强调它们之间的区别,把语法树称为具体语法树,相应文法称为该语言的具体语法。

图 1-3 是表达式 b * b − 4 * a * c 对应的分析树,表达式所用的文法与 Java 语言相似:

```
expression→expression '+' term | expression '-' term | term
term→term '*' factor | term '/'factor | factor
factor→identifier | contant | '('expression ')'
```

图 1-4 以 AST 形式表示了同样的表达式。

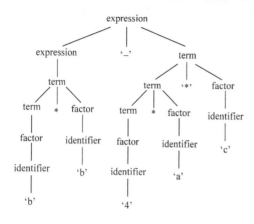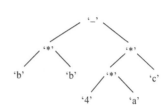

图 1-3　表达式 b∗b－4∗a∗c　　　　图 1-4　表达式 b∗b－4∗a∗c 的
　　　　　的分析树　　　　　　　　　　　　　抽象分析树

　　出于后期建立控制流图、数据流图和调用图(call graph)等的需要,本章所涉及的抽象语法树忠于 Java 语言语法的巴克斯范式(Backus normal form,BNF)原始表达式,仅简化掉一些表达式中的单枝树,抽象程度介于图 1-3 和图 1-4 之间,更接近于图 1-3。下面给出一个简单的例子。

　　源程序为 Welcome.java,代码如下:

```
public class Welcome {
    public static void main(String args[]) {
        b=b*b-4*a*c;
    }
}
```

　　图 1-5 是上述源代码的抽象语法树,该抽象语法树生成单元通过 Java CC 工具辅助生成。

　　大多数程序设计语言使用 for、do、if 等固定的字符串作为语法符号来表示某种构造,这些字符串统称为关键字。除了关键字,变量名、数组名和函数名等字符串统称为标识符,因此关键字也称为保留字。

　　抽象语法树上每个标识符的出现都是独立的,互相之间没有任何联系。例如,对于一个表达式 $i=1$,从语法树上很难了解变量 $i$ 是什么类型,和前面某个 $i$ 是否为同一个变量,这些信息一般都需要符号表来提供。

## 1.2.3　符号表

　　符号表被用来记录标识符(名字)的作用域、声明使用信息,它将每个标识符与

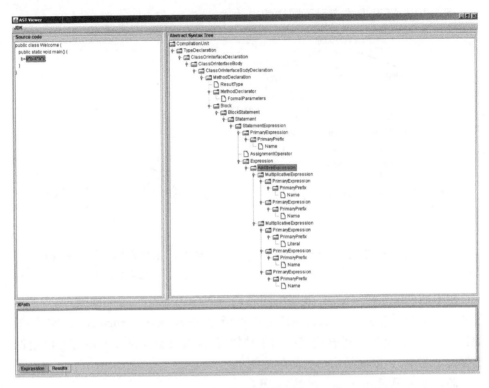

图 1-5　一个抽象语法树例子

其声明位置进行映射。符号表中的每一个记录代表一个标识符。在 Java 语言中，
标识符可以用来表示类(包括接口和枚举类型等)的名称、方法名称和变量名称。
另外,Java 程序中每个标识符都有一个在其内可见的作用域,不同的作用域中允
许出现相同名称的标识符。作用域之间是包含的关系,形成一个树状数据结构,
例如:

```
package XQ;                             SourceFileScope(XQ):(classes:Test,TestCase)
public class Test{                      ClassScope (Test):(methods:f)(variables:y,x)
    public int x=0;                     MethodScope(f):(variables:y,x)
    public float y=0;                   LocalScope:(variables:b,c,a)
    public void f(int x,int y){         LocalScope:(variables:f,d,e)
        int a,b,c;                      LocalScope:(variables:f,d,e)
        {int d,e,f;}                    ClassScope (TestCase):(methods:f,g)(varia-
                                              bles:a)
        {int d,e,f;}                    MethodScope(g):(variables:y,x)
    }                                   LocalScope:(variables:)
}                                       MethodScope(f):(variables:)
```

```
class TestCase{                    LocalScope:(variables:)
  public int a;
  public void g(int x,float y){}
  public void f(){}
}
```

### 1.2.4　语义分析

　　语义分析就是在源代码语法分析的基础上进一步获取程序信息的过程。程序的许多属性都需要通过语义分析来判断,如输入输出问题、停机问题、内存分配、变量的初始化检查、变量使用、变量取值范围和指针使用等。语义分析可以是静态的或动态的,代码的语义分析可以用于获取设计结构、理解和验证代码功能、演化代码和缺陷检测等方面。

　　Rice 定理非正式地指出,所有关于程序“行为”的问题是不可判定的(undecidable)。因此,在语义分析过程中,同时完备、可靠的解是难以求得的,只能追求部分、近似解,这是一种折中且实用的分析路径[6]。

　　形式化方法是一类基于数学的自动化的源代码分析技术的统称。给出一个特定行为的数学描述,该技术可以在某一语义环境下准确地对软件的语义进行推理。常见的形式化方法有模型检测(model checking)、抽象解释(abstract interpretation)、定理证明(theorem proving)和符号执行(symbolic execution)等。

　　1. 模型检测

　　模型检测是一种重要的自动验证技术。它最早是由 Clarke 等[7] 提出的,主要通过显式状态搜索或隐式不动点计算来验证有穷状态并发系统的模态/命题性质。由于模型检测可以自动执行,并能在系统不满足性质时提供反例路径,在工业界比演绎证明更受推崇。尽管被限制在有穷系统上,但模型检查可以应用于许多非常重要的系统,例如,硬件控制器和通信协议都是有穷状态系统。很多情况下,可以把模型检测和各种抽象与归纳原则结合起来验证非有穷状态系统(如实时系统等)。

　　模型检测的基本思想是用状态迁移系统($S$)表示系统的行为,用模态逻辑公式($F$)描述系统的性质。这样,“系统是否具有所期望的性质”就转化为数学问题“状态迁移系统 $S$ 是否是公式 $F$ 的一个模型”,用公式表示为 $S|{=}F$。对有穷状态系统,这个问题是可判定的,即可以用计算机程序在有限时间内自动确定。

　　2. 抽象解释

　　抽象解释理论由 P. Cousot 和 R. Cousot 于 1977 年提出,它是一种基于“格”

理论的框架,主要适合于数据流分析,尤其是对循环、递归等的处理,其主要思想是对代码实际语义进行"近似",用抽象语义模拟程序的实际执行。抽象解释中所涉及的程序语义都可以被描述为相应语义函数的最小不动点,较高抽象层次的语义是其下层语义的可靠近似,低层次语义函数的最小不动点可由高层次语义函数的最小不动点来可靠近似,上述语义的可靠性由伽罗瓦连接(Galois connection)保证[8]。

3. 定理证明

定理证明利用推理/证明机制验证程序的语义问题。程序验证的主要思想是,按照数学的意义精确地指出并证明程序的属性。程序属性由定理生成器以定理的形式指出,而定理的证明则由定理证明器来完成。一般地,先由人工把要证明的程序以定义的形式给出,然后以定理的形式指出程序的属性,最后由设计的定理证明器根据程序定义提出可靠的归纳法模式,将之化为一串要证明的符号执行,通过使用抽象的符号表示程序中变量的值来模拟程序的执行,克服了变量值难以确定的问题。

4. 符号执行

符号执行是在不执行程序的前提下用符号值表示程序变量的值,模拟程序执行来进行相关分析的技术,它可以分析代码的所有语义信息,也可以只分析部分语义信息(如只分析内存是否释放这一部分的语义信息)。假设对程序输入数据 $X$(该 $X$ 为未知数向量)的可执行路径 $P$ 进行解析,首先依次分析程序中的每条语句和指令,将路径 $P$ 中的每一次判断和跳转对输入数据的要求都用 $X$ 的数学表达式即 $P$ 的路径条件(path condition,PC)来表示;然后,对该路径表达式进行求解,得到的输入数据即未知数向量 $X$ 的解,再将该 $X$ 放入程序,就能够执行路径 $P$,进而实现遍历路径的目的。这样,符号执行的过程可概括为假设变量→建立数学表达式→求解数学表达式。因此,符号执行是一种路径敏感性(path sensitive)的程序分析方法,也是程序静态分析和程序自动化测试的重要理论基础。符号执行的最主要贡献是将程序测试问题转换为求解数据表达式的数学问题。

## 1.3　控制流分析

控制流分析的目的是根据程序中的跳转语句构造一个表达程序结构的控制流图。数据流分析可以在控制流图的基础上通过迭代分析得到感兴趣的数据流结果,如变量活性、可达定义和区间分析等。

控制流分析都是基于控制流图(control flow graph,CFG)的基本块(basic block,BB)来进行的。基本块是程序顺序执行的语句序列,只有一个入口和一个出口,入口是其中的第一个语句,出口是其中的最后一个语句。对一个基本块来说,执行时只从其入口进入,从其出口退出。

　　具体而言,在一个基本块内,只有一个入口,表示程序中不会有其他任何地方能通过 jump 跳转类指令进入此基本块;只有一个出口,表示程序只有最后一条指令能导致进入其他基本块去执行。因为,基本块的一个典型特点是只要基本块中第一条指令被执行了,基本块内所有执行都会按照顺序仅执行一次。对 call 语句的处理,一般情况下其调用目标过程后会返回 call 语句顺序的下一条语句。这时,call 语句和它顺序的下一条语句都不会被作为入口语句。但是,如果一个 call 语句有好几个返回地址(例如,Fortran 语言中有 alternate 返回地址),那么 call 语句的下一条语句就应该作为入口语句,否则基本块中将有一条既不顺序执行又不在基本块末尾的指令。C 库函数中的 setjump( )和 longjump( )也有类似情况。

　　控制流图是程序流程图的简化形式。程序流程图是常用的一种程序控制结构的图形表示,在这种图上的框内常常标明了处理要求或条件,但这些在进行路径分析时是不重要的。为了更加突出控制流的结构,需要对程序流程图进行简化。在图 1-6 中给出了一个简化的例子。其中,图 1-6(a)是一个含有两出口判断和循环的程序流程图,把它简化成图 1-6(b)的形式,称这种简化了的流程图为控制流图。

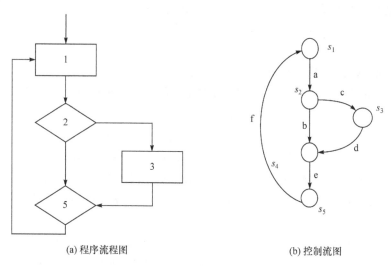

(a) 程序流程图　　　　　　　　　　　　　　(b) 控制流图

图 1-6　程序流程图与控制流图

### 1.3.1　控制流图

　　控制流图是一种有向图 $G=(N,E,\text{entry},\text{exit})$。其中,$N$ 是节点集,每个节点对应程序中的一条语句、一个条件判断或一个控制流汇合点;边集 $E=\{\langle s_1,s_2\rangle\mid$

$s_1$,$s_2 \in N$ 且 $s_1$ 执行后,可能立即执行 $s_2$};entry 和 exit 分别为控制流图的唯一入口节点和唯一出口节点。图 1-7(a) 为一段示例程序,图 1-7(b) 为相应的控制流图。

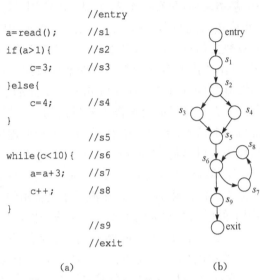

```
            //entry
a=read();   //s1
if(a>1){    //s2
    c=3;    //s3
}else{
    c=4;    //s4
}
            //s5
while(c<10){//s6
    a=a+3;  //s7
    c++;    //s8
}
            //s9
            //exit
```

(a)　　　　　　　　　　　　　　(b)

图 1-7　程序及其控制流图

控制流图是具有单一入口节点和出口节点的有向图。对于非单入口和单出口的程序,可以通过添加统一入口和出口的方法解决。控制流图的节点可分为如下 5 类。

(1) entry 节点:唯一的入口节点,具有 0 个前驱和 1 个后继。

(2) exit 节点:唯一的出口节点,具有 1 个前驱和 0 个后继。

(3) 顺序节点:对应程序中的顺序执行语句,具有 1 个前驱和 1 个后继。

(4) 分支节点:对应程序中的条件判断,具有多个后继。

(5) 汇合节点:对应程序中的控制流汇合点,具有多个前驱。

节点 $a$ 是 $b$ 的支配节点(dominator),表示从 CFG 的 entry 节点到 $b$ 节点的任意一条路径都会经过 $a$ 节点。$a$ 为 $b$ 的支配节点,记为 $a$ dom $b$。这里规定每个节点是自己的支配节点。

直接支配节点(immediate dominator)指在所有节点 $n$ 的支配节点中,它是节点 $n$ 的最后一个支配节点。$m$ 是 $n$ 的直接支配节点,如果 $d$ dom $n$ 且 $d \neq n$,则 $d$ dom $m$。

由 CFG 的节点集 $N$ 和直接支配节点构成的边集组成一棵树,称为直接支配节点树,这棵树反映了 CFG 上所有节点间的支配节点与直接支配节点的关系。

过程内控制流分析方法主要有以下三种:

(1) 用支配节点图找出循环,把循环标记出来供后面的优化使用。因为循环是程序中最值得改进的地方,所以这种方法广泛用于现在的编译器中。

(2) Interval 分析:这是一类分析方法的统称,用来分析单个过程的结构,并把它分解成为一系列有层次的结构,称为 Interval。这些结构的层次关系可以用一棵树来表示,称为控制树。接下来的许多分析和优化就可以基于控制树来完成。

(3) 结构分析:这是 Interval 分析中特别重要且有代表性的一种,常用于许多编译器或优化方法中。因此,结构分析可单独作为一种控制流分析方法。

图 1-8 所示为一个 C 程序代码及其对应的控制流图。

```
void main(void){ //s1
    int current; //s2
    int sum =0; //s3
    int i=0; //s4
    do{ //s5
        printf("\n Enter an integer"); //s6
        scanf("%d", &current); //s7
        if(current >0){ //s8
            sum=sum+current; //s9
            i=i+1;} //s10
    }while(current >0); //s11
    printf("\n Sum of % d numbers is % d\n,i,sum")//s12
} //s13
```

(a)　　　　　　　　　　　　　　　　(b)

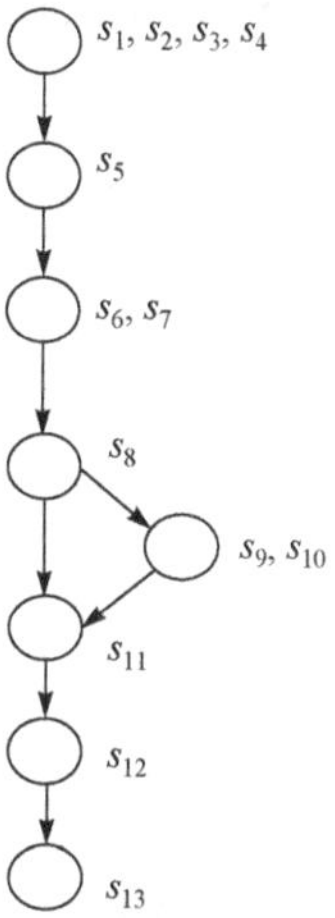

图 1-8　程序代码及其控制流图

在顺序程序中,数据的依赖关系主要包括由控制条件和函数调用引起的控制依赖以及由访问变量和参数传递引起的数据依赖。

(1) 控制依赖关系:控制流图中,如果存在一条从节点 $n$ 到 $m$ 的路径 $p$,节点 $m$ 控制依赖于节点 $n$,当且仅当存在一条执行路径从节点 $n$ 到程序结束但不经过 $m$。

(2) 数据依赖关系:控制流图中,如果变量 $v$ 在节点 $n$ 被定义,在节点 $m$ 处被使用,且存在一条从节点 $n$ 到 $m$ 的路径,变量 $v$ 在此路径除 $n$ 节点外未被重新定义,则称节点 $m$ 数据依赖于节点 $n$。

例如,对于图 1-8 所示的程序,语句 7 定义变量 current,语句 9 使用变量 current,且语句 7 与语句 9 之间不存在对变量 current 的再次赋值,则表明语句 9 数据依赖于语句 7。

## 1.3.2　支配图

在控制流图中,如果每条从 start 节点到节点 $n$ 的路径都必须经过节点 $d$,则

称节点 $d$ 支配(dominate)节点 $n$;类似地,如果从节点 $n$ 开始到 exit 节点的路径都必须经过节点 $z$,则称节点 $z$ 后支配(post-dominate)节点 $n$。控制依赖关系可以由支配与后支配关系来定义,具体如下。

在控制流图中,如果存在一条从节点 $n$ 到 $m$ 的路径 $p$,对路径 $p$ 上除 $m$ 和 $n$ 之外的其他节点 $t$,$t$ 是由 $m$ 后支配的,且 $n$ 不由 $m$ 后支配,则称节点 $m$ 控制依赖于节点 $n$。

例如,在图 1-9 所示的控制流图中,节点 2(对应于 $s_2$,其他节点对应方法与此相同)支配节点 4,因为从节点 start 到节点 4 的所有路径都必经过节点 2;节点 4 后支配节点 1,因为从节点 1 到 exit 节点的所有路径都经过了节点 4;节点 4 控制依赖于节点 2,因为存在一条从节点 2 到节点 4 的路径,且节点 2 支配节点 4。

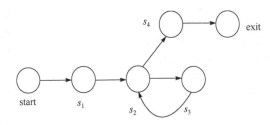

图 1-9　支配与后支配的关系

### 1.3.3　依赖图

给定程序中的语句 $m$ 和 $n$,那么语句 $m$ 和 $n$ 可以通过控制流或者数据流彼此联系在一起。控制流图主要用来描述一个程序中的控制流,如果在控制流中添加所有的数据依赖关系,那么就构成一个程序依赖图。

程序依赖图(program dependence graph,PDG)是一个有向图 $G=(N,E)$,其中 $N$ 为节点集,$E$ 为边集,用来表示一个程序中基本的控制依赖关系和数据依赖关系。例如,对于如图 1-10(a)所示的程序,其程序依赖图如图 1-10(b)所示,其中虚线表示节点间存在控制依赖关系,实线表示节点间存在数据依赖关系。

```
int sum(int n)  //s1
{  //s2
 int sum=0;  //s3
 int i=0;  //s4
 while(i< n){  //s5
  sum=sum+i;  //s6
   i=i+1;  //s7
 }  //s8
 return sum;//s9
}  //s10
```
(a)

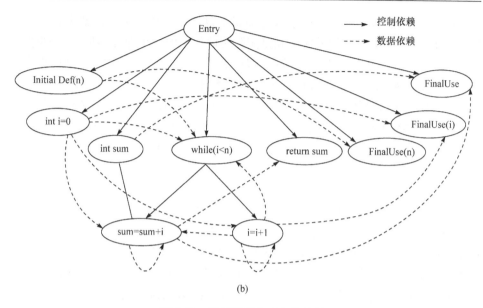

(b)

图 1-10　示例程序和程序依赖图

　　程序依赖图通常是为单一函数的程序而定义的,实际的程序往往由多个函数组成,而系统依赖图就是用来描述由多个函数构成的复杂程序。

　　系统依赖图(system dependence graph,SDG)是程序依赖图的扩展,用来描述多个过程相互作用而构成的复杂程序的依赖关系,由每个过程的程序依赖图通过额外的点和边连接而来。

　　对于每个调用语句,在 SDG 中都对应有 call-site 节点、actual-in 节点和 actual-out 节点,后两个节点为实参设置,用来表示临时变量和实参间的传递。每个程序依赖图中都有一个 entry 节点、formal-in 节点和 formal-out 节点,后两个节点为形参设置,用来表示临时变量和形参间的传递。actual-in 节点和 actual-out 节点控制依赖于 call-site 节点;formal-in 节点和 formal-out 节点控制依赖于 entry 节点。

　　图中额外增加的边有三类:①从每个 call-site 节点到相应程序依赖图的 entry 节点增加一条 call 边;②从调用点中的每个 actual-in 节点到相应被调用过程中的 formal-in 节点增加一条 parameter-in 边;③从被调用过程中的每个 formal-out 节点到相应调用点的 actual-out 节点增加一条 parameter-out 边。其中,call 边是一种新的控制依赖边,parameter-in 边和 parameter-out 边可理解为新的数据依赖边。

# 1.4　数据流分析

　　数据流分析的目的是提供过程如何操纵数据的信息。数据流分析包含范围很广，从简单分析到复杂过程的抽象执行都属于数据流分析的范畴。数据流分析的两个原则为：①数据流方程的解必须是实际正确信息的一个保守的近似；②在保证正确性的条件下尽可能地激进，使其能够提供更多信息，以求从优化中获得更多好处。下面给出数据流分析过程中几个常用的概念。

（1）程序执行路径：是分析一个程序行为的基础，在此基础之上考虑从各个程序点上可能的状态中抽取需要的信息。执行路径（execution path）$p=\{p_1,p_2,\cdots,p_n\}$，其中 $i=1,2,\cdots,n-1$，$p_i$ 为程序点，则有：$p_i$ 为紧靠在一个语句前面的点，且 $p_{i+1}$ 是紧靠该语句后面的点；或者，$p_i$ 为某个语句块的结尾，$p_{i+1}$ 是另一个语句块的开头。

（2）程序状态：可以用来表示某一程序点上所关注的数据流值。跟踪所有路径上的所有状态信息是不可能的，因此，在数据流分析过程中，往往不是跟踪所有程序的状态细节，而是关注某些所需的状态信息，并且将每个程序点与一个数据流值关联起来，进而抽象表示程序在该点的抽象状态。可抽象地将语句 $s$ 之前和之后的数据流值分别记为 IN$[s]$ 和 OUT$[s]$。因此，数据流分析过程是针对具体语句的语义（传递函数）或控制流信息进行求解的。

（3）传递函数 $f_s$：用来计算一个赋值语句 $s$ 之后的数据流值，即 OUT$[s]=f_s(\text{IN}[s])$，为正向数据流求解过程；反之，在逆向数据流求解过程中，将语句 $s$ 之后的数据流值作为输入，即 IN$[s]=f_s(\text{OUT}[s])$。

数据流值在不同语句间传递时需要满足的约束，反映了程序的控制流程。控制流约束从程序的控制流中得到。除了 entry 和 exit，控制流图中包含三类节点，即顺序节点、分支节点和汇合节点。以正向数据流问题为例，对于顺序节点和单纯的分支节点来说，它们将唯一前驱节点的输出数据流值作为当前节点的输入数据流值。

通常将在一个过程中执行的分析称为过程内分析。虽然过程内分析比较简单，但是可能会造成精度丢失，有些分析由于忽略过程间的影响而几乎不会产生有用的结果。

过程间分析处理的是整个程序，且考虑调用者与被调用者之间的影响。一个直观的过程间处理方法就是将过程调用替换为被调用函数的过程体，替换时需要考虑参数传递和返回值。

（4）函数调用图：一个程序的函数调用图（function call graph）是一个节点和边的集合，可表示为 $G=(C,F,E)$，其中 $F$ 表示程序中的每一个过程，调用点 $C$ 是程序中某个过程的调用位置。调用点 $c\in C$ 调用了过程 $p\in P$，就存在一条从程序点 $c$ 到节点 $p$ 的边。如果一个调用过程是通过指针间接进行的，那么被调用过程可能是不明确的，需要关联所有可能的被调用过程。

如果数据流分析的结果与过程调用的历史相关，那么该分析就是过程间相关的。函数摘要技术就是一种典型的上下文相关的分析技术。过程间分析被广泛使用在软件安全漏洞检测方面。如果数据流分析的结果与程序中的位置相关,那么称该分析为控制流相关(流敏感)的。一个数据流分析可以是控制流相关的、上下文相关的、二者都相关或都不相关。

## 1.5 源代码分析常用方法

源代码分析方法可以依据分析的不同侧重方面进行归纳,如静态与动态、可靠与完备、函数内与函数间、流敏感与非流敏感、上下文敏感与非上下文敏感、域敏感与非域敏感等。

### 1. 静态分析

静态(static)分析是在不运行程序的前提下静态地分析程序的语法及语义特征,其分析对象一般是程序源码或者二进制的可执行程序,主要用于编译优化、程序理解及缺陷检测、程序转换等方面。静态代码分析技术可以基于程序片段进行分析,无须执行程序,且可以针对小概率缺陷实施有效测试,因此成为构建可信软件的有效手段。

### 2. 动态分析

动态(dynamic)分析是通过在真实或模拟环境中执行程序进行分析的方法,它依赖于特定输入下的程序执行。动态分析通常使用一个执行文件(trace file)来精确地记录程序的一个执行历史。动态分析考虑程序的输入,因此提升了分析精度;但是分析的正确性只针对特定的某一输入,而不是全部。为获取程序执行时的信息,动态工具常常给被测程序增加了很多的时空开销,从而影响了程序的性能。相反地,静态分析一般不考虑程序的输入,因此面向所有程序的执行,但往往需要对某些执行细节进行近似处理。

### 3. 可靠性与完备性

可靠性(soundness)与完备性(completeness)是数理逻辑中的术语,是逻辑系统满足的性质。

**可靠性定理** 令 $\varphi_1, \varphi_2, \cdots, \varphi_n$ 和 $\psi$ 为命题逻辑中的公式,如果 $\varphi_1, \varphi_2, \cdots, \varphi_n \vdash \psi$ 是有效的,那么 $\varphi_1, \varphi_2, \cdots, \varphi_n \vDash \psi$ 是有效的。这个定理说明,为逻辑系统定义好语法和语义后,如果在语法上可以利用推导规则将 $\varphi_1, \varphi_2, \cdots, \varphi_n$ 转化为 $\psi$,那么在语义上,若 $\varphi_1, \varphi_2, \cdots, \varphi_n$ 都为 $T$,则 $\psi$ 一定为 $T$.

**完备性定理** 令 $\varphi_1, \varphi_2, \cdots, \varphi_n$ 和 $\psi$ 为命题逻辑中的公式,如果 $\varphi_1, \varphi_2, \cdots,$

$\varphi_n|=\psi$ 是有效的,那么 $\varphi_1,\varphi_2,\cdots,\varphi_n|-\psi$ 是有效的。可以看出,这与可靠性定理的定义正好相反,即在一个逻辑系统中,如果从语义上看,$\varphi_1,\varphi_2,\cdots,\varphi_n|=\psi$ 是有效的,那么一定可以为 $\varphi_1,\varphi_2,\cdots,\varphi_n|-\psi$ 找到一个证明。

可靠的静态分析意味着如果分析结果没有报告某类运行时错误,则程序中肯定不存在某类运行时错误,也就是说没有漏报(false negative)。

完备的静态分析则意味着,如果分析结果报告了某类运行时错误,则程序中肯定存在某类运行时错误,也就是说没有误报(false positive),即每一个分析结果都有确定的证据。

不可靠(unsound)的分析不需要对分析结果的有效性负责,但是不可靠的分析往往能够快速地生成近乎足够的、实用的分析结果,而可靠的分析往往以牺牲精度为代价,例如,会产生大量误报,大量的误报会使人对分析工具失去信心。

### 4. 流敏感的分析与非流敏感的分析

流敏感(flow sensitive)的分析在其分析过程中考虑程序的控制流。例如,给定一个程序片段"p=&a;q=p;p=&b",流敏感的指向分析可以判断 $q$ 不指向 $b$;相反地,在非流敏感的(flow insensitive)分析中,忽略了程序点之间的控制流信息,因此要比流敏感分析的精度低,但是具有更高的效率。以上述代码片段为例,流不敏感的分析一定包括"$q$ 可能指向 $a$ 或 $b$",伴随着分析精度的降低,计算复杂性也随之降低。

### 5. 函数内分析与函数间分析

根据对函数调用的不同处理方式,可以分为函数内分析和函数间分析。函数内(intra procedural)分析保守地假设被调用的函数(callee)有可能改变调用点(call site)处所有可见变量的状态,且还可能对调用者(caller)产生某种副作用;函数内分析虽然不精确,但却相对简单。函数间(inter procedural)分析处理的是整个程序,它将信息从调用者传递到被调用者,或者反向传送。根据不同的分析精度,又可分为上下文敏感、非上下文敏感(context sensitive/context insensitive)的函数间分析。

### 6. 上下文敏感的分析与非上下文敏感的分析

上下文敏感的分析是指程序的上下文影响程序的过程间分析。上下文敏感的分析关注过程调用及返回的栈模型。因此,当过程 $P$ 在调用点 $c1$ 被调用时,对过程 $P$ 的分析结果将会仅仅返回给 $c1$;相反地,一个非上下文敏感的分析,会将 $P$ 的分析结果返回给所有 $P$ 的调用点。

非上下文敏感的分析对于每个过程只需要提供一个简单近似摘要,这个摘要必须对所有调用适用,这样就降低了分析的精度。最终而言,所有的分析问题都是一个精度和效率的平衡问题。例如,不精确的指向分析可以在一个线性时间内完成,而精确的流敏感及上下文敏感的指向分析则是一个 NP(non-deterministic polynomial)问题。

### 7. 域敏感的分析与非域敏感的分析

域敏感(field sensitive)的分析方法能够区分处理同一复杂数据结构的不同域(即能够区分形如"p. a"和"p. b"的不同域成员引用),非域敏感(field insensitive)的分析方法则将复杂数据结构作为统一整体进行近似处理。对象敏感针对同一域能够区分其所属的不同对象(即能够区分"p. a"和"q. a"),对象不敏感则将同一域的所有所属对象进行合并近似处理[9,10]。

## 1.6　常用源代码分析技术

基于源代码分析给出的图、树、表以及上述基本分析方法,可以对源代码的某些属性进行计算,以满足后续的需要。下面介绍源代码分析过程中常用的分析技术。

### 1.6.1　程序的抽象

源代码分析过程中,程序往往需要不同层次的抽象[11]。程序 $P$ 可以被描述为一个迁移系统五元组 $(L, X, V, \rightarrow, S^i)$。其中,$L$ 为程序点,可粗略代表程序某一时刻的执行状态;$X$ 代表变量,即程序的内存定位;$V$ 代表变量值的集合;符号 $\rightarrow$ 代表迁移关系,$(\rightarrow) \subseteq S \times S$ 描述了程序执行如何从一个状态进入另一个状态,$S$ 为程序的状态集合,$S = L \times M, M = X \rightarrow V$ 描述某一时刻程序变量取值的存储状态;$S^i$ 为程序的初始状态集合,$S^i = \{l^i\} \times M$,其中 $l^i \in L$ 可理解为一个程序的入口程序点。

程序的一次执行可以用一个状态序列来表示,称这个序列为程序的踪迹。在抽象解释的程序语义体系中,踪迹语义最为精确,抽象解释中所涉及的程序语义都可以被描述为相应语义函数的最小不动点,较高抽象层次的语义是其下层语义的可靠近似,低层次语义函数的最小不动点可由高层次语义函数的最小不动点来可靠近似,上述语义的可靠性由伽罗瓦连接保证。

程序可以看成一个踪迹集合,$[\![P]\!] = \{\langle s_0, \cdots, s_n \rangle \in S^* \mid s_0, \cdots, s_n \in S \wedge \forall i, s_i \rightarrow s_{i+1}\}$。

可以将程序 $P$ 的语义 $[\![P]\!]$ 描述为最小不动点形式:$[\![P]\!] = \mathrm{lfp}_{s_i}^{\subseteq} F_{\bar{P}}$,其中 $F_{\bar{P}}$ 为

语义函数,被定义为

$$F_{\vec{P}}:S^* \to S^*$$

$$\varepsilon \mapsto \varepsilon \bigcup \{\langle s_0,\cdots,s_n,s_{n+1}\rangle \mid \langle s_0,\cdots,s_n\rangle \in \varepsilon \wedge s_i \to s_{i+1}\} \quad (1\text{-}1)$$

存在一个抽象域$(D_M^{\#},\sqsubseteq)$代表程序变量抽象取值,相应的具体函数为$\gamma_M:D_M^{\#} \to \mathcal{P}(M)$,该抽象域可以是区间抽象域(非关系抽象域)或关系抽象域(如多面体抽象域、八边形抽象域等)。进而可以引入如下抽象语义$T$来近似描述程序的踪迹语义$[\![P]\!]$:

抽象域$D^{\#}=L \to D_M^{\#}$,具体函数$\gamma:I \in D^{\#} \mapsto \{\langle (l_0,\rho_0),\cdots,(l_n,\rho_n)\rangle \mid \forall i,\rho_i \in \gamma_M(I(l_i)))\}$。

上述抽象过程将程序踪迹语义抽象为集合语义。相应的用$\text{lfp}^{\#}$表示一个抽象的后置不动点(post fixpoint),给定任意$x \in \mathcal{P}(M),d \in D_M^{\#}$,且有具体域上的迁移函数$F:\mathcal{P}(M) \to \mathcal{P}(M)$及抽象域上的迁移函数$F^{\#}:D_M^{\#} \to D_M^{\#}$,如果$x \sqsubseteq \gamma_M(d)$且$F \circ \gamma_M \sqsubseteq \gamma_M \circ F^{\#}$,那么$\text{lfp}_x F \sqsubseteq \text{lfp}_d F^{\#}$,因此由静态分析工具所计算的程序抽象语义$T$是可靠的。

### 1.6.2 区间运算

区间运算可以发现变量的上下界信息,是最早用于变量值范围分析的方法。区间代数是 Moore 在 20 世纪 60 年代首次提出的,起初主要用于解决数值分析中可靠界限的计算问题,提高计算结果的可靠性,但是很快被广泛应用于物理、工程和经济等领域。

为了保证区间分析的计算效率和终止性,法国科学家 P. Cousot 等于 1976 年把经典的区间算术适配到抽象解释框架下,并提出区间抽象域。区间抽象域是最简洁易用的抽象域之一。

给定$a,b \in \mathbb{R} \bigcup \{-\infty,+\infty\}$,$[a,b]=\{x \mid x \in \{-\infty,+\infty\},a \leqslant x \leqslant b\}$称为有界闭区间,简称为区间(interval)。$a$为区间$[a,b]$的下端点,$b$为区间$[a,b]$的上端点。若$a>b$,则$[a,b]$为空区间用"$\perp_i$"表示,$[\infty,+\infty]$为最大区间用"$\top_i$"表示。所有区间的集合记作 Itvs。下面分别给出区间的偏序关系、区间上的交运算和并运算的定义。

对于两个区间$I_1=[a,b]$和$I_2=[c,d]$,偏序关系$\sqsubseteq_i$定义为:$I_1 \sqsubseteq_i I_2$,当且仅当$c \leqslant a \leqslant b \leqslant d$或$[a,b]=\perp_i$。

$\bigcap_i$和$\bigcup_i$:对于两个区间$[a,b]$和$[c,d]$,其上的交运算$\bigcap_i$、并运算$\bigcup_i$定义为

$$[a,b]\bigcap_i[c,d]=\begin{cases}[\max(a,c),\min(b,d)], & \max(a,c) \leqslant \min(b,d) \\ \perp_i, & \text{其他}\end{cases} \quad (1\text{-}2)$$

$$[a,b]\bigcup_i[c,d]=\begin{cases}[a,b], & [c,d]=\bot_i\\ [c,d], & [a,b]=\bot_i\\ [\min(a,c),\max(b,d)], & 其他\end{cases} \tag{1-3}$$

上述区间的定义是在实数域上给出的,将区间定义中的 R 替换为 Z,即为整数域上的区间定义。在计算机中,数值型变量的最终表示都是离散的。如果最小精度用步长 $\lambda(\lambda>0)$ 来表示,则对于整型变量来说,$\lambda=1$;对于浮点型来说,$\lambda$ 随数轴的位置不同而不同。开区间 $(a,b)$ 在计算机精度限制下可表示为闭区间 $[a+\lambda_1,b-\lambda_2]$。对于整型来说,$\lambda_1=\lambda_2=1$;对于浮点型来说,$\lambda_1$ 和 $\lambda_2$ 的取值分别取决于 $a$ 和 $b$。

基于抽象解释理论,容易验证实数域(具体域)与区间抽象域(抽象域)之间的关系构成一个伽罗瓦连接:

$$\langle\wp(\mathbb{R}),\subseteq\rangle\xrightarrow[\gamma_i]{\alpha_i}\langle\text{Itvs},\subseteq_i\rangle \tag{1-4}$$

抽象函数为 $\alpha_i(X)=[\min(X),\max(X)]$,$S\subseteq\mathbb{R}$,$\alpha_i(\phi)=\bot_i$,$\alpha_i(\mathbb{R})=\top_i$。
具体函数为 $\gamma_i([a,b])=\{x\in\mathbb{R}\mid a\leqslant x\leqslant b\}$,$\gamma_i(\bot_i)=\phi$,$\gamma_i(\top_i)=\mathbb{R}$。

单区间抽象无法精确表示分离的两个区间。对于单区间抽象来说,$\bigcap_i$ 是精确的,即 $\gamma_i(I_1\bigcap_iI_2)=\gamma_i(I_1)\bigcap\gamma_i(I_2)$,但 $\bigcup_i$ 不是精确的,只能保证结果为两个区间的保守近似,即 $\gamma_i(I_1)\bigcup\gamma_i(I_2)\subseteq\gamma_i(I_1\bigcup_iI_2)$。例如,$2\in\gamma_i([0,1]\bigcup_i[3,4]=[0,4])$,但 $2\notin\gamma_i([0,1])\bigcup\gamma_i([3,4])$。

### 1.6.3　程序切片计算

程序切片技术是一种分析和理解程序的技术,它以切片标准为准则,从被测程序中抽取满足切片标准要求的有关语句,忽略与此无关的语句,实际上是对程序进行的分割与简化。切片技术引起了研究者们广泛的关注,在程序的分析、理解、调试、测试和维护领域都起到了巨大的作用[12,13]。

Weiser 把只与某个输出相关联的语句和控制谓词构成的程序称为源程序的静态切片[14]。由此可见,一个程序的切片大多数是源程序的一个子集,这个概念准确地说其实就是程序切片的一个核心思想。在 1981 年,Weiser 又发表论文对这种技术进行推广和完善[15]。

按照切分对象,程序切片可分为静态切片和动态切片。静态切片是对源代码直接进行计算(通过数据和控制依赖)。程序切片不一定都是可执行的,还包含了不可执行的切片思想,这也是一种静态切片,这样就丰富和发展了程序切片的内涵。随后,Korel 和 Laski 又提出了动态切片的概念[16],它只考虑程序的某个特定执行情况,程序中的信息如数组、指针和循环依赖关系都可以在程序执行时动态确定。因此,与静态切片相比,动态切片的结果更加准确。

　　程序切片按照方向可分为后向切片和前向切片。后向分片（backward slice）针对程序中某个点 $p$ 切分所有影响 $p$ 的语句。前向分片（forward slice）针对程序中某个点 $p$ 切分所有被 $p$ 影响的语句。

　　根据程序切片的范围，程序切片可分为过程间切片和全系统切片。过程间切片是在一个函数的内部进行切片。通常采用控制依赖和数据依赖生成一个 PDG，通过 PDG 进行切分。全系统切片是在整个系统中进行切片。每个过程内部都是一个 PDG。之后通过为过程间增加边，生成 SDG。图 1-11 所示为切片技术发展历程的概括。

基于数据流方程的切片　➡　基于依赖图的程序切片　➡　面向对象的程序切片　➡　程序切片变体

图 1-11　切片技术的发展历程

### 1.6.4　路径计算

　　程序可执行路径获取是源代码分析的基础技术之一，主要包括基本路径计算、路径生成和不可达路径计算等[17]。

　　程序的路径是程序中顺序执行的一个语句序列。从 CFG 的角度来看，程序路径由控制流图中的一系列节点组成。节点 1 到节点 $n$ 的一个路径定义为满足下列条件的节点序列 $s_1, s_2, \cdots, s_n$：对于 $i=1, 2, \cdots, n-1, s_i$ 与 $s_{i+1}$ 之间存在一条有向边。至少包含一条在其他路径中从未有过边的路径称为一条独立路径。

　　基本路径集中的路径具有三个特点：①每一条路径都是独立路径；②程序中所有的边都被访问；③程序中所有不属于该基本路径集的路径都可以由这个基本路径集中的路径经过线性运算得到。基本路径集中的每一条程序路径称为一条基本路径。

　　在程序路径的适当位置上增加或删除边，可以构造新的程序路径。用加法运算表示在路径上增加边，用减法运算表示删除路径上的边，则一条程序路径可以通过路径之间的线性运算来表示。

　　不可达路径是影响源代码分析效率的一个重要方面。在基于路径的源代码分析前，检测程序中的不可达路径可以有效节约分析资源。目前，路径可达性判断主要有基于路径条件满足性的检测方法、基于分支相关性的检测方法、动态检测方法和动静结合的判断方法等。其中，基于路径条件满足性的检测方法使用近似于符号执行的方式抽取路径条件，并通过路径条件的可满足性来判断路径的可达性。基于分支相关性的检测方法采用静态分析技术判断分支条件的可满足性，如果分支条件存在矛盾，那么该路径可能为不可达路径。动态检测方法在限定搜索深度内针对路径生成用例,如果无法找到覆盖该路径的测试用例,那么该路径是不可达路径。动静结合的判断方法结合了静态的分支相关性分析方法与动态的主动选取可达路径的方法,可达到不错的检测效果,但系统开销也相对较大。

### 1.6.5　约束求解

约束可以看成是可能性空间上的限制,从专业角度来讲,约束是限定在多个变量间的逻辑关系,这些变量都有特定的取值范围。例如数学约束 $x+y<5$,变量 $x$ 和变量 $y$ 被限定在赋值必须满足“$x$ 加 $y$ 必须小于 5”的逻辑关系之下,由此就形成一个约束。约束求解问题,又称为约束可满足问题(constraint satisfaction problem,CSP),用来处理一般的有限约束论域,包括有穷变量集合、每个变量的有限论域和有限约束集。每条约束限制了变量集赋值的组合,而 CSP 的解是为每个变量赋予一个对应论域上的值,使之满足所有的约束。约束求解就是对 CPS 进行求解以得到满足所有约束的变量的值的过程。约束求解的结果可能是一个、多个解或没有解。如果对某一具体的 CPS 进行约束求解的结果有一个解或多个解,那么该 CPS 是可满足的(satisfiable),否则就是不可满足的(unsatisfiable)。

约束求解问题可以用三元组 $\langle V,D,C \rangle$ 表示,其中,$V$ 是约束求解要处理的变量集合(变量);$D$ 是这些变量各自的取值范围(域);$C$ 是变量上的约束关系(约束表达式组),描述的是变量与变量之间必须满足的关系。约束求解的过程,就是在各个变量的取值范围内找到若干个值,使得变量之间满足约束关系。

按照约束问题中变量的域 $D$ 的不同,约束问题可以分为混合约束问题、有限约束问题、布尔约束问题和数值约束问题等,如图 1-12 所示。

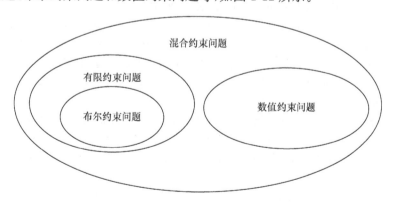

图 1-12　约束问题分类

有限约束问题是变量只能在有限域上取值的约束问题,通常不考虑约束的具体形式,而采用列出所有满足该条件的变量取值组合的形式。布尔约束问题是有限约束问题的一个特例,它要求 $V$ 中的变量只能在 0 或 1 上取值,即布尔约束问

题的域 $D$ 为 $\{0,1\}$。有限约束问题的求解方法包括完备算法和不完备算法两种。完备算法是能够完全判定某约束问题是否有解的算法,不完备算法在未找到解时则不能判断该约束问题到底是否有解。

数值约束是形如 Exp1 rop Exp2 的约束,其中 Exp1 和 Exp2 为数学表达式,如 $2x-yz$;rop 为数学上的关系操作符,包括 =、<、>、≤ 和 ≥。如果数值约束中的等式和不等式约束都是线性的,则称之为线性数值约束问题,否则称之为非线性数值约束问题。线性数值约束问题的求解方法主要有高斯(Gauss)消去法和直接三角形分解法等。非线性数值约束问题的求解方法主要有数值法、符号计算法和启发式算法等。

混合约束问题是对有限约束问题和数值约束问题的扩展,其处理的变量可以在多个域中取值,例如,可以取布尔值、可以在有限数值域及无限数值域上取值等。混合约束问题的求解方法有区间分析法、逻辑与数值相结合等。区间分析法是将区间求解技术扩展到逻辑变量的处理上,把布尔变量当成仅能取值为 0、1 的整数,并把逻辑连接符转化为相应的数学函数。逻辑与数值相结合的方法是先将混合约束问题转换成布尔约束问题进行求解,然后分别对数值约束问题和布尔约束问题进行求解。

## 参 考 文 献

[1] Binkley D. Source code analysis:A road map[C]. Proceedings of the Conference on the Future of Software Engineering,Minneapolis,2007:104-119.

[2] Jackson D,Rinard M. Software analysis:A roadmap[C]. Proceedings of the Conference on the Future of Software Engineering,Limerick,2000:133-145.

[3] Devanbu P T,Stubblebine S. Software engineering for security:A roadmap[C]. Proceedings of the Conference on the Future of Software Engineering,Limerick,2000:227-239.

[4] 宫云战,杨朝红,金大海,等. 软件缺陷模式与测试[M]. 北京:科学出版社,2011.

[5] Alfred V A,Monica S L,et al. Compilers Principles,Techniques,and Tools[M]. 2nd ed. Essex:Pearson Education Limited,2006.

[6] 肖庆,陈俊亮. 提高静态缺陷检测精度的关键技术研究[D]. 北京:北京邮电大学,2011.

[7] Clarke E M,Grumberg O,Peled D A. Model Checking[M]. London:MIT Press,1999.

[8] 肖庆,宫云战,杨朝红,等. 一种路径敏感的静态缺陷检测方法[J]. 软件学报,2010,21(2):209-217.

[9] 于洪涛,张兆庆. 激进域敏感基于合并的指针分析[J]. 计算机学报,2009,32(9):1722-1735.

[10] 李飞宇. 基于内存建模的测试数据自动生成方法研究[D]. 北京:北京邮电大学,2013.

[11] 张大林,金大海,宫云战,等. 基于缺陷关联的静态分析优化[J]. 软件学报,2014,25(2):386-399.

[12] 王雪莲,赵瑞莲,李立健. 一种用于测试数据生成的动态程序切片算法[J]. 计算机应用,2005,25(6):1445-1447.

［13］赵瑞莲,闵应骅.基于谓词切片的字符串测试数据自动生成[J].计算机研究与发展,2002,39(4):473-481.

［14］Weiser M. Program slicing:Formal,psychological and pracical investigation of an automatic program abstraction method[D]. Ann Arbor:University of Michigan,1979.

［15］Weiser M. Program slicing[C]. Proceedings of the 5th International Conference on Software Engineering,San Diego,1981:439-449.

［16］Korel B,Laski J. Dynamic program slicing[J]. Information Processing Letters,1988,29(3):155-163.

［17］阮辉.C程序测试数据生成与死循环检测研究[D].北京:中国科学院软件研究所,2009.

# 第2章 抽象解释

## 2.1 引 言

抽象是人们认识世界的根本方法之一,它不能脱离具体而独自存在,我们所看到的大自然景象就是大自然的实物在我们脑海中的抽象。具体来说,抽象是指:①将复杂物体的一个或几个特性抽去,而只注意其他特性的行动或过程;②将几个有区别的物体的共同性质或特性,形象地抽取出来或孤立地进行考虑的行动或过程。因此,抽象的过程也是一个裁剪的过程,如何剪裁即抽象的角度,取决于分析问题的目的。

抽象解释理论由 P. Cousot 和 R. Cousot 于 1977 年提出,它是一种在数学模型间进行可靠近似的理论,本质上是在计算效率与计算精度之间取得均衡,以损失计算精度来减少计算代价[1-14]。下面通过几个实例来感性地认识抽象解释。

**例 2.1** 假设有赋值表达式 $x=a+b-c\times d$,其中 $a$、$b$、$c$、$d$ 的可能取值分别为 $\{0,2,5\}$、$\{0,1,2\}$、$\{-2,-1\}$、$\{2,3,4\}$,求 $x$ 的可能取值。

为了计算 $x$ 的可能取值,需要将 $a$、$b$、$c$、$d$ 的所有可能取值依次代入表达式,最终要得到 $x$ 的所有可能取值需要计算 $3\times3\times2\times3=54$ 次。

**例 2.2** 将例 2.1 中要回答的问题换成"$x$ 是否可能为负?"。

如果仍然将 $a$、$b$、$c$、$d$ 的所有可能取值依次代入表达式进行计算,那就显得太过复杂了。由于关心的问题是 $x$ 的符号,一种简便的方法是将具体的整数集合抽象为正整数(包含零)和负整数两类,则 $x$ 分别为正整数、正整数、负整数和正整数。由"正整数+正整数−负整数×正整数=正整数"直接可以得到结论"$x$ 不可能为负"。通过抽象后,只需计算 1 次即可回答"$x$ 是否可能为负?"的问题。事实上,完整地抽象所有可能的集合应该包括四种情况:+、−、⊥、⊤。其中,⊥代表空集,⊤代表"可能为正也可能为负",如图 2-1 所示。

抽象也意味着某些信息的丢失,因此在某些情况下它只能得到比实际情况更"模糊"的结果。假设 $c$、$d$ 的可能取值分别为 $\{-2,-1\}$、$\{2,3,4\}$,问"$c+d$ 的值是正还是负?"。用例 2.2 中的抽象计算方法只能得到一个更"模糊"的结论:可能为正也可能为负。但是要注意,使用上述抽象方法虽然可能得到不准确的结论,但永远不会得到错误的结论,称之为保守的近似或可靠的近似。

**例 2.3** 将例 2.1 中要回答的问题换成"求 $x$ 的最小和最大可能取值?"。

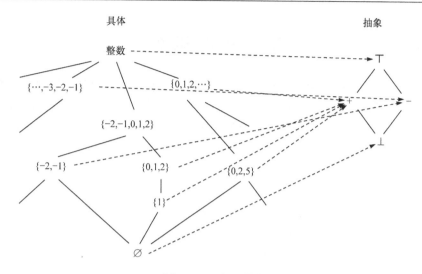

图 2-1 正负号抽象

显然将变量的实际取值集合抽象为正负整数在这里不再适用,一种合适的方法是用闭区间来抽象表示变量的可能取值集合,如图 2-2 所示。将 $a$、$b$、$c$、$d$ 的可能取值分别表示为 $[0,5]$、$[0,2]$、$[-2,-1]$、$[2,4]$,由区间代数运算 $[0,5]+[0,2]-[-2,-1]\times[2,4]=[2,15]$,得到 $x$ 的最小和最大可能取值分别为 2 和 15。

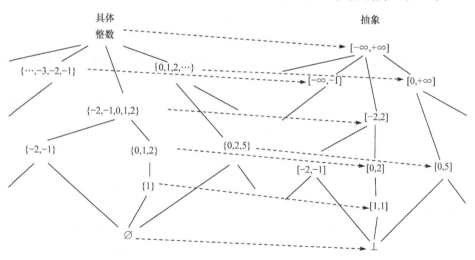

图 2-2 区间抽象

例 2.2 和例 2.3 都是从问题所关心的性质出发,建立一个抽象对象域,用抽象对象域上的计算代替具体对象域上的计算,并使抽象计算的结果能够反映具体对象域上所关心的性质,即在抽象对象域上对具体对象域进行"抽象解释"。

# 2.2　基 本 概 念

从可计算性理论的角度来看,静态分析是一个不可判定问题。处理不可判定问题时通常可以考虑可判定的子问题、借助人工干预、接受不停机的情况、考虑近似解等。抽象解释作为一种在数学模型间进行可靠近似的理论,为不可判定问题的近似求解建立起一个统一的形式化框架[15,16]。

## 2.2.1　格与不动点理论

格与不动点理论是抽象解释的数学基础,本节介绍相关的基本概念和性质。

**定义 2.1**　半格(semi lattice):半格$\langle L, \wedge \rangle$是满足下列条件的一个集合$L$和一个二元运算$\wedge$。对于$L$中所有的$x$、$y$和$z$:

(1) $x \wedge x = x$(幂等律)。

(2) $x \wedge y = y \wedge x$(交换律)。

(3) $x \wedge (y \wedge z) = (x \wedge y) \wedge z$(结合律)。

**定义 2.2**　偏序(partial order):假设$\leqslant$为集合$L$上的一个关系,如果对于$L$上的所有$x$、$y$和$z$都有:

(1) $x \leqslant x$(自反性)。

(2) 若$x \leqslant y$且$y \leqslant x$,则$x = y$(反对称性)。

(3) 若$x \leqslant y$且$y \leqslant z$,则$x \leqslant z$(传递性)。

那么$\leqslant$就是集合$L$上的一个偏序关系。二元组$\langle L, \leqslant \rangle$被称为偏序集(partially ordered set, POSET)。

**定理 2.1**　为半格$\langle L, \wedge \rangle$定义关系$\leqslant$:对于$L$中的所有$x$和$y$,$x \leqslant y$当且仅当$x \wedge y = x$,则关系$\leqslant$是一个偏序关系。

证明:

(1) 自反性。因为$x \wedge x = x$,所以$x \leqslant x$。

(2) 反对称性。$x \leqslant y$意味着$x \wedge y = x$,而$y \leqslant x$意味着$x \wedge y = y$。根据$\wedge$的可交换性,$x = (x \wedge y) = (y \wedge x) = y$。

(3) 传递性。假设$x \leqslant y$且$y \leqslant z$,则$x \wedge y = x$且$y \wedge z = y$。由$\wedge$的结合律得到$(x \wedge z) = ((x \wedge y) \wedge z) = (x \wedge (y \wedge z)) = (x \wedge y) = x$。因为已经证明了$x \wedge z = x$,即$x \leqslant z$,从而也证明了传递性。

**定义 2.3**　最大下界(greatest lower bound, GLB):假设$\langle L, \wedge \rangle$是一个半格,$x$、$y$、$g$是$L$中的元素,如果$g \leqslant x$且$g \leqslant y$,那么称$g$为$x$和$y$的一个下界;如果对于$x$和$y$的任何下界$z$都有$z \leqslant g$,则称$g$为$x$和$y$的最大下界。

**定理 2.2**　对于半格$\langle L, \wedge \rangle$来说,$x \wedge y$为$x$和$y$的唯一最大下界。

证明：

(1) 令 $g = x \wedge y$，$g \wedge x = ((x \wedge y) \wedge x) = (x \wedge (y \wedge x)) = (x \wedge (x \wedge y)) = ((x \wedge x) \wedge y) = (x \wedge y) = g$，即 $g \leqslant x$。同理可得 $g \leqslant y$。因此，$g$ 为 $x$ 和 $y$ 的一个下界。

(2) 假设 $z$ 为 $x$ 和 $y$ 的任意一个下界，则 $(z \wedge x) = z$ 且 $(z \wedge y) = z$。$(z \wedge g) = (z \wedge (x \wedge y)) = ((z \wedge x) \wedge y) = z \wedge y = z$，即 $z \leqslant g$。因此，$g$ 为 $x$ 和 $y$ 的一个最大下界。

(3) 假设 $t$ 也是 $x$ 和 $y$ 的一个最大下界。根据最大下界定义，有 $g \leqslant t$ 且 $t \leqslant g$，由反对称性可得到 $t = g$，即最大下界是唯一的。

**定义 2.4**　格(lattice)：格 $\langle L, \wedge, \vee \rangle$ 是满足下列条件的一个集合 $L$ 以及 $L$ 上的两个二元运算 $\wedge$ 和 $\vee$。对于 $L$ 中所有的 $x$、$y$ 和 $z$：

(1) $x \wedge y = y \wedge x$，$x \vee y = y \vee x$(交换律)。

(2) $x \wedge (y \wedge z) = (x \wedge y) \wedge z$，$x \vee (y \vee z) = (x \vee y) \vee z$(结合律)。

(3) $x \vee (x \wedge y) = x$，$x \wedge (x \vee y) = x$(吸收律)。

注意，格定义中将半格定义的幂等律换成了吸收律，以对 $\wedge$ 与 $\vee$ 之间的关系进行限定。实际上吸收律也包含了幂等律，证明如下：

$$(x \wedge x) = (x \wedge (x \vee (x \wedge x))) = x \tag{2-1}$$

$$(x \vee x) = (x \vee (x \wedge (x \vee x))) = x \tag{2-2}$$

由吸收律和交换律还可以得到 $(x \wedge y = x) \Leftrightarrow (x \vee y = y)$，证明如下：

由吸收律有 $y \vee (y \wedge x) = y$，又由交换律有 $y \vee (x \wedge y) = y$，假设 $x \wedge y = x$，代入得到 $y \vee x = y$，即 $x \vee y = y$，即证明 $(x \wedge y = x) \Rightarrow (x \vee y = y)$。同理可证 $(x \wedge y = x) \Leftarrow (x \vee y = y)$。

因此，半格确定的偏序关系 $\leqslant$ 可以扩展为格确定的偏序关系 $\leqslant$：对于 $L$ 中的所有 $x$ 和 $y$，定义 $x \leqslant y$ 当且仅当 $x \wedge y = x$ 或 $x \leqslant y$ 当且仅当 $x \vee y = y$。

**定义 2.5**　最小上界(least upper bound, LUB)：假设 $\langle L, \vee \rangle$ 是一个半格，$x$、$y$、$g$ 是 $L$ 中的元素，如果 $x \leqslant g$ 且 $y \leqslant g$，那么称 $g$ 为 $x$ 和 $y$ 的一个上界；如果对于 $x$ 和 $y$ 的任何上界 $z$ 都有 $g \leqslant z$，则称 $g$ 为 $x$ 和 $y$ 的最小上界下界。

与定理 2.2 同理，对于半格 $\langle L, \vee \rangle$ 来说，$x \vee y$ 就是 $x$ 和 $y$ 的唯一最小上界。

容易证明如果 $\leqslant$ 是 $L$ 上的一个偏序关系，且对每对元素都有最小上界和最大下界，则 $\langle L, \wedge, \vee \rangle$ 是格，其中 $\wedge$ 对应求最大下界运算，$\vee$ 对应求最小下界运算。需要指出的是，并不是所有偏序关系都能与格一一对应，能与格对应的偏序关系要求每对元素都有最小上界和最大下界。

**定义 2.6**　哈斯图(Hasse diagram)：假设 $\langle L, \leqslant \rangle$ 为一个偏序集，可用哈斯图

直观地表示≤所代表的偏序关系,其做法如下:

　　哈斯图的节点是 $L$ 的元素,对于两个不同的节点 $x$、$y$,如果有 $x \leqslant y$,则使 $x$ 位于 $y$ 的下方,当且仅当不存在另一个 $z \in L$ 使得 $x \leqslant z \leqslant y$ 时用直线段将节点 $x$、$y$ 连接起来。如此得到的图就是 $\langle L, \leqslant \rangle$ 的哈斯图。

　　图 2-3 中用哈斯图表示的几个偏序集合同时也是格,而图 2-4 中用哈斯图表示的两个偏序集合则不构成格。

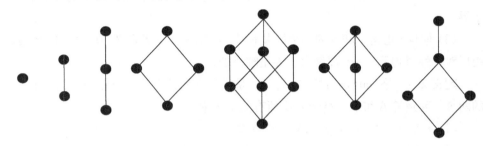

图 2-3　构成格的偏序集

图 2-4　不是格的偏序集

　　**定理 2.3**　$\langle L, \wedge, \vee \rangle$ 中的 $\wedge$ 和 $\vee$ 运算对于其确定的偏序关系 $\leqslant$ 来说是单调的,即对于任意的 $x_1, y_1, x_2, y_2 \in L$,如果 $x_1 \leqslant x_2$ 且 $y_1 \leqslant y_2$,则 $(x_1 \wedge y_1) \leqslant (x_2 \wedge y_2)$,$(x_1 \vee y_1) \leqslant (x_2 \vee y_2)$。

　　证明:

　　$x_1 \leqslant x_2$ 即 $x_1 \wedge x_2 = x_1$,$y_1 \leqslant y_2$ 即 $y_1 \wedge y_2 = y_1$。

　　$(x_1 \wedge y_1) \wedge (x_2 \wedge y_2) = x_1 \wedge y_1 \wedge x_2 \wedge y_2 = x_1 \wedge x_2 \wedge y_1 \wedge y_2 = (x_1 \wedge x_2) \wedge (y_1 \wedge y_2) = (x_1 \wedge y_1)$,即 $(x_1 \wedge y_1) \leqslant (x_2 \wedge y_2)$。

　　同理可证 $(x_1 \vee y_1) \leqslant (x_2 \vee y_2)$。

　　最小上界和最大下界的概念可以扩展到 $L$ 的子集上。假设 $\langle L, \wedge, \vee \rangle$ 是一个格,$\leqslant$ 是其确定的 $L$ 上的偏序关系,若 $X \subseteq L$:

　　(1) 如果 $y \in L$ 满足 $\forall x \in v: x \leqslant y$,那么称 $y$ 是 $X$ 的一个上界,记作 $X \leqslant y$。

　　(2) 如果 $y \in L$ 满足 $\forall x \in v: y \leqslant x$,那么称 $y$ 是 $X$ 的一个下界,记作 $y \leqslant X$。

(3) 定义集合 $X$ 的最小上界 $\sqcup X$：$X \leqslant \sqcup X$ 且 $(\forall y \in L: X \leqslant y \Rightarrow \sqcup X \leqslant y)$。

(4) 定义集合 $X$ 的最大下界 $\sqcap X$：$\sqcap X \leqslant X$ 且 $(\forall y \in L: y \leqslant X \Rightarrow y \leqslant \sqcap X)$。

**定理 2.4**  设 $\langle L, \leqslant \rangle$ 是一个偏序集，$X \subseteq L$，若 $\sqcup X$ 存在，则是唯一的；若 $\sqcap X$ 存在，也是唯一的。

证明：

假设 $\sqcup X$ 存在且 $X$ 还有另外一个最小上界 $z$。$z$ 是 $X$ 的一个上界，由最小上界定义有 $\sqcup X \leqslant z$；同样，$\sqcup X$ 是 $X$ 的一个上界，由最小上界定义有 $z \leqslant \sqcup X$。由反对称性，$z = \sqcup X$，可知 $\sqcup X$ 是唯一的。同理可证，如果 $\sqcup X$ 存在，也是唯一的。

**定义 2.7**  最小元(infimum)、最大元(supremum)：设 $\langle L, \leqslant \rangle$ 是一个偏序，若存在 $\bot \in L$ 且满足 $\forall x \in L: \bot \leqslant x$，则称 $\bot$ 为 $L$ 的最小元。若存在 $\top \in L$ 满足 $\forall x \in L: x \leqslant \top$，则称 $\top$ 为 $L$ 的最大元。由反对称性可知，若 $\bot$ 或 $\top$ 存在，则是唯一的。

**定理 2.5**  设 $\langle L, \leqslant \rangle$ 是一个偏序集，空集 $\varnothing$ 在 $L$ 中存在最小上界 $\sqcup \varnothing$，当且仅当 $L$ 存在最小元 $\bot$，且 $\sqcup \varnothing = \bot$；$\varnothing$ 在 $L$ 中存在最大下界 $\sqcap \varnothing$，当且仅当 $L$ 存在最大元 $\top$，且 $\sqcap \varnothing = \top$。

证明：

假设存在 $\sqcup \varnothing$，由最小上界定义，即

$$\forall y \in L: (\forall x \in \varnothing: x \leqslant y) \Rightarrow (\sqcup \varnothing \leqslant y)$$

$$\Leftrightarrow \forall y \in L: tt \Rightarrow (\sqcup \varnothing \leqslant y) \tag{2-3}$$

$$\Leftrightarrow \sqcup \varnothing = \bot$$

则空集 $\varnothing$ 在 $L$ 中存在最小上界 $\sqcup \varnothing$，当且仅当 $L$ 存在最小元 $\bot$，且 $\sqcup \varnothing = \bot$。

同理可证，$\varnothing$ 在 $L$ 中存在最大下界 $\sqcap \varnothing$ 当且仅当 $L$ 存在最大元，且 $\sqcap \varnothing = \top$。

**定义 2.8**  上升链条件(ascending chain condition, ACC)：称偏序集 $\langle L, \leqslant \rangle$ 满足上升链条件，当且仅当 $L$ 中的任何无穷序列 $x_0 \leqslant x_1 \leqslant \cdots \leqslant x_n \leqslant \cdots$ 都不是严格递增的(也就是说 $\exists k \geqslant 0: \forall j \geqslant k: x_k = x_j$)。

**定义 2.9**  下降链条件(descending chain condition, DCC)：称偏序集 $\langle L, \leqslant \rangle$ 满足下降链条件，当且仅当 $L$ 中的任何无穷序列 $x_0 \geqslant x_1 \geqslant \cdots \geqslant x_n \geqslant \cdots$ 都不是严格递减的(也就是说 $\exists k \geqslant 0: \forall j \geqslant k: x_k = x_j$)。

**定义 2.10**  完备格(complete lattice)：设 $\langle L, \leqslant \rangle$ 是一个偏序，$\langle L, \leqslant \rangle$ 称为一个完备格，当且仅当 $L$ 中的任何一个子集均存在最小上界和最大下界。特别地，用 $\bot = \sqcup \varnothing = \sqcap L$ 表示 $L$ 中的最小元素，用 $\top = \sqcap \varnothing = \sqcup L$ 表示 $L$ 中的最大元素。完备格 $\langle L, \leqslant \rangle$ 一般表示为 $\langle L, \leqslant, \sqcup, \sqcap, \bot, \top \rangle$。

**定理 2.6**　任何元素有限的格都是完备格。

证明：

假设 $\langle L, \wedge, \vee \rangle$ 是一个有限格，$X$ 为 $L$ 的一个子集。

归纳基础：当 $X$ 只包含一个元素 $x_0$ 时，$\sqcup X = \sqcup \{x_0\} = x_0$。

归纳假设：$\sqcup \{x_0, x_1 \cdots, x_{n-1}\}$ 存在且 $X = \{x_0, x_1 \cdots, x_{n-1}\}$。

$\sqcup X = \sqcup \{x_0, x_1 \cdots, x_{n-1}, x_n\} = \sqcup \{x_0, x_1 \cdots, x_{n-1}\} \vee x_n$，因此 $\sqcup X$ 也存在。由于 $L$ 的元素个数有限，由数学归纳法，$L$ 的所有非空子集都存在最小上界。又因为 $\langle L, \wedge, \vee \rangle$ 为有限格，假设 $L = \{x_0, x_1 \cdots, x_n\}$，所以 $L$ 存在最小元 $\top = x_1 \wedge x_2 \cdots \wedge x_n = \sqcup \varnothing$。因此，$L$ 中的任何一个子集均存在最小上界。同理可证，$L$ 中的任何一个子集均存在最大下界。

包含无限个元素的格可能不满足完备格的条件。例如，整数集合 $\langle \mathbb{Z}, \leqslant, \min, \max \rangle$ 构成一个格，但它的子集 $\{x \mid x \geqslant n\}$ 不存在最小上界，子集 $\{x \mid x \leqslant n\}$ 不存在最大下界，$\mathbb{Z}$ 也不存在最大元和最小元，因此，$\langle \mathbb{Z}, \leqslant, \min, \max \rangle$ 不是完备格，而 $\langle \mathbb{Z} \cup \{-\infty, +\infty\}, \leqslant, \min, \max \rangle$ 构成一个完备格。在已有格的基础上，可以通过一些方法对其进行扩展。

**定义 2.11**　(半)格的高度：偏序集 $\langle L, \leqslant \rangle$ 的一个上升链(ascending chain)是一个满足 $x_1 < x_2 < \cdots < x_n$ 的序列，一个(半)格的高度是所有上升链中的小于关系个数的最大值。也就是说，高度比最长上升链中的元素少 1。

**定义 2.12**　(半)格的乘积：假设 $\langle A, \wedge_A \rangle$ 和 $\langle B, \wedge_B \rangle$ 是两个(半)格，则这两个(半)格的乘积定义如下：

(1) 乘积的域为 $A \times B$。

(2) 运算 $\wedge_{\text{product}}$ 定义：如果 $(a, b)$ 和 $(a', b')$ 是乘积的域中元素，那么

$$(a, b) \wedge_{\text{product}} (a', b') = (a \wedge_A a', b \wedge_B b') \tag{2-4}$$

依据上述定义，容易证明两个(半)格的乘积仍然满足幂等率、可交换率和可结合率，半格的乘积仍然是(半)格，也称为乘积(半)格，乘积格的定义可被扩展到任意多个(半)格。

乘积格的偏序可以简单地用 $A$ 的偏序 $\leqslant_A$ 和 $B$ 的偏序 $\leqslant_B$ 来表示：$(a, b) \leqslant_{\text{product}} (a', b')$ 当且仅当 $a \leqslant_A a'$ 且 $b \leqslant_B b'$。

**定义 2.13**　(半)格的和：假设 $\langle A, \wedge_A \rangle$ 和 $\langle B, \wedge_B \rangle$ 是两个(半)格，$A$ 和 $B$ 中除了 $\bot$ 和 $\top$ 没有其他相同元素，则这两个(半)格的和定义如下：

(1) 和的域为 $A \cup B$。

(2) 运算 $\wedge_{\text{sum}}$ 定义：假设 $a$、$b$ 是和的域中元素，那么

$$a \wedge_{\text{sum}} b = \begin{cases} a \wedge_A b, & a \in A, b \in A \\ a \wedge_B b, & a \in B, b \in B \\ \bot, & \text{其他} \end{cases} \tag{2-5}$$

容易证明上述定义(半)格的和仍然是(半)格。和的定义可被扩展到任意多个(半)格。假设 $L_1, L_2, \cdots, L_n$ 为满足上述要求的(半)格,则它们的和的高度 $\mathrm{height}(L_1 + L_2 \cdots + L_n) = \max\{\mathrm{height}(L_i)\}$。

**定义 2.14** (半)格的提升:假设 $L$ 为(半)格,向 $L$ 中添加一个新的底元素 $\perp$,对于任何 $a \in L$ 都有 $\perp < a$,这样得到的新的(半)格称为 $L$ 的提升,记作 $\mathrm{lift}(L)$:

$$\mathrm{height}(\mathrm{lift}(L)) = \mathrm{height}(L) + 1 \tag{2-6}$$

**定义 2.15** 映射(半)格:假设有集合 $V$,$v_1, v_2, \cdots, v_n$ 为 $V$ 中的元素,$L$ 为一个(半)格,$x_1, x_2, \cdots, x_n$ 为 $L$ 中的任意元素($x_1, x_2, \cdots, x_n$ 可相同),则定义 $V$ 到 $L$ 的映射格为

$$V \mapsto L = \{[v_1 \mapsto x_1, \cdots, v_n \mapsto x_n] \mid x_i \in L\}$$

设 $a = [v_1 \mapsto x_{a1}, \cdots, v_n \mapsto x_{an}]$、$b = [v_1 \mapsto x_{b1}, \cdots, v_n \mapsto x_{bn}]$ 为 $V \mapsto L$ 上的元素,则 $V \mapsto L$ 上的聚合运算 $\bigwedge_{\mapsto}$ 定义为

$$a \bigwedge\nolimits_{\mapsto} b = [v_1 \mapsto x_{a1} \bigwedge x_{b1}, \cdots, v_n \mapsto x_{an} \bigwedge x_{bn}] \tag{2-7}$$

从偏序关系角度理解映射格:$V$ 可以认为是一些变量集合,$L$ 的域为一些取值集合,可给 $V$ 中的变量任意赋予 $L$ 域上的取值。假设一组赋值为 $[v_1 \mapsto x_{a1}, \cdots, v_n \mapsto x_{an}]$,另一组赋值为 $[v_1 \mapsto x_{b1}, \cdots, v_n \mapsto x_{bn}]$,则

$$[v_1 \mapsto x_{a1}, \cdots, v_n \mapsto x_{an}] \leqslant_{\mapsto} [v_1 \mapsto x_{b1}, \cdots, v_n \mapsto x_{bn}] \tag{2-8}$$

当且仅当 $x_{a1} \leqslant x_{b1}$,且 $x_{a2} \leqslant x_{b2}, \cdots, x_{an} \leqslant x_{bn}$。

容易得到 $\mathrm{height}(V \mapsto L) = |V| \cdot \mathrm{height}(L)$。

利用格的和、乘积、提升和映射仍然是格这个性质,可以在已有格的基础上增量地构造描述能力更丰富的格,这种技术称为论域精化(domain refinement),它是提高程序静态分析精度的重要指导思想之一。

**定义 2.16** 不动点(fixpoint):函数 $f: L \to L$,对于某个 $x \in L$,满足 $f(x) = x$,则称 $x$ 是函数的一个不动点。

通常一个函数 $f$ 有 0、1 或多个不动点。从直观上理解,函数的不动点就是那些被函数映射到其自身的点,图像上表现为函数 $f$ 和直线 $y = x$ 的交点,如图 2-5 所示。

图 2-5 中显示的都是实数域上函数的不动点,而本章讨论的主要是格上的不动点,也就说函数的定义域通常是一个格,如图 2-6 所示。

图 2-6 中函数 $f$ 存在 4 个不动点,分别为 $a$、$b$、$c$、$e$。

**定义 2.17** 最小和最大不动点(least/greatest fixpoint):$\langle L, \leqslant \rangle$ 是一个偏序集,$f: L \to L$ 是其上的一个函数,$x$ 是 $f$ 的一个不动点,若满足 $\forall y \in L: (f(y) = y) \Rightarrow (x \leqslant y)$,则称 $x$ 为 $f$ 的最小不动点,记作 $\mathrm{lfp} f$;若满足 $\forall y \in L: (f(y) = y) \Rightarrow (y \leqslant x)$,则称 $x$ 为 $f$ 的最大不动点,记作 $\mathrm{gfp} f$。

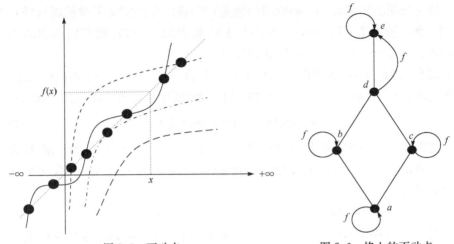

图 2-5　不动点　　　　　　　　　图 2-6　格上的不动点

**定义 2.18**　函数的迭代操作:函数 $f:L{\rightarrow}L$,对于某个 $x{\in}L$,对 $f(x)$ 再应用 $f$ 得到的结果即 $f(f(x))$,称为对 $x$ 的二次迭代,也记作 $f^2(x)$。

同理可以定义 $f^0(x)=x,f^1(x)=f(x),f^{n+1}(x)=f(f^n(x))$。

函数的迭代操作满足如下性质:

$$f^{n+1}=f^n\circ f, \quad f^{n+m}=f^n\circ f^m, \quad (f^n)^m=f^{n\times m} \tag{2-9}$$

对函数 $f:L{\rightarrow}L$,从某个 $x{\in}L$ 出发,反复迭代,如果最终收敛,则必定收敛于某个不动点。

**定理 2.7**　Knaster-Tarski 不动点定理:$\langle L,\leqslant,\sqcup,\sqcap,\bot,\top\rangle$ 是一个完备格,$f:L{\rightarrow}L$ 是 $L$ 上的单调函数,则:① $f$ 存在一个最小不动点和一个最大不动点,$\mathrm{lfp}f=\sqcap\{x{\in}L\,|\,f(x)\leqslant x\}$,$\mathrm{gfp}f=\sqcup\{x{\in}L\,|\,x\leqslant f(x)\}$;② $f$ 的所有不动点集合 $\mathrm{fp}f$ 构成一个完备格。

证明:对于 Knaster-Tarski 不动点定理结论①,有

(1) 令 $P=\{x{\in}L\,|\,f(x)\leqslant x\}$,$a=\sqcap P$。

(2) $\forall x{\in}P{:}a\leqslant x$。　　　　　　　　　　$\sqcap$ 定义

(3) $\forall x{\in}P{:}f(a)\leqslant f(x)$。　　　　　　　　(2)和单调性

(4) $\forall x{\in}P{:}f(a)\leqslant x$。　　　　　　　　　(1)、(3)和传递性

(5) $f(a)$ 是 $P$ 的一个下界。　　　　　　　(4)和下界定义

(6) $f(a)\leqslant a$。　　　　　　　　　　　　　(1)、(5)和 $\sqcap$ 定义

(7) $f(f(a))\leqslant f(a)$。　　　　　　　　　(6)和单调性

(8) $f(a){\in}P$。　　　　　　　　　　　　　(1)和(7)

(9) $a\leqslant f(a)$。　　　　　　　　　　　　(2)和(9)

(10) $f(a)=a$,即 $a$ 是一个不动点。　　　(6)、(9)和反对称性

(11) 假设 $f(b)=b$。　　　　　　　　　假设

(12) $b\in P$。　　　　　　　　　　　　(11)和(1)

(13) $a\leqslant b$,即 $a$ 为最小不动点。　　　(2)和(12)

(14) 同理可证 $\mathrm{gfp}f=\sqcup\{x\in L\,|\,x\leqslant f(x)\}$。对偶原理

对于结论②,由结论①可知 $\mathrm{fp}f$ 非空,可证明对于任何 $X\subseteq\mathrm{fp}f$,$X$ 在 $\mathrm{fp}f$ 中存在最大下界和最小上界:

(1) 定义 $L'=[\sqcup X,\top]=\{x\,|\,x\in L\wedge\sqcup X\leqslant x\leqslant\top\}$,则 $L'$ 的每个子集都存在最大下界和最小上界,$L'$ 为完备格 $\langle L',\leqslant,\sqcup',\sqcap',\sqcup X,\top\rangle$。

(2) 令 $a=\sqcup'(L'\cap\mathrm{fp}f)$。　　　　　假设

(3) $a\in\mathrm{fp}f$ 且 $a\in L'$。　　　　　　(1)和(2)

(4) $\forall x\in X$:$x\leqslant\sqcup X\leqslant a$。　　　　$\sqcup$ 定义和(1)、(3)

(5) $a$ 是 $X$ 在 $\mathrm{fp}f$ 中的一个上界。　　上界定义

(6) 假设 $y\in\mathrm{fp}f$,$\forall x\in X$:$x\leqslant y$。　假设

(7) $\sqcup X\leqslant y$。　　　　　　　　　$\sqcup$ 定义和(6)

(8) $y\in L'$。　　　　　　　　　　　(1)和(7)

(9) $a\leqslant y$。　　　　　　　　　　　(2)、(6)和(8)

(10) $a$ 为 $X$ 在 $\mathrm{fp}f$ 中的最小上界。(2)、(6)和(9)

(11) $X$ 在 $\mathrm{fp}f$ 中存在最大下界。　同理可证

因此,$\mathrm{fp}f$ 为完备格。本章定理证明中,左侧为证明的部分,右侧为证明当前步骤的理由。

**定理 2.8**　Kleene 不动点定理:$\langle L,\leqslant,\sqcup,\sqcap,\bot,\top\rangle$ 是一个完备格,$L$ 满足 ACC,$f$:$L\rightarrow L$ 是 $L$ 上的单调函数,则 $f$ 存在唯一的最小不动点:$\mathrm{lfp}f=\sqcup\limits_{i\geqslant0}f^i(\bot)$。

证明:

(1) $\bot\leqslant f(\bot)$。　　　　　　　　底元素定义

(2) $f(\bot)\leqslant f^2(\bot)$。　　　　　　(1)和单调性

(3) $\bot\leqslant f(\bot)\leqslant f^2(\bot)\leqslant f^3(\bot)\leqslant\cdots$。　反复应用单调性

(4) $L$ 满足 ACC,必然存在某个 $k$ 使得 $f^k(\bot)=f^{k+1}(\bot)$。

(5) 定义 $\mathrm{fix}_{\mathrm{lfp}}(f)=f^k(\bot)$,因为 $f(\mathrm{fix}_{\mathrm{lfp}}(f))=f^{k+1}(\bot)=f^k(\bot)=\mathrm{fix}_{\mathrm{lfp}}(f)$,所以 $\mathrm{fix}_{\mathrm{lfp}}(f)$ 是一个不动点。

(6) 假设 $x$ 是另外一个不动点,因为 $\bot\leqslant x$,由单调性,可得 $f(\bot)\leqslant f(x)=x$;继续应用单调性,则 $f^k(\bot)\leqslant f^k(x)=x$,即 $\mathrm{fix}_{\mathrm{lfp}}(f)\leqslant x$,由反对称性,可知 $\mathrm{fix}_{\mathrm{lfp}}(f)$ 为唯一的最小不动点。

(7) $\bigsqcup_{i \geqslant 0} f^i(\perp) = \perp \vee f(\perp) \vee f^2(\perp) \vee f^3(\perp) \vee \cdots = f^k(\perp)$。

上述定理描述的是从 $\perp$ 出发迭代得到最小不动点,由对偶性,将 $\perp$ 替换为 $\top$,$\vee$ 替换为 $\wedge$,$\bigsqcup$ 替换为 $\bigsqcap$,从 $\top$ 出发,则迭代得到的为最大不动点。

Knaster-Tarski 不动点定理保证了单调函数在完备格上至少存在一个最小不动点和一个最大不动点,在很多实际情况中,这是该定理最重要的蕴涵。Kleene 不动点定理给出了求解单调函数在满足 ACC 或 DCC 的完备格上的最小或最大不动点的方法,即从 $\perp$ 或 $\top$ 出发不断迭代致收敛(Kleene 不动点定理是基于迭代的程序静态分析的理论基础)。

### 2.2.2　伽罗瓦连接

前面介绍了抽象解释的基本思想(用抽象模型上的计算去"近似"具体模型上的计算)以及抽象解释的基本数学理论基础(格与不动点)。现在最关心的问题是为什么这种"近似"是可行的,即在理论上如何保证近似的有效性和可靠性。在抽象解释理论框架中,抽象模型和具体模型间的可靠性联系由伽罗瓦连接(Galois connection)来形式化地描述。

**定义 2.19**　伽罗瓦连接:$\langle X, \leqslant \rangle$ 和 $\langle Y, \sqsubseteq \rangle$ 为两个偏序集,若有两个函数 $\alpha: X \rightarrow Y$ 和 $\gamma: Y \rightarrow X$,使得 $\forall x \in X, \forall y \in Y: \alpha(x) \sqsubseteq y \Leftrightarrow x \leqslant \gamma(y)$,称序偶 $\langle \alpha, \gamma \rangle$ 为 $X$ 和 $Y$ 上的伽罗瓦连接,记作 $\langle X, \leqslant \rangle \xrightleftharpoons[\gamma]{\alpha} \langle Y, \sqsubseteq \rangle$。通常称 $\alpha$ 为抽象算子,$\gamma$ 为具体算子。

**定理 2.9**　$\langle X, \leqslant \rangle \xrightleftharpoons[\gamma]{\alpha} \langle Y, \sqsubseteq \rangle$ 具有性质:① $\forall x \in X: x \leqslant \gamma(\alpha(x))$;② $\forall y \in Y:$ $\alpha(\gamma(y)) \sqsubseteq y$;③ $\alpha$ 和 $\gamma$ 是单调的;④满足上述三条性质和伽罗瓦连接定义等价;⑤ $\alpha(\gamma(\alpha(x))) = \alpha(x), \gamma(\alpha(\gamma(y))) = \gamma(y)$;⑥假设 $S \subseteq X$,若 $\bigsqcup S$ 存在,则 $\alpha(\bigsqcup S) =$ $\bigsqcup \alpha(S)$,$\bigsqcup$ 和 $\bigsqcup$ 分别为 $X$ 和 $Y$ 上的最小上界运算;⑦ $\alpha$ 是满射,当且仅当 $\gamma$ 为一一映射,且 $\forall y \in Y: \alpha(\gamma(y)) = y$;⑧伽罗瓦连接的合成仍然是伽罗瓦连接。

证明:

对于性质①有

$\forall x \in X:$

$\alpha(x) \sqsubseteq \alpha(x)$　　　　　　　　　　　　　　　　　自反性

$x \leqslant \gamma(\alpha(x))$。　　　　　　　　　　　　　　　　　伽罗瓦连接定义

对于性质②,同理可证 $\forall y \in Y: \alpha(\gamma(y)) \sqsubseteq y$。

对于性质③有

假设 $x_1 \leqslant x_2$。　　　　　　　　　　　　　　　　　　假设

$x_1 \leqslant \gamma(\alpha(x_2))$。　　　　　　　　　　　　　性质①

$\alpha(x_1) \sqsubseteq \alpha(x_2)$。　　　　　　　　　　　　伽罗瓦连接定义

即 $\alpha$ 单调，同理可证 $\gamma$ 单调。

对于性质④有

假设 $\alpha(x) \sqsubseteq y$。　　　　　　　　　　　　　假设

$\gamma(\alpha(x)) \leqslant \gamma(y)$。　　　　　　　　　　单调性

$x \leqslant \gamma(\alpha(x)) \leqslant \gamma(y)$。　　　　　　　性质①和传递性

同理可证 $x \leqslant \gamma(y) \Rightarrow \alpha(x) \sqsubseteq y$。

对于性质⑤有

$\forall x \in X : x \leqslant \gamma(\alpha(x))$。　　　　　　　性质①

$\alpha(x) \sqsubseteq \alpha(\gamma(\alpha(x)))$。　　　　　　　单调性

假设 $\alpha(x) = y_0$。　　　　　　　　　　　　　假设

$\alpha(\gamma(y_0)) \sqsubseteq y_0$。　　　　　　　　　　　性质②

$\alpha(\gamma(\alpha(x))) \sqsubseteq \alpha(x)$。　　　　　　代入假设

$\alpha(\gamma(\alpha(x))) = \alpha(x)$。　　　　　　　反对称

同理可证 $\gamma(\alpha(\gamma(y))) = \gamma(y)$。

对于性质⑥有

$\forall x \in S : x \leqslant \sqcup S$。　　　　　　　　　　最小上界定义

$\forall x \in S : \alpha(x) \sqsubseteq \alpha(\sqcup S)$。　　　　　单调性

$\alpha(\sqcup S)$ 为 $\{\alpha(x) \mid x \in S\}$ 的一个上界。　　上界定义

假设 $y$ 为 $\{\alpha(x) \mid x \in S\}$ 的另一个上界。　　假设

$\forall x \in S : \alpha(x) \sqsubseteq y$。　　　　　　　　　上界定义

$\forall x \in S : x \leqslant \gamma(y)$。　　　　　　　　　伽罗瓦连接定义

$\sqcup S \leqslant \gamma(y)$。　　　　　　　　　　　　　最小上界定义

$\alpha(\sqcup S) \sqsubseteq y$　　　　　　　　　　　　　伽罗瓦连接定义

$\alpha(\sqcup S)$ 为 $\{\alpha(x) \mid x \in S\}$ 的最小上界，即 $\alpha(\sqcup S) = \sqcup \alpha(S)$ 最小上界定义。

对于性质⑦有

$\Rightarrow$：

(1) $\alpha$ 是满射，即 $\forall y \in Y : \exists x \in X : \alpha(x) = y$。　　假设

(2) 假设 $\gamma(y_1) = \gamma(y_2)$。　　　　　　　　假设

(3) $\exists x_1, x_2 \in X : \alpha(x_1) = y_1, \alpha(x_2) = y_2$　　(1)和(2)

(4) $\gamma(\alpha(x_1)) = \gamma(\alpha(x_2))$。　　　　　　　　　　(2)和(3)

(5) $x_1 \leqslant \gamma(\alpha(x_2))$。　　　　　　　　　　　　　　性质①和(4)

(6) $\alpha(x_1) \sqsubseteq \alpha(x_2)$。　　　　　　　　　　　　　(5)和伽罗瓦连接定义

(7) $y_1 \sqsubseteq y_2$。　　　　　　　　　　　　　　　　　(3)和(6)

(8) $y_2 \sqsubseteq y_1$。　　　　　　　　　　　　　　　　　同理可证

(9) $y_1 = y_2$。　　　　　　　　　　　　　　　　　　(7)、(8)和反对称性

(10) $\gamma$ 是一一映射。　　　　　　　　　　　　　　(2)和(9)

(11) $\gamma(\alpha(\gamma(y))) = \gamma(y)$。　　　　　　　　　　性质⑤

(12) $\alpha(\gamma(y)) = y$。　　　　　　　　　　　　　　(10)和(11)

$\Leftarrow$：

(1) $\alpha(\gamma(y)) = y$。　　　　　　　　　　　　　　假设

(2) 令 $x = \gamma(y)$，即 $\exists x = \gamma(y) : \alpha(x) = y$。　　(1)

对于性质⑧有

(1) 假设 $\langle X, \leqslant \rangle \xrightleftharpoons[\gamma_1]{\alpha_1} \langle Y, \sqsubseteq \rangle, \langle Y, \sqsubseteq \rangle \xrightleftharpoons[\gamma_2]{\alpha_2} \langle <Z, \leqslant \rangle$。　　假设

(2) $\forall x \in X : \forall z \in Z : \alpha_2(\alpha_1(x)) \leqslant z \Leftrightarrow \alpha_1(x) \sqsubseteq \gamma_2(z)$。　伽罗瓦连接定义

(3) $\forall x \in X : \forall z \in Z : \alpha_1(x) \sqsubseteq \gamma_2(z) \Leftrightarrow x \leqslant \gamma_1(\gamma_2(z))$。　伽罗瓦连接定义

(4) $\langle X, \leqslant \rangle \xrightleftharpoons[\gamma_1 \circ \gamma_2]{\alpha_2 \circ \alpha_1} \langle Z, \leqslant \rangle$。　　　　　　　(2)和(3)

在伽罗瓦连接 $\langle X, \leqslant \rangle \xrightleftharpoons[\gamma]{\alpha} \langle Y, \sqsubseteq \rangle$ 中，$X$ 代表具体对象集合，$Y$ 代表抽象对象集合，伽罗瓦连接在具体对象域与抽象对象域之间建立最优上界可靠近似关系。对于具体偏序集合 $\langle X, \leqslant \rangle$ 中的元素 $x$ 和抽象偏序集合 $\langle Y, \sqsubseteq \rangle$ 中的元素 $y$，称 $y$ 是 $x$ 的上界可靠近似，当且仅当 $x \leqslant \gamma(y)$（或 $\alpha(x) \sqsubseteq y$）。若 $\langle Y, \sqsubseteq \rangle$ 为完备格，则由完备格定义可知，$x$ 在 $Y$ 中的所有上界可靠近似集合 $\{y \mid y \in Y \wedge x \leqslant \gamma(y)\}$ 存在最大下界 $\sqcap \{y \mid y \in Y \wedge x \leqslant \gamma(y)\}$。

下面说明 $\alpha(x)$ 是 $x$ 在 $Y$ 中的最优上界可靠近似。

首先，由伽罗瓦连接性质①（$\forall x \in X : x \leqslant \gamma(\alpha(x))$）可知 $\alpha(x)$ 是 $x$ 的一个上界可靠近似；其次，若 $y$ 是 $x$ 在 $Y$ 中的任意一个上界可靠近似，即 $x \leqslant \gamma(y)$，由伽罗瓦连接定义有 $\alpha(x) \sqsubseteq y$。因此，$\alpha(x) = \sqcap \{y \mid y \in Y \wedge x \leqslant \gamma(y)\}$，即 $\alpha(x)$ 是 $x$ 在 $Y$ 中的最优上界可靠近似。由于伽罗瓦连接的合成仍然是伽罗瓦连接，对具体对象域可以连续地进行抽象，直到对象域中的抽象计算满足计算复杂度要求为止。

**定理 2.10**　假设完备格 $\langle L, \leqslant, \sqcup, \sqcap, \bot, \top \rangle$ 和 $\langle L, \leqslant, \bar{\sqcup}, \bar{\sqcap}, \bar{\bot}, \bar{\top} \rangle$ 构成伽

罗瓦连接 $\langle L,\leqslant\rangle \underset{\gamma}{\overset{\alpha}{\rightleftharpoons}} \langle \overline{L},\overline{\leqslant}\rangle$，$f\colon L\to L$ 为 $L$ 上的单调函数，定义 $\overline{f}\colon \overline{L}\to \overline{L}$，$\overline{f}(x)=\alpha(f(\gamma(x)))$，则 $\alpha(\mathrm{lfp}f)\overline{\leqslant}\mathrm{lfp}\overline{f}$。

证明：

(1) $\overline{f}$ 单调。　　　　　　　　　　　　单调函数的复合仍为单调函数

(2) $\overline{f}$ 存在最小不动点 $\mathrm{lfp}\overline{f}$。　　　(1)和 Knaster-Tarski 不动点定理

(3) $\overline{f}(\mathrm{lfp}\overline{f})=\alpha(f(\gamma(\mathrm{lfp}\overline{f})))=\mathrm{lfp}\overline{f}$。　$\overline{f}$ 定义和(1)

(4) $f(\gamma(\mathrm{lfp}\overline{f}))\leqslant\gamma(\mathrm{lfp}\overline{f})$。　　　(3)和伽罗瓦连接定义

(5) $\gamma(\mathrm{lfp}\overline{f})\in\{x\in L\,|\,f(x)\leqslant x\}$。　　(4)

(6) $\mathrm{lfp}f=\sqcap\{x\in L\,|\,f(x)\leqslant x\}$。　Knaster-Tarski 不动点定理

(7) $\mathrm{lfp}f\leqslant\gamma(\mathrm{lfp}\overline{f})$。　　　　(6)和$\sqcap$定义

(8) $\alpha(\mathrm{lfp}f)\overline{\leqslant}\mathrm{lfp}\overline{f}$。　　　　(7)和伽罗瓦连接定义

上述定理说明 $\mathrm{lfp}\overline{f}$ 是 $\mathrm{lfp}f$ 的保守抽象，即可以通过求抽象函数 $\overline{f}$ 的不动点来近似 $f$ 的不动点。对于满足 ACC 的 $L$ 和 $\overline{L}$ 来说，由 Kleene 不动点定理，$\mathrm{lfp}f$ 和 $\mathrm{lfp}\overline{f}$ 可分别通过从 $\perp$ 和 $\overline{\top}$ 出发迭代得到迭代过程中的每一步关系：$\perp\leqslant\gamma(\overline{\top})$，$f(\perp)\leqslant f(\gamma(\overline{\top}))\leqslant\gamma(\alpha(f(\gamma(\overline{\top}))))=\gamma(\overline{f}(\overline{\top}))\cdots f^n(\perp)\leqslant\gamma(\overline{f}^n(\overline{\top}))\cdots\mathrm{lfp}f\leqslant\gamma(\mathrm{lfp}\overline{f})$，如图 2-7 所示。

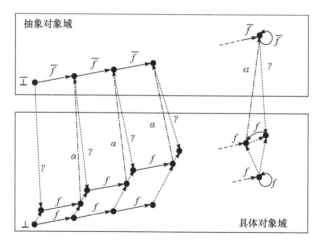

图 2-7　具体对象域和抽象对象域上的迭代过程

在每一步迭代过程中，都有 $f^n(\perp)\leqslant\gamma(\overline{f}^n(\overline{\top}))$（即 $\alpha(f^n(\perp))\overline{\leqslant}\overline{f}^n(\overline{\top})$），抽象域上的每一步计算结果都是具体域上的保守抽象。

### 2.2.3　Widening/Narrowing 算子

关于完备格上单调函数的不动点,到目前为止已经知道:

(1) 对于满足 ACC 的完备格 $L$ 来说,单调函数 $f$ 的最小不动点可以通过从 $\bot$ 出发不断迭代直至收敛而获得,该迭代过程可以看成沿一个递增链搜索的过程,ACC 保证在有限步后迭代收敛。当不满足 ACC 时,迭代过程构成一个无限上升链而不收敛。

(2) 当迭代求解 $f$ 的最小不动点比较复杂时,可以针对 $L$ 定义一个抽象域 $\bar{L}$,使 $L$ 和 $\bar{L}$ 满足伽罗瓦连接,则 $f$ 的最小不动点可以用 $\bar{L}$ 上函数 $\bar{f}$ 的最小不动点来保守近似。但当 $L$ 不满足 ACC 时,又该如何计算最小不动点呢?

**定义 2.20**　Widening 算子:$\langle L, \leqslant, \sqcup, \sqcap, \bot, \top \rangle$ 是一个完备格,算子 $\nabla: L \times L \to L$ 称为 Widening 算子,当且仅当其满足:①$\nabla$ 是一个上界算子,即 $\forall x_1, x_2 \in L, x_1 \leqslant x_1 \nabla x_2$ 且 $x_2 \leqslant x_1 \nabla x_2$;②对 $L$ 中的任意递增链 $x_0 \leqslant x_1 \leqslant \cdots \leqslant x_i \leqslant \cdots$,定义 $x_0^{\nabla} = x_0$,$x_{i+1}^{\nabla} = x_i^{\nabla} \nabla x_{i+1}$,递增链 $x_0^{\nabla} \leqslant x_1^{\nabla} \leqslant \cdots \leqslant x_i^{\nabla} \leqslant \cdots$ 一定收敛。

**定理 2.11**　$\langle L, \leqslant, \sqcup, \sqcap, \bot, \top \rangle$ 是一个完备格,$f: L \to L$ 是 $L$ 上的单调函数,定义函数 $f_w: L \times L \to L$,$f_w(x) = x \nabla f(x)$,则序列 $\bot, f_w(\bot), f_w^2(\bot), f_w^3(\bot), \cdots$,收敛于最小不动点 $\mathrm{lfp} f_w$,且 $\mathrm{lfp} f \leqslant \mathrm{lfp} f_w$。

证明:

(1) 由 $\nabla$ 算子定义条件①和 $f$ 单调可知 $f_w$ 单调。

(2) 令 $f_w^0 = \bot, f_w^1 = f_w^0 \nabla f(f_w^0), \cdots, f_w^{n+1} = f_w^n \nabla f(f_w^n)$,由步骤(1)、$\nabla$ 算子定义条件①和 $f$ 单调可得 $f_w^0 \leqslant f(f_w^0) \leqslant f(f_w^1) \leqslant f(f_w^n) \leqslant \cdots$。

(3) 由步骤(2)和 $\nabla$ 算子定义条件②可知序列 $f_w^0 \leqslant f_w^1 \leqslant f_w^2 \leqslant f_w^3 \leqslant \cdots$ 收敛,即存在某个 $k$ 使得 $f_w^k = f_w^{k+1}$。

(4) 定义 $\mathrm{lfp} f_w = f_w^k$,因为 $f_w(\mathrm{lfp} f_w) = f_w^{k+1} = f_w^k = \mathrm{lfp} f_w$,所以 $\mathrm{lfp} f_w$ 是一个不动点。

(5) 假设 $x$ 是另外一个不动点,因为 $\bot \leqslant x$,由单调性,则 $f_w(\bot) \leqslant f_w(x) = x$;不断应用单调性,则 $f_w^k \leqslant f_w^k(x) = x$,即 $\mathrm{lfp} f_w \leqslant x$,$\mathrm{lfp} f_w$ 为最小不动点。

(6) 由 $f_w$ 定义及 $\nabla$ 算子定义条件①可知 $f(x) \leqslant f_w(x)$,则 $\{x \in L \mid f_w(x) \leqslant x\} \subseteq \{x \in L \mid f(x) \leqslant x\}$。

(7) 由 Knaster-Tarski 不动点定理可知 $f$ 和 $f_w$ 的最小不动点分别为 $\mathrm{lfp} f = \sqcap \{x \in L \mid f(x) \leqslant x\}$、$\mathrm{lfp} f_w = \sqcap \{x \in L \mid f_w(x) \leqslant x\}$,由最大下界定义和步骤(6)知 $\mathrm{lfp} f \leqslant \mathrm{lfp} f_w$。

上述定理及其证明过程表明,当 $L$ 不满足 ACC 时,通过引入 Widening 算子可以使迭代过程收敛于 $\mathrm{lfp} f$ 的一个保守近似 $\mathrm{lfp} f_w$。

另外注意到 $f(\mathrm{lfp}f)\leqslant f(\mathrm{lfp}f_\mathrm{w})\leqslant f_\mathrm{w}(\mathrm{lfp}f_\mathrm{w})$，即 $\mathrm{lfp}f\leqslant f(\mathrm{lfp}f_\mathrm{w})\leqslant \mathrm{lfp}f_\mathrm{w}$，反复应用单调性可得 $\mathrm{lfp}f\leqslant f^{n+1}(\mathrm{lfp}f_\mathrm{w})\leqslant f^n(\mathrm{lfp}f_\mathrm{w})\leqslant\cdots\leqslant f(\mathrm{lfp}f_\mathrm{w})\leqslant \mathrm{lfp}f_\mathrm{w}$，表明对 $\mathrm{lfp}f_\mathrm{w}$ 再使用函数 $f$ 进行迭代可以获得更精细的保守近似，其过程可以看成沿一个递降链进一步逼近 $\mathrm{lfp}f$。但由于 $L$ 不一定满足 DCC，该过程可能不收敛。

**定义 2.21**　Narrowing 算子：$\langle L,\leqslant,\sqcup,\sqcap,\bot,\top\rangle$ 是一个完备格，算子 $\triangle:L\times L\to L$ 称为 Narrowing 算子，当且仅当其满足：① $\forall x_1,x_2\in L$，若 $x_2\leqslant x_1$，则 $x_2\leqslant x_1\triangle x_2\leqslant x_1$；②对 $L$ 中的任意递降链 $x_0\geqslant x_1\geqslant\cdots\geqslant x_i\geqslant\cdots$，定义 $x_0^\triangle=x_0,x_{i+1}^\triangle=x_i^\triangle\triangle x_{i+1}$，递降链 $x_0^\triangle\geqslant x_1^\triangle\geqslant\cdots\geqslant x_i^\triangle\geqslant\cdots$ 一定收敛。

**定理 2.12**　$\langle L,\leqslant,\sqcup,\sqcap,\bot,\top\rangle$ 是一个完备格，$f:L\to L$ 是 $L$ 上的单调函数，$\mathrm{lfp}f_\mathrm{w}$ 为函数 $f_\mathrm{w}(x)=x\,\nabla f(x)$ 的最小不动点，定义函数 $f_\mathrm{n}:L\times L\to L,f_\mathrm{n}(x)=x\triangle f(x)$，则序列 $\mathrm{lfp}f_\mathrm{w},f_\mathrm{n}(\mathrm{lfp}f_\mathrm{w}),f_\mathrm{n}^2(\mathrm{lfp}f_\mathrm{w}),\cdots$ 收敛于一个不动点 $\mathrm{lfp}f_\mathrm{n}$，且 $\mathrm{lfp}f\leqslant\mathrm{lfp}f_\mathrm{n}\leqslant\mathrm{lfp}f_\mathrm{w}$。

证明：

(1) 由 $f_\mathrm{w}$ 定义可知 $f_\mathrm{w}(\mathrm{lfp}f_\mathrm{w})\geqslant f(\mathrm{lfp}f_\mathrm{w})$，即 $\mathrm{lfp}f_\mathrm{w}\geqslant f(\mathrm{lfp}f_\mathrm{w})$。

(2) 令 $f_\mathrm{n}^0=\mathrm{lfp}f_\mathrm{w},f_\mathrm{n}^1=f_\mathrm{n}^0\triangle f(f_\mathrm{n}^0),\cdots,f_\mathrm{n}^{n+1}=f_\mathrm{n}^n\triangle f(f_\mathrm{n}^n)$，由步骤(1)、$\triangle$ 算子定义条件①以及 $f$ 单调性可得 $f_\mathrm{n}^0\geqslant f(f_\mathrm{n}^0)\geqslant f(f_\mathrm{n}^1)\geqslant f(f_\mathrm{n}^n)\geqslant\cdots$。

(3) 由步骤(2)和 $\triangle$ 算子定义条件②可知序列 $f_\mathrm{n}^0\geqslant f_\mathrm{n}^1\geqslant f_\mathrm{n}^2\geqslant f_\mathrm{n}^3\geqslant\cdots$ 收敛，即存在某个 $k$ 使得 $f_\mathrm{n}^k=f_\mathrm{n}^{k+1}$。

(4) 定义 $\mathrm{lfp}f_\mathrm{n}=f_\mathrm{n}^k$，因为 $f_\mathrm{n}(\mathrm{lfp}f_\mathrm{n})=f_\mathrm{n}^{k+1}=f_\mathrm{n}^k=\mathrm{lfp}f_\mathrm{n}$，所以 $\mathrm{lfp}f_\mathrm{n}$ 是一个不动点，且 $\mathrm{lfp}f_\mathrm{w}=f_\mathrm{n}^0\geqslant\mathrm{lfp}f_\mathrm{n}$。

(5) 由 $\nabla$ 算子定义条件①及 $f_\mathrm{w}$ 定义可知 $f(\mathrm{lfp}f_\mathrm{w})\leqslant f_\mathrm{w}(\mathrm{lfp}f_\mathrm{w})=\mathrm{lfp}f_\mathrm{w}$，即 $f(f_\mathrm{n}^0)\leqslant f_\mathrm{n}^0$，假设 $f(f_\mathrm{n}^n)\leqslant f_\mathrm{n}^n$ 成立，则 $f_\mathrm{n}^{n+1}=f_\mathrm{n}^n\triangle f(f_\mathrm{n}^n)$，由 $\triangle$ 算子定义条件①及归纳假设得到 $f(f_\mathrm{n}^n)\leqslant f_\mathrm{n}^{n+1}$，由步骤(2)得到 $f(f_\mathrm{n}^{n+1})\leqslant f(f_\mathrm{n}^n)\leqslant f_\mathrm{n}^{n+1}$，由数学归纳法得到 $f(f_\mathrm{n}^n)\leqslant f_\mathrm{n}^n$。

(6) $f_\mathrm{n}^1=f_\mathrm{n}^0\triangle f(f_\mathrm{n}^0)$，由 $\triangle$ 算子定义条件①可知 $f(f_\mathrm{n}^0)\leqslant f_\mathrm{n}^1$，假设 $f^n(f_\mathrm{n}^0)\leqslant f_\mathrm{n}^n$ 成立，则 $f_\mathrm{n}^{n+1}=f_\mathrm{n}^n\triangle f(f_\mathrm{n}^n)$，由 $\triangle$ 算子定义条件①及步骤(5)得到 $f(f_\mathrm{n}^n)\leqslant f_\mathrm{n}^{n+1}$，由归纳假设及单调性得到 $f^{n+1}(f_\mathrm{n}^0)=f(f^n(f_\mathrm{n}^0))\leqslant f(f_\mathrm{n}^n)\leqslant f_\mathrm{n}^{n+1}$。

(7) 由步骤(6)及单调性得到 $\mathrm{lfp}f=f^k(\mathrm{lfp}f)\leqslant f^k(\mathrm{lfp}f_\mathrm{w})=f^k(f_\mathrm{n}^0)\leqslant f_\mathrm{n}^k=\mathrm{lfp}f_\mathrm{n}$。

上述定理及其证明过程表明通过引入 Narrowing 算子从 $\mathrm{lfp}f_\mathrm{w}$ 出发迭代也可以进一步逼近 $\mathrm{lfp}f$，该逼近过程没有直接使用 $f$ 从 $\mathrm{lfp}f_\mathrm{w}$ 出发快速迭代，但保证了收敛。

总之，在不满足 ACC 时，通过 Widening 算子可以保证迭代过程收敛于 $\mathrm{lfp}f$ 的一个保守近似，通过 Narrowing 算子可以得到 $\mathrm{lfp}f$ 的一个更精细的保守近似。

# 2.3 程序分析与抽象解释

## 2.3.1 程序分析的不可判定性

任何关于一般程序的非平凡属性的分析问题都是不可判定的。程序分析的不可判定性源于停机问题的不可判定性。通俗地说,停机问题就是判断任意一个程序是否会在有限的时间之内结束运行。首先,假定存在某个程序 $H,H$ 可判断任意一个程序 $M$ 是否会在有限的时间之内结束运行,其工作过程不妨设为:若对于任意一个程序 $M$ 可停机,则 $H$ 输出 1,反之输出 0。$H$ 的输入是程序 $M$ 的代码,即

$$H(M) = \begin{cases} 1, & M停机 \\ 0, & M不停机 \end{cases} \tag{2-10}$$

则可构造程序 $D$ 如下:

```
if(H){
    while(true);
}
```

如果 $H$ 判定程序停机,则 $D$ 进入死循环(不停机);否则,$D$ 直接结束(停机)。由于 $H$ 可判定所有程序,包括 $D$,若其判定 $D$ 停机即 $H$ 输出 1,由 $D$ 的定义可知 $D$ 将进入死循环(不停机),矛盾;若其判定 $D$ 不停机即 $H$ 输出 0,由 $D$ 的定义可知 $D$ 将直接结束(停机),矛盾。因此,不存在这样的程序 $H$ 可以判断任意一个程序是否能停机。

事实上,对于一般程序的非平凡属性的分析问题都可以用类似停机问题的方式考虑。例如,判断一般程序是否不存在运行错误。假设存在程序 IsNoError 能判定一般程序是否不存在运行时错误,可构造程序 $D$:

```
if(IsNoError){
    1/0;
}
```

同样,程序 IsNoError 无法回答 $D$ 是否不存在运行错误的问题,因此不存在程序 IsNoError 可以判断任意一个程序是否不存在运行错误。

处理不可判定问题时,通常可以采用考虑可判定的子问题、借助人工干预、接受不停机的情况、考虑近似的解等做法。抽象解释理论应用于程序分析,就是从近似的角度来处理不可判定问题。例如,对于"判断一般程序是否不存在运行错误"这样一个不可判定问题,基本的思路是先建立程序语义的抽象模型(抽象语义),然后考查抽象模型的某些性质,借此来回答原程序是否存在运行时错误的问题,对于

回答的结果允许出现一些近似(偏差)。偏差有两个方向,一种是出现"误报了运行错误",即实际程序不存在运行错误,但回答的结果是"存在运行错误";另一种是出现"漏报了运行错误",即实际程序存在运行错误,但回答的结果是"不存在运行错误"。由于不可判定性,无法同时做到没有"误报"和没有"漏报",需要引入一定的近似。从尽量找到所有错误的角度考虑,应尽可能避免"漏报",而允许一些"误报"。如果能做到没有"漏报",就能做到"如果自动分析结果表明程序不存在运行错误,则实际中程序肯定不存在运行错误"。因此从考虑"程序是否不存在运行错误"的角度,称没有"漏报"的系统是可靠的;反之,称没有"误报"的系统是完备的。

### 2.3.2　程序语义及其不动点形式

　　程序语言的语义定义了任何用该语言编写的程序的语义。程序的语义是该程序在所有可能环境中执行时能表现出来的行为的形式化描述。

　　首先介绍最基本的踪迹语义,踪迹语义将程序的执行过程看成一个状态转换序列,即踪迹(trace)。踪迹以某个初始状态开始,程序每执行一个原子步骤(即不能分割的最小步骤),则从一个状态转换到下一个状态。状态转换过程可能以某个终止状态结束构成一个长度有限的踪迹,也可能因为程序执行不终止而构成一个长度无限的踪迹。为了描述踪迹语义,先引入迁移系统的概念。

　　**定义 2.22**　**迁移系统**(transition system):程序通常可以被描述为一个迁移系统 $\tau = \langle \Sigma, \Sigma_i, \Sigma_f, t \rangle$,其中 $\Sigma$ 为系统的可能状态集合,$\Sigma_i \subseteq \Sigma$ 为初始状态集合,$\Sigma_f = \{s \in \Sigma \mid \forall s' \in \Sigma : \langle s, s' \rangle \notin t\}$ 为终止状态集合,$t \subseteq \Sigma \times \Sigma$ 是转换关系集合。

　　$\Sigma^n$ 表示长度为 $n$ 的状态序列集合,$\Sigma^0 = \{\varepsilon\}$($\varepsilon$ 代表空序列)表示长度为 0 的状态序列。

　　集合:$\Sigma^+ \triangleq \bigcup_{n>0} \Sigma^n$ 表示有限非空序列集合,$\Sigma^* \triangleq \Sigma^+ \cup \Sigma^0$ 表示有限序列集合,$\Sigma^{\omega}$ 表示长度。

　　无限的状态序列集合:$\Sigma^{\infty} \triangleq \Sigma^+ \cup \Sigma^{\omega}$ 表示所有非空状态序列集合,$\Sigma^{\infty} \triangleq \Sigma^* \cup \Sigma^{\omega}$ 表示所有状态序列集合。

　　$\tau^n \triangleq \{\sigma \in \Sigma^n \mid n > 0 \wedge \forall i < n-1 : \langle \sigma_i, \sigma_{i+1} \rangle \in t\}$ 表示所有长度为 $n$ 的部分踪迹集合。

　　$\tau^n \triangleq \{\sigma \in \tau^n \mid \sigma_{n-1} \in \Sigma_f\}$ 表示所有长度为 $n$ 的极大踪迹集合(以终止状态结束)。

　　$\tau^+ \triangleq \bigcup_{n>0} \tau^n$ 表示所有极大有限踪迹集合。

　　$\tau^{\omega} \triangleq \{\sigma \in \Sigma^{\omega} \mid \forall i \in \mathbb{N} : \langle \sigma_i, \sigma_{i+1} \rangle \in t\}$ 表示所有无限踪迹集合。

　　$\tau^{\infty} \triangleq \tau^+ \cup \tau^{\omega}$ 表示所有极大踪迹集合。

踪迹语义可以通过图 2-8 来描述。

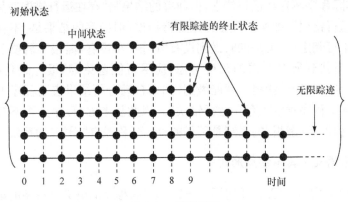

图 2-8　踪迹语义

**定理 2.13**　定义函数 $F^{\vec{+}}(X) \triangleq \{s \mid s \in \Sigma_f\} \bigcup \{ss'\sigma \mid s'\sigma \in X \wedge \langle s, s' \rangle \in t\}$，即 $F^{\vec{+}}(X) \triangleq \vec{\tau^1} \bigcup (\vec{\tau^2} \frown X)$（$\frown$ 代表连接运算），则 $\tau^{\vec{+}}$ 是函数 $F^{\vec{+}}$ 的最小不动点。

证明：

$$F^{\vec{+}}(\tau^{\vec{+}}) = F(\bigcup_{n>0} \vec{\tau^n}) \qquad\qquad\qquad \tau^{\vec{+}} \text{定义}$$

$$= \{s \mid s \in \Sigma_f\} \bigcup \{ss'\sigma \mid s'\sigma \in \bigcup_{n>0} \vec{\tau^n} \wedge \langle s, s' \rangle \in t\} \qquad F^{\vec{+}} \text{定义}$$

$$= \{s \mid s \in \Sigma_f\} \bigcup \bigcup_{n>0} \{ss'\sigma \mid s'\sigma \in \vec{\tau^n} \wedge \langle s, s' \rangle \in t\} \qquad \text{集合理论}$$

$$= \vec{\tau^1} \bigcup \bigcup_{n>0} \vec{\tau^{n+1}} \qquad\qquad\qquad \vec{\tau^1} \text{ 和 } \vec{\tau^{n+1}} \text{定义}$$

$$= \vec{\tau^1} \bigcup \bigcup_{n>1} \vec{\tau^{n'}} = \bigcup_{n>0} \vec{\tau^n} \qquad\qquad \text{令 } n' = n+1$$

假设 $A$ 是另一个不动点 $F^{\vec{+}}(A) = A$，下面证明 $\forall n > 0 : \vec{\tau^n} \subseteq A$。

(1) 归纳基础：由 $F^{\vec{+}}$ 定义可知 $\vec{\tau^1} = \{s \mid s \in \Sigma_f\} \subseteq A$。

(2) 假设 $\vec{\tau^n} \subseteq A$，即 $s'\sigma \in \vec{\tau^n}$ 则 $s'\sigma \in A$，$\vec{\tau^{n+1}} = \{ss'\sigma \mid s'\sigma \in \vec{\tau^n} \wedge \langle s, s' \rangle \in t\} \subseteq \{ss'\sigma \mid s'\sigma \in A \wedge \langle s, s' \rangle \in t\}$，因此 $\vec{\tau^{n+1}} \subseteq A$。

(3) 由数学归纳法可知 $\forall n > 0 : \vec{\tau^n} \subseteq A$。

因此，$\tau^{\vec{+}} = \bigcup_{n>0} \vec{\tau^n} \subseteq A$，$\tau^{\vec{+}}$ 是最小不动点。

前述定义 2.22 和定理 2.13 看似很复杂，其实原理都很简单。假设求所有极大有限踪迹集合，典型的做法如下：

(1) 考虑长度为 1 的极大踪迹集合（只包含终止状态）。

(2) 在做法(1)的基础上考虑长度不超过 2 的极大踪迹集合，它由长度为 1 的极大踪迹集合和长度为 2 的极大踪迹集合取并得到,其中长度为 2 的极大踪迹集合通过在终止状态前增加一个状态(满足转换关系)得到。

(3) 同样的道理,通过不断迭代得到长度不超过 $n$ 的极大踪迹集合。该计算过程显然是一个迭代求解不动点的过程,类似 $\tau^{\vec{n}}$、$\tau^{+}$、$\tau^{\omega}$ 也可以被表示成相应函数的不动点。$\tau^{\vec{n}}$ 为部分踪迹语义,$\tau^{+}$ 为极大有限踪迹语义,$\tau^{\omega}$ 为极大无限踪迹语义,$\tau^{\infty}$ 为极大踪迹语义或者踪迹语义。

求解踪迹语义的过程实际上就是求解某个语义函数的最小不动点问题。静态分析的不可判定性决定了该求解过程是不可判定的。

### 2.3.3 抽象解释中的语义层次体系

踪迹语义定义了最精确的程序语义,其他语义模型都是在其之上的抽象。将 $\tau^{\infty}$ 中的有限踪迹 $\sigma=\sigma_0\sigma_1\cdots\sigma_n$ 抽象为关系 $\langle\sigma_0,\sigma_n\rangle$,将 $\tau^{\infty}$ 中的无限踪迹 $\sigma=\sigma_0\sigma_1\cdots$ 抽象为关系 $\langle\sigma_0,\perp\rangle$,其中 $\perp$ 代表程序不终止,则得到关系语义(relation semantics)。极大踪迹语义与关系语义之间的抽象函数和具体函数如下:

$$\alpha_r(T)=\{\langle\sigma_0,\sigma_n\rangle\,|\,\sigma_0\sigma_1\cdots\sigma_n\in T\}\bigcup\{\langle\sigma_0,\perp\rangle\,|\,\sigma_0\sigma_1\cdots\in T\} \qquad (2\text{-}11)$$

$$\gamma_r(R)=\{\sigma_0\sigma_1\cdots\sigma_n\,|\,\langle\sigma_0,\sigma_n\rangle\in R\}\bigcup\{\sigma_0\sigma_1\cdots\,|\,\langle\sigma_0,\perp\rangle\in R\} \qquad (2\text{-}12)$$

式中,$R$ 代表关系语义;$T$ 代表极大踪迹语义。

显然 $\alpha_r$ 和 $\gamma_r$ 为单调函数且 $x\subseteq\gamma(\alpha(x))$,$\alpha(\gamma(y))\subseteq y$,$\alpha_r$ 和 $\gamma_r$ 构成一个伽罗瓦连接 $\langle\wp(\Sigma^{\infty}),\subseteq\rangle\xrightleftharpoons[\gamma_r]{\alpha_r}\langle\wp(\Sigma\times\Sigma\bigcup\{\perp\}),\subseteq\rangle$。关系语义上的对象 $\alpha(x)$ 是踪迹语义域上对象 $x$ 的一个可靠近似。踪迹语义域中的问题,可通过在较为抽象的关系语义域上的计算得到可靠而可能不完备的回答。例如,在踪迹语义中想知道"是否存在一条形如 $\sigma_0\sigma_1\cdots\sigma_n$ 的踪迹?",在关系语义中该问题转化为"是否存在一个序偶 $\langle\sigma_0,\sigma_n\rangle$"。如果关系语义中不存在这样的序偶,那么可肯定在踪迹语义中没有形如 $\sigma_0\sigma_1\cdots\sigma_n$ 的踪迹;如果关系语义中存在序偶 $\langle\sigma_0,\sigma_n\rangle$,则无法确定踪迹语义中是否存在踪迹 $\sigma_0\sigma_1\cdots\sigma_n$。

将关系语义中的关系抽象为序偶左边元素到其所有可能右边集合的函数,则得到指称语义(denotational semantics):$\alpha_d(R)=f(x)=\{y\,|\,\langle x,y\rangle\in R\}$。在关系语义基础上,忽略所有的不终止情况,则得到大步操作语义(big-step operational semantics):$\alpha_{bo}(R)=\{\langle x,y\rangle\,|\,\langle x,y\rangle\in R\wedge y\neq\perp\}$。将踪迹语义中的状态和转换关系分别用集合进行表示,可得到小步操作语义(small-step operational semantics):$\alpha_{so}(T)=\{\langle s,s'\rangle\,|\,\exists\sigma\in T\wedge\mathrm{substr}(ss',\sigma)\}$,其中谓词 $\mathrm{substr}(ss',\sigma)$ 代表 $ss'$ 为 $\sigma$ 的子串。在大步操作(big-step operational,BO)语义的基础上,限制序偶左边元素只能为某个集合 $I\subseteq\Sigma$ 中的状态并用序偶中的右边代替表示序偶,则得到正向可达性语义(forward reachability semantics):$\alpha_{fr}(BO)=\{y\,|\,\langle x,y\rangle\in BO\wedge x\in I\}$。在大

步操作语义的基础上,限制序偶右边元素只能为某个集合 $F \subseteq \Sigma$ 中的状态并用序偶中的左边代替表示序偶,则得到逆向可达性语义(backward reachability semantics),即 $\alpha_{br}(BO) = \{x \mid \langle x, y \rangle \in BO \wedge y \in F\}$。

　　静态分析静态地对程序属性进行判断,其依据通常为某个程序点上所有可能出现的程序状态集合。将每个程序点上可能出现的状态"收集起来"以集合形式表示,则得到集合语义(collecting semantics),也称为静态语义(static semantics),具体如图 2-9 所示。

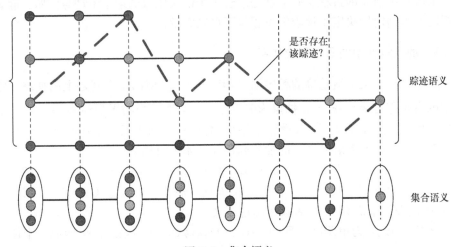

图 2-9　集合语义

　　从图 2-9 中也可以看到集合语义是踪迹语义的抽象,例如,集合语义无法回答图中"是否存在该踪迹?"的问题。如果程序状态用变量取值来抽象表示,并假设程序中共有 $n$ 个变量,则每个程序位置上的可能程序状态集合被抽象为 $n$ 维空间上的一个离散点集。静态分析过程中无法精确地计算和描述这些离散点集合,因此须进行进一步抽象,例如用变量的可能取值区间来抽象变量的可能取值,如图 2-10 所示。

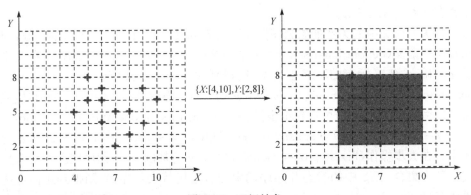

图 2-10　区间抽象

在抽象解释理论框架中,极大踪迹语义刻画了最精确的程序性质,部分踪迹语义、关系语义和小步操作语义是极大踪迹语义的抽象,指称语义和大步操作语义是关系语义的抽象,可达性语义是指称语义或大步操作语义的进一步抽象,集合语义是可达性语义的抽象,区间抽象语义是集合语义的抽象。各种语义构成一个以踪迹语义为底元、关于抽象关系的完全偏序,如图 2-11 所示。图中处于较高层次的语义是在下层语义基础上忽略某些细节后得到的一个可靠近似。由于直接在低层次语义上进行计算往往不可行或者复杂度太高,抽象解释先将对象的低层次语义映射到高层次语义进行计算,再将计算结果映射回低层次语义,伽罗瓦连接可保证计算结果是实际结果的一个可靠近似。

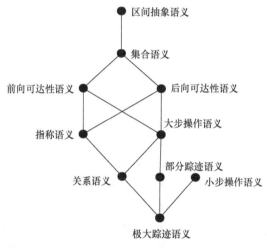

图 2-11　语义间的层次关系

## 2.4　抽象解释应用实例

本节用一个具体的实例来描述抽象解释过程。若要分析图 2-12 中各程序位置上整型变量 $x$ 的取值情况,首先使用区间抽象来表示变量的取值情况,再根据程序语义写出其操作语义函数。

```
        x=1;
1
        while(x<1000){
2
            x++;
3
        }
4
```

$$\begin{cases} X_1 = [1,1] \\ X_2 = (X_1 \cup X_3) \cap [-\infty,999] \\ X_3 = X_2 + [1,1] \\ X_4 = (X_1 \cup X_3) \cap [1000,\infty] \end{cases}$$

图 2-12　抽象解释实例

程序的操作语义函数是一个等式系统,它根据具体程序的语义给出每个程序位置上目标属性的计算方法,其形式为

$$\begin{cases} X_1 = F_1(X_1, X_2, \cdots, X_n) \\ X_2 = F_2(X_1, X_2, \cdots, X_n) \\ X_3 = F_3(X_1, X_2, \cdots, X_n) \\ X_4 = F_4(X_1, X_2, \cdots, X_n) \end{cases} \tag{2-13}$$

定义向量函数 $F(X_1, X_2, \cdots, X_n) = (F_1(X_1, X_2, \cdots, X_n), F_2(X_1, X_2, \cdots, X_n), \cdots, F_n(X_1, X_2, \cdots, X_n))$,则等式系统可化为 $X = F(X)$ 的形式,其中 $X$ 为向量 $(X_1, X_2, \cdots, X_n)$。求解上述等式系统就是求 $F(X)$ 的不动点。显然,$F(X)$ 满足单调且整型区间也满足完备格定义,因此可以从 $\perp$ 出发通过迭代求 $F(X)$ 的不动点,其过程如下:

| (0) | (1) | (2) |
|---|---|---|
| $\begin{cases} X_1 = \perp \\ X_2 = \perp \\ X_3 = \perp \\ X_4 = \perp \end{cases}$ | $\begin{cases} X_1 = [1,1] \\ X_2 = \perp \\ X_3 = \perp \\ X_4 = \perp \end{cases}$ | $\begin{cases} X_1 = [1,1] \\ X_2 = [1,1] \\ X_3 = \perp \\ X_4 = \perp \end{cases}$ |

| (3) | (4) | (5) |
|---|---|---|
| $\begin{cases} X_1 = [1,1] \\ X_2 = [1,1] \\ X_3 = [2,2] \\ X_4 = \perp \end{cases}$ | $\begin{cases} X_1 = [1,1] \\ X_2 = [1,2] \\ X_3 = [2,2] \\ X_4 = \perp \end{cases}$ | $\begin{cases} X_1 = [1,1] \\ X_2 = [1,2] \\ X_3 = [2,3] \\ X_4 = \perp \end{cases}$ |

| (6) | (7) | (8) |
|---|---|---|
| $\begin{cases} X_1 = [1,1] \\ X_2 = [1,3] \\ X_3 = [2,3] \\ X_4 = \perp \end{cases}$ | $\begin{cases} X_1 = [1,1] \\ X_2 = [1,3] \\ X_3 = [2,4] \\ X_4 = \perp \end{cases}$ | $\begin{cases} X_1 = [1,1] \\ X_2 = [1,4] \\ X_3 = [2,4] \\ X_4 = \perp \end{cases}$ |

| $\vdots$ | $\vdots$ | $\vdots$ |
|---|---|---|
| (1997) | (1998) | (1999) |
| $\begin{cases} X_1 = [1,1] \\ X_2 = [1,998] \\ X_3 = [2,999] \\ X_4 = \perp \end{cases}$ | $\begin{cases} X_1 = [1,1] \\ X_2 = [1,999] \\ X_3 = [2,999] \\ X_4 = \perp \end{cases}$ | $\begin{cases} X_1 = [1,1] \\ X_2 = [1,999] \\ X_3 = [2,1000] \\ X_4 = \perp \end{cases}$ |

（2000）
$$\begin{cases} X_1 = [1,1] \\ X_2 = [1,999] \\ X_3 = [2,1000] \\ X_4 = [1000,1000] \end{cases}$$

从迭代过程可以看到，每次迭代 $(X_1, X_2, \cdots, X_n)$ 的值都沿格上升，直到通过 2000 次迭代最终收敛于结果。如果将上述迭代过程扩展到一般程序，则存在如下两个潜在的问题：

（1）收敛速度太慢。例如，将循环条件换成 10000，则需要进行 20000 次迭代。

（2）由于区间格不满足 ACC，在某些情况下迭代可能不收敛。例如，将循环条件换为 $x>0$，则迭代过程无法收敛。

为了处理上述情况，需引入 Widening/Narrowing 算子，定义区间的 Widening/ Narrowing 算子如下：

$$[a,b]\nabla[c,d] = \left[ \begin{cases} a & a \leqslant c \\ -\infty & a > c \end{cases}, \begin{cases} b & b \geqslant d \\ +\infty & b < d \end{cases} \right] \tag{2-14}$$

$$[a,b]\Delta[c,d] = \left[ \begin{cases} c & a = -\infty \\ a & a \neq -\infty \end{cases}, \begin{cases} d & b = +\infty \\ b & b \neq +\infty \end{cases} \right] \tag{2-15}$$

$$[a,b]\nabla\bot = \bot\nabla[a,b] = [a,b] \tag{2-16}$$

$$[a,b]\Delta\bot = \bot\Delta[a,b] = \bot \tag{2-17}$$

首先在迭代过程中应用 Widening 算子，$w_0 = \bot \, w_{n+1} = w_n \nabla F(w_n)$：

（0）

$$\begin{cases} X_1 = \bot \\ X_2 = \bot \\ X_3 = \bot \\ X_4 = \bot \end{cases}$$

（1）

$$\begin{cases} X_1 = \bot\nabla[1,1] = [1,1] \\ X_2 = \bot\nabla\bot = \bot \\ X_3 = \bot\nabla\bot = \bot \\ X_4 = \bot\nabla\bot = \bot \end{cases}$$

（2）

$$\begin{cases} X_1 = [1,1]\nabla[1,1] = [1,1] \\ X_2 = \bot\nabla[1,1] = [1,1] \\ X_3 = \bot\nabla\bot = \bot \\ X_4 = \bot\nabla\bot = \bot \end{cases}$$

（3）

$$\begin{cases} X_1 = [1,1]\nabla[1,1] = [1,1] \\ X_2 = [1,1]\nabla[1,1] = [1,1] \\ X_3 = \bot\nabla[2,2] = [2,2] \\ X_4 = \bot\nabla\bot = \bot \end{cases}$$

（4）

$$\begin{cases} X_1 = [1,1]\nabla[1,1] = [1,1] \\ X_2 = [1,1]\nabla[1,2] = [1,\infty] \\ X_3 = [2,2]\nabla[2,2] = [2,2] \\ X_4 = \bot\nabla\bot = \bot \end{cases}$$

（5）

$$\begin{cases} X_1 = [1,1]\nabla[1,1] = [1,1] \\ X_2 = [1,\infty]\nabla[1,\infty] = [1,\infty] \\ X_3 = [2,2]\nabla[2,\infty] = [2,\infty] \\ X_4 = \bot\nabla\bot = \bot \end{cases}$$

（6）

$$\begin{cases} X_1 = [1,1]\nabla[1,1] = [1,1] \\ X_2 = [1,\infty]\nabla[1,\infty] = [1,\infty] \\ X_3 = [2,2]\nabla[2,\infty] = [2,\infty] \\ X_4 = \bot\nabla[1000,\infty] = [1000,\infty] \end{cases}$$

应用 Widening 算子后，经过 6 次迭代得到 $F(X)$ 不动点的一个保守近似 $\mathrm{lfp}f_w$，然后从该近似值出发应用 Narrowing 算子，$y_0 = \mathrm{lfp}f_w$，$y_{n+1} = y_n \Delta F(y_n)$：

(0)

$$\begin{cases} X_1 = [1,1] \Delta [1,1] = [1,1] \\ X_2 = [1,\infty] \Delta [1,\infty] = [1,\infty] \\ X_3 = [2,2] \Delta [2,\infty] = [2,\infty] \\ X_4 = \perp \Delta [1000,\infty] = [1000,\infty] \end{cases}$$

(1)

$$\begin{cases} X_1 = [1,1] \nabla [1,1] = [1,1] \\ X_2 = [1,\infty] \nabla [1,999] = [1,999] \\ X_3 = [2,\infty] \nabla [2,\infty] = [2,\infty] \\ X_4 = [1000,\infty] \nabla [1000,\infty] = [1000,\infty] \end{cases}$$

(2)

$$\begin{cases} X_1 = [1,1] \Delta [1,1] = [1,1] \\ X_2 = [1,999] \Delta [1,999] = [1,999] \\ X_3 = [2,\infty] \Delta [2,1000] = [2,1000] \\ X_4 = [1000,\infty] \Delta [1000,\infty] \\ \quad = [1000,\infty] \end{cases}$$

(3)

$$\begin{cases} X_1 = [1,1] \Delta [1,1] = [1,1] \\ X_2 = [1,999] \Delta [1,999] = [1,999] \\ X_3 = [2,\infty] \Delta [2,1000] = [2,1000] \\ X_4 = [1000,\infty] \Delta [1000,1000] \\ \quad = [1000,1000] \end{cases}$$

最后，应用 Narrowing 算子后经过 3 次迭代收敛，在本例中刚好收敛于 $F(X)$ 的最小不动点（理论上收敛于最小不动点的一个比 $\mathrm{lfp}f_w$ 更精细的保守近似）。

## 参 考 文 献

[1] Cousot P, Cousot R. Abstract interpretation: A unified lattice model for static analysis of programs by construction or approximation of fixpoints[C]. Conference Record of the 4th ACM Symposium on Principles of Programming Languages, Los Angeles, 1977: 238-252.

[2] Cousot P, Cousot R. Static determination of dynamic properties of programs[C]. Proceedings of the 2nd International Symposium on Programming, Paris, 1976: 106-130.

[3] Cousot P, Halbwachs N. Automatic discovery of linear restraints among variables of a program[C]. Conference Record of the 5th Annual ACM SIGPLAN-SIGACT Symposium on Principles of Programming Languages, Tucson, 1978: 84-97.

[4] Cousot P, Cousot R. Systematic design of program analysis frameworks[C]. Conference Record of the 6th Annual ACM SIGPLAN-SIGACT Symposium on Principles of Programming Languages, San Antonio, 1979: 269-282.

[5] Cousot P. Semantic foundations of program analysis[M]//Muchnick S S, Jones N D. Program Flow Analysis: Theory and Applications. Upper Saddle River: Prentice-Hall, 1981.

[6] Cousot P, Cousot R. Abstract interpretation frameworks[J]. Journal of Logic and Computer, 1992, 2(4): 511-547.

[7] Cousot P, Cousot R. Comparing the Galois connection and Widening/Narrowing approaches to abstract interpretation[C]. Proceedings of the 4th International Symposium on Programming Language and Logic Programming, Leuven, 1992: 269-295.

[8] Cousot P. Types as abstract interpretations[C]. Conference Record of the 24th ACM SI-

GACT-SIGMOD-SIGART Symposium on Principles of Programming Languages, Paris, 1997:31-331.

[9] Cousot P. Abstract interpretation based formal methods and future challenges[M]//Wilhelm R. Informatics—10 Years Back,10 Years Ahead. Heidelberg:Springer-Verlag,2000:138-156.

[10] Cousot P. Constructive design of a hierarchy of semantics of a transition system by abstract interpretation[J]. Theoretical Computer Science,2002,277(1/2):47-103.

[11] Cousot P,Cousot R. Basic concepts of abstract interpretation[M]//Jacquart R. Building the Information Society. Toulouse:Kluwer Academic Publishers,2004.

[12] Cousot P,Cousot R,Feret J. The ASTREE Analyzer[C]. European Symposium on Programming,Edinburgh,2005:21-30.

[13] Cousot P,Cousot R J F,Mauborgne L,et al. Varieties of static analyzers:A comparison with ASTREE[C]. 1st IEEE & IFIP International Symposium on Theoretical Aspects of Software Engineering,Shanghai,2007:3-17.

[14] Cousot P,Cousot R. A gentle introduction to formal verification of computer systems by abstract interpretation[J]. Logics and Languages for Reliability and Security,2010,25:1-29.

[15] 李梦君,李舟军,陈火旺. 基于抽象解释理论的程序验证技术[J]. 软件学报,2008,(19): 17-26.

[16] 杨波,张明义,谢刚. 抽象解释理论框架及其应用[J]. 计算机工程与应用,2010,(46): 16-20.

# 第 3 章　符 号 计 算

## 3.1　简　　介

符号执行技术是一项经典的程序分析技术,其基本思想是将输入程序的具体数值用符号值的形式来表示,并"符号化"地模拟执行每条程序指令,将其解释为语义对等的对符号值的具体操作。在符号执行过程中,用户处理和计算的程序"数值"通常为包含符号的表达式。对于程序中的条件跳转指令,符号执行将跳转的条件表示为针对相应符号表达式的约束条件。通过求解该约束条件,可以进一步判断该分支是否可行,并符号化地执行可行的分支。因此通过符号执行技术,可以模拟执行条件跳转中可行的真分支和假分支,从而尝试模拟执行所有可能的程序路径,使用户能对不同程序执行路径逐一分析。相比较而言,数据流分析和抽象解释等静态分析方法通常会合并不同的程序执行路径,通过近似来计算每个点的定值,而这些近似往往会导致分析结果的不精确。

早在 20 世纪 70 年代,Boyer 等[1]、King[2] 等就提出了符号执行技术,并将其初步用于测试以及验证程序正确性上。但是由于符号执行技术分析的可能程序执行路径数量极其庞大,以及所依赖的约束求解过于复杂,长期以来该技术并未在实际中得到广泛的应用。近年来,随着处理器运算能力的不断提高、约束求解技术的飞速发展,符号执行技术取得了突破性的进展。目前,研究工作者已经通过先进的约束求解技术、路径选择策略、并行等方法成功地将符号执行技术扩展并应用于测试和分析大型实际应用程序中,将其有效地应用于自动测试、程序验证和安全漏洞挖掘等领域并取得了显著的效果。例如,开源的符号执行工具 KLEE[3] 在测试 CoreUtils 时可以通过自动产生测试用例达到 90％ 以上的分支覆盖率,并且找到数十个以前没有发现的软件缺陷;而微软开发的符号执行工具 SAGE[4] 已成为微软众多产品的日常测试工具,其中 Windows 7 的安全漏洞有超过 1/3 是通过 SAGE 检测得到的。

## 3.2　符号执行技术的基本原理

下面通过如图 3-1 所示的简单例子来解释符号执行技术的基本原理。在该测试用例中,函数 foo 接收两个输入的形参变量 $x$ 和 $y$。在第 1 行的条件跳转语句,如果跳转条件 $x>y$ 成立,该程序将会执行跳转的真分支(第2~4行)来交换 $x$ 和 $y$ 的值。因而,不论输入 $x$ 和 $y$ 的具体值如何,第6行的条件跳转语句的跳转条件 $x>y$ 将会一直为假,其真分支(第7行的 assert 语句)永远不可能被触发。

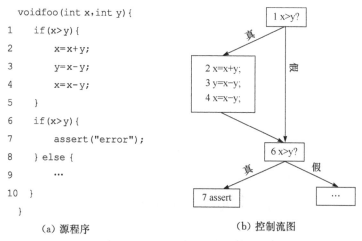

```
voidfoo(int x,int y){
1    if(x>y){
2        x=x+y;
3        y=x-y;
4        x=x-y;
5    }
6    if(x>y){
7        assert("error");
8    } else {
9        ...
10   }
    }
```

(a) 源程序 　　　　　　　(b) 控制流图

图 3-1　符号执行用例

在符号执行该例子时,我们将试图模拟执行每一条可能程序路径,每一条路径对应一个唯一的路径条件(path condition)。图 3-2 列举了该例的所有可能执行路径(共4条)可能执行路径。用程序语句标号的序列来表示执行路径,其中这两条执行路径可行:1→2,3,4→6→9 以及 1→6→9。对函数 foo 的形参 $x$ 和 $y$ 引入相应的符号值 $\mathcal{X}$ 和 $\mathcal{Y}$,表示为 $x^{\mathcal{X}}$ 和 $y^{\mathcal{Y}}$。在执行第1行的条件跳转语句时,通过符号执行模拟该条件语句的所有可行分支,包括其真分支和假分支。在符号执行该条件语句的真分支(如图 3.2(a)所示)时,相对应地引入该执行路径的路径条件 $\mathcal{X}>\mathcal{Y}$。执行完真分支的第2~4语句交换 $x$ 和 $y$ 的值之后,将会得到 $x^{\mathcal{X}}$ 和 $y^{\mathcal{Y}}$。因而第6行的条件跳转语句的跳转条件对应的符号值为 $\mathcal{Y}>\mathcal{X}$,对于该条件跳转的真分支,其分支路径 1→2,3,4→6→7 所对应的路径条件 $\mathcal{X}>\mathcal{Y}\wedge\mathcal{Y}>\mathcal{X}$ 不可能成立,因此该真分支永远不可能被执行。同理,当符号执行第1行假分支后,执行路径 1→ 对应的路径条件为 $\neg(\mathcal{X}>\mathcal{Y})\wedge\neg(\mathcal{X}>\mathcal{Y})$,而路径 1→6→7 的路径条件 $\neg(\mathcal{X}>\mathcal{Y})\wedge\mathcal{X}>\mathcal{Y}$ 不可能被满足。

总之,符号执行通过对变量引入符号值来模拟程序的执行,符号执行技术可用来模拟执行不同程序路径并将其表述为可求解的路径条件。而通过约束求解器求解该路径条件,可以进一步将符号值实体化,从而自动产生可以执行该路径的程序输入。

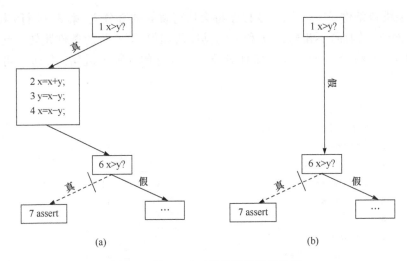

图 3-2　图 3-1 中示例的可能执行路径

## 3.3　符号执行技术的形式化表达

本节通过一个精简的抽象语言 SymC 对符号执行技术进行一个正式的定义来解释其如何模拟程序的执行。SymC 模拟了常用的命令式语言,如 C 和 Java 等,在此省略与符号执行语义无关的类型相关的语法规则定义。

图 3-3(a)定义了精简语言 SymC,描述了源语言的文法。这里用表达式 new $n$ 表示分配了大小为 $n$ 的新的内存空间:内存空间的具体分配和回收方法与将要定义的语义无关,因此在 SymC 中不必区分堆空间和栈空间,也不需考虑内存空间的回收。在 SymC 语言中,程序包含一组函数定义,其中 main 函数作为程序执行的入口。用 $X$ 表示在源程序中对符号值的引入,并将其高亮为灰色。在源程序中,可以通过表达式 $x=X$ 来针对变量 $x$ 引入符号值。通常来说,$x$ 为程序的输入变量。

图 3-3(b)扩充了 SymC 的语法来描述符号执行。其中,内存 $H$ 包括一组基址为 $l$、大小为 $r$ 的内存对象 $O^r$。一个内存对象 $O^r$ 包括 $r$ 个不同元素,每个元素可能有不同的值 $v$。在此,$v$ 可能是常数值 $r$、内存地址 $l+r$ 或符号表达式 $\varsigma$。而符号表达式 $\varsigma$ 可能是引入的符号标识符 $(X)$、常数值 $(r)$ 或另外两个符号表达式的操作结果 $(\text{op}(\varsigma,\varsigma))$。在符号执行过程中,通过约束条件列表 $\Sigma$ 来收集执行路径上每个条件跳转语句所对应的约束条件,其中每个约束条件可能是一个符号表达式 $\varsigma$ 或它的反 $\neg\varsigma$。

| 程序 | $P::=$ | $\overline{M}$ |
|---|---|---|
| 函数定义 | $M::=$ | $m(\bar{x})\ \{e\}$ |
| 表达式 | $e::=$ | $x\|v\|\text{new }n\|*e\|*e=e\|e.m(\bar{e})$<br>$\|\text{let }x=e\text{ in }e\|\text{if }eee\|e\text{ op }e\|\text{halt}$ |
| 值 | $v::=$ | $r\|X$ |
| 常数值 | $r::=$ | $b\|n$ |
| 布尔常数值 | $b::=$ | $\text{true}\|\text{false}$ |
| 整形常数值 | $n::=$ | $-1\|0\|1\|2\|\cdots$ |
| 操作符 | $\text{op}::=$ | $+\|-\|==\|!=\|\cdots$ |
| 标识符 | $m,x,X$ | |

(a) SymC 的语法定义

| 内存 | $H::=$ | $\overline{l\mapsto O^r}$ |
|---|---|---|
| 内存对象 | $O^r::=$ | $\overline{r\mapsto v}$ |
| 值 | $v::=$ | $r\|l+r\|\varsigma$ |
| 符号表达式 | $\varsigma::=$ | $X\|r\|\text{op}(\varsigma,\varsigma)$ |
| 约束条件列表 | $\Sigma::=$ | $\phi\|\Sigma,\varsigma\|\Sigma,\neg\varsigma$ |
| 评估上下文 | $E::=$ | $[\![\,\cdot\,]\!]\|*E=e\|*v=E\|E.m(\bar{e})$<br>$\|v.m(E)\|\bar{v},E,\bar{e}\|\text{let }x=E\text{ in }e$<br>$\|\text{if }Eee\|E\text{ op }e\|v\text{ op }E$ |
| 地址 | $l$ | |

(b) 语法扩展

图 3-3　SymC 的语法定义以及描述符号执行语义所需的语法扩展

　　图 3-4 定义了符号执行 SymC 语言的操作语义。其中,涉及符号值的部分已经高亮为灰色。用 $e[v/x]$ 表示将表达式中的标识符 $x$ 替换为 $v$。此外,用 $H(l)(r)$ 表示从内存中读取 $l+r$ 地址的值,用 $H[l\mapsto[r\mapsto v]]$ 表示对更新内存地址 $l+r$ 的更新。这里引入传统的求值上下文(evaluation context)方式来精简定义操作语义时的归约规则,其中[CONTEXT]为定义的结构式操作语义的每个归约规则定义了其上下文。

　　表达式的归约表示为如下形式:

$$H_1\textstyle\sum_1 e_1 \rightarrow H_2\textstyle\sum_2 e_2 \tag{3-1}$$

$$[\text{CONTENT}]$$
$$\frac{H_1 \Sigma_1 e_1 \rightarrow H_2 \Sigma_2 e_2}{H_1 \Sigma_1 E_{[\![e_1]\!]} \rightarrow H_2 \Sigma_2 E_{[\![e_2]\!]}}$$

$$[\text{NEW}]$$
$$\frac{l \notin \mathrm{dom}(H)}{H\Sigma \mathrm{new}\ n \rightarrow Hl \mapsto \overline{(0\dots n-1 \mapsto \mathrm{default})} \Sigma l}$$

$$[\text{UPDATE}] \qquad\qquad [\text{LOOKUP}]$$
$$H\Sigma * (l+i) = v \rightarrow H[l \mapsto H(l)][i \mapsto v] \Sigma v \qquad H\Sigma * (l+i) \rightarrow H\Sigma H(l)(i)$$

$$[\text{LET}] \qquad\qquad [\text{OP}]$$
$$H\Sigma \mathrm{let}\ x = v\ \mathrm{in}\ e \rightarrow H\Sigma e[v/x] \qquad H\Sigma \varsigma_1\ \mathrm{op}\ \varsigma_2 \rightarrow H\ \Sigma\ \mathrm{op}(\varsigma_1, \varsigma_2)$$

$$[\text{IFTRUE}] \qquad\qquad [\text{IFFALSE}]$$
$$H\Sigma\ \mathrm{if}\ \varsigma\ e_1 e_2 \rightarrow H\Sigma, \varsigma\ e_1 \qquad H\Sigma\ \mathrm{if}\ \varsigma\ e_1 e_2 \rightarrow H\Sigma, \neg \varsigma\ e_2$$

$$[\text{CALL}]$$
$$H\Sigma m(\overline{v}) \rightarrow H\ \Sigma\ e\overline{[v/x]}$$

图 3-4　符号执行的操作语义

其中,内存 $H$ 可能通过申请新的内存空间([NEW])或者写入已有内存地址([UPDATE])而得到更新。用约束队列 $\Sigma$ 来表示执行该路径所需满足的约束条件:当归约条件跳转语句时([IFTRUE]和[IFFALSE]),会产生新的约束并加入队列 $\Sigma$。在符号执行 SymC 的操作语义中,表达式 if $eee$ 可能不确定地选择[IFTRUE]或[IFFALSE]来进行归约,表示该条件跳转语句的真分支和假分支均有可能被执行。归约规则[NEW]申请了一块新的内存空间,归约规则[UPDATE]更新了内存地址对应的值。在此为了简化起见,假设分配的内存空间大小和内存地址 $l+r$ 为常数值,而并未考虑如何将访存操作符号(写[UPDATE]和读[LOOKUP])符号化。实际上,如何符号化且高效地执行访存操作仍然是有待研究的一个难点问题:当读取内存地址为符号值的内容时,将返回之前所有可能对该地址写入的值。目前尽管有相关理论和约束求解器支持求解上述问题,但不可避免地会对性能造成较大的影响。

归约一个程序时,其初始状态为 $\varnothing\varnothing e$,其中 $e$ 是主函数 main 的函数体,而初始内存和路径约束条件均为空。经过多个步骤的归约后,针对每一执行路径,将产生一个完整的约束队列 $\Sigma$ 来表示执行该路径所需满足的约束条件:

$$\varnothing\varnothing e \rightarrow *H\Sigma v \tag{3-2}$$

对已有符号表达式的操作将会引入新的符号表达式:归约规则[OP]定义了对符号表达式的操作,包括数学运算和比较操作等。例如,对于 $\varsigma_1 + \varsigma_2$,其归约规则为 $H\Sigma \varsigma_1 + \varsigma_2 \rightarrow H\Sigma + (\varsigma_1, \varsigma_2)$。单元操作符可表示为对应的二元操作符,如取反操作 $!e$,可表示为 $e == \mathrm{false}$。

一个条件跳转语句可能通过［IFTRUE］或［IFFALSE］来进行归约,归约产生
相应的约束条件限制了该语句的执行方式:如果［IFTRUE］的约束得到满足,那么
其真分支将确定被执行,反之亦然。因而,最终产生的约束队列实际上对应了程序
的一个确定执行路径,求解该约束队列所产生的输入可以确保程序将执行同样的
路径。无法得到满足的约束队列代表不可达的执行路径。

图 3-4 的操作语义定义了如何将程序执行路径符号化地表示为约束队列。该
约束队列将得到进一步的分析、求解,从而生成测试输入或验证程序的正确性。如
何对约束队列进行分析和求解本身是一个单独的重要命题,值得另外进行讨论。
本章将约束求解器看成一个黑盒,而不去关注其实现细节。

## 3.4　符号执行实现方法

符号执行方法的实现方式可以大致分为静态和动态两类:静态符号执行指在
不执行源程序的情况下来解析程序,代表性工具包括 SPF(symbolic Java path
finder)[5]、KLEE[4] 等;动态符号执行指在源程序运行过程中进行符号执行(通过
对源程序进行插桩),代表性工具包括 Dart[6]、SAGE[7] 等。

符号执行工具需要管理多个程序符号执行状态,并对每一状态进行符号化解
析。程序的符号执行状态包括其内存状态 $H$、执行路径的约束条件 $\Sigma$ 和当前需要
执行的语句 $E$。每一个状态代表执行一条不同程序路径时的运行状态。因此,符
号执行工具的实现通常包括以下几个组件。

(1) 状态管理器:记录可以执行的路径并从中选取执行路径进行符号化解析。

(2) 符号执行解释器:对每条语句按照图 3-4 所定义的归约规则逐条进行解
析,将程序执行路径表示为一组约束条件。

(3) 模拟执行环境:对必要的库函数等进行建模,从而可以解析外部函数调用
语句。

(4) 约束求解器:求解路径条件,判断路径是否可行,对于可行的路径条件可
生成测试输入。通常利用已有的 SMT(satisfiability modulo theories)求解器,常
见的约束求解工具有 Z3[8]、Yices[9] 等。

### 3.4.1　静态符号执行

静态符号执行过程的实现算法如图 3-5 所示。静态符号执行工具需要管理一
个符号执行状态集合 $S$:对于输入程序 $E$,其初始状态对应程序初始时的运行状
态。在任一时刻,静态符号执行工具选取 $S$ 中的一个状态并对其按照图 3-4 所定
义的归约规则来逐条解析。解析后的新状态将放入 $S$ 中进行进一步处理,其中值
得注意的是对条件跳转语句将按照［IFTRUE］或者［IFFALSE］进行解析,生成两个

状态。静态符号执行工具可以通过约束求解器来判断该状态是否可达（即该程序执行路径是否能够得到执行），只有可达的状态才需要进一步去处理。该算法仅当所有状态都解析完后才能终止，实际应用中通常采用限定时间或者其他限制条件来终止。

```
Static_SE (E) {
    S={∅ ∅ E}
    while(S≠∅) {
        Select S_0 ∈ S,S_0=H Σ e
        按照图 3-4 的规则解析 H Σ e→H′ Σ′ e′
        S=S∪H′ Σ′ e′
    }
}
```

图 3-5　静态符号执行过程

### 3.4.2　动态符号执行

动态符号执行又叫混合执行（concolic execution），在程序实际运行的同时进行符号执行并将实际的程序运行路径表示为一组约束条件。通过变换这组约束条件可以获得执行不同路径所需满足的约束条件，从而生成不同的输入。

动态符号执行的过程可概括为图 3-6 所示的算法。与静态符号执行相比较，动态符号执行需要程序的具体输入。初始时的输入可能是已有测试用例或随机产生的测试用例。在动态符号执行过程中，程序的运行路径由其具体执行指定，而符号执行将该执行路径表示为其所需满足的路径约束条件。通过变换该路径约束条件，可以获得其他的约束条件来表示不同执行路径，从而生成不同的测试输入。

```
Dynamic_SE (E) {
    S={初始输入}
    while (S∈I 未被执行) {
        按照具体输入值 S,执行程序 E
        将 E 的具体执行过程按图 3-4 所示的规则解析 ∅∅E→H Σ halt
        变换路径约束条件 Σ,生成新的约束条件 Σ_0,Σ_1,…,Σ_n
        求解约束条件 Σ_0,Σ_1,…,Σ_n,生成具体输入 S_0,S_1,…,S_n
        S=S∪S_0∪S_1,…,∪S_n
    }
}
```

图 3-6　动态符号执行过程

程序的执行路径条件 $\Sigma$ 包括一组约束条件列表，即 $\Sigma=\varsigma_0,\varsigma_1,…,\varsigma_n$，其中每一单个约束条件代表程序执行路上一个特定的跳转条件。通过对 $\Sigma$ 中的每个约束条件进行逐一取反，可以获得 $n$ 个不同的执行路径所对应的约束条件，每个路径条件包括取反的约束条件以及它之前在 $\Sigma$ 中的其他约束条件。例如,对于 $\Sigma = \zeta_0,$ $\zeta_1, \cdots, \zeta_n$,可以通过逐一取反获得多个不同的路径条件:$\Sigma_0 = \neg \zeta_0, \Sigma_1 = \zeta_0, \neg \zeta_1, \cdots,$ $\Sigma_n = \zeta_0, \zeta_1, \cdots, \neg \zeta_n$。每个路径条件对应一条新的执行路径,从取反的条件跳转语句开始执行与原有路径不同的分支。

动态符号执行工具和静态符号执行工具由于其实现策略的不同,各有优劣。动态符号执行需要伴随着实际运行过程,通常从程序入口处开始;而静态符号执行可以直接生成符号运行时的不同状态并以该状态为起点继续执行,从而减少冗余的重复执行过程。静态符号执行和动态符号执行都可以产生实际输入作为测试用例。但动态符号执行的测试过程和符号执行过程往往同时进行,在测试的同时即可验证具体执行路径是否与符号执行所表示的约束条件一致。因此,动态符号执行工具可对难以进行符号解析的指令(如外部函数调用等)进行各种近似,再具体执行来进一步验证。一种常用的向下近似方法是用实际运行过程中的具体值来替代符号值。

### 3.4.3 符号执行技术总结

尽管对于符号执行的研究有了突破性的进展,但由于其理论上需要穷举所有可能的执行路径和状态,不可避免地会产生路径爆炸和可延展性等问题,这是符号执行技术的研究热点之一。此外,如何对运行环境进行模拟、进行高效的约束求解,也是实现符号执行工具必须解决的重要问题。

#### 1. 如何提高符号执行效率

由于程序可能执行路径的数量异常庞大甚至是无穷多,全面系统地执行所有执行路径并不现实。因而,众多研究都集中于如何在有限时间内更有效地选择不同执行路径来进行测试。大多符号执行工具都实现了不同的启发式方法来提高符号执行的分支覆盖率。Li 等[10]提出一种通用的方法,利用程序已运行过的定长路径执行频率来指导静态符号执行的路径选择,有效提高测试覆盖率并可以检测出更多的缺陷。Seo 等[11]应用类似方法来优化动态符号执行效率。很多研究通过静态分析来指导符号执行的路径选择:Babic 等[12]通过静态分析程序中的潜在安全漏洞来指导符号执行,优先选择离潜在安全漏洞更近的路径来进行测试;Cui 等[13]针对分析检测的规则,计算可能影响该规则的程序切片从而删减无关路径,取得了显著的性能提升;Zhang 等[14]通过数据流分析计算分支是否能改变程序的某些正则状态(如打开/关闭文件等),并以此来指导动态符号执行测试检测正则状态是否得到满足,获得了显著的性能提升。

另外一个提高符号执行效率的有效手段是合并不同的符号执行状态,如通过对函数体或循环体进行静态或动态分析来总结其符号执行规则,从而简化其执行。

例如,Avgerinous 等[15]通过静态符号分析归约出程序片段的约束条件,以此来优化动态符号执行方法,最终可以达到一个数量级以上的测试性能提升,并检测出两倍以上数量的软件缺陷。此外,符号执行的效率还可以通过并行化、精简冗余路径、缓存或归约函数单元符号执行结果等方法得到进一步提升。

### 2. 如何模拟执行环境

为了保证符号执行与实际的运行过程一致,必须精确解析每条程序指令,包括系统调用指令等,这就需要对程序运行环境(如系统调用、外部库函数等)进行准确建模。例如,KLEE [4]自带了 libc 的实现,Cloud 9[16]对 POSIX 系统库进行了模拟,PEX[17]提供了对. net 库函数的支持,而 S2E[18]和 BitBlaze[19]则采取了另外一种方式,对包括环境在内的整个运行系统进行解析。

### 3. 如何进行高效约束求解

约束求解通常占据了符号执行的绝大多数时间(90%)。大多符号执行工具在调用约束求解器之前都会对约束条件进行一些简单的预处理,例如,将无关的约束条件分组,预先处理约束条件中变量值为常数的情况,删除冗余约束条件等。此外,也可以针对特定的应用来定制特定约束条件理论使其可以被高效求解。例如,对字符串的操作,可以将字符串当成数组来等同处理,也可以针对各种字符串操作库函数的语义定义针对性的求解方式。另外当符号执行 Parser 时,也可以针对源语言的语法指定特定的约束条件。

## 3.5　符号执行工具简介

本节将简单介绍几种先进的静态符号执行工具和动态符号执行工具。

### 3.5.1　SPF

SPF[5,20]是由 NASA 开发的针对 Java 程序的静态符号执行工具,通过扩展 NASA 的模型检查工具 JPF(Java path finder)而实现。最初 JPF 将 Java 字节码翻译为 Promela 程序,再通过模型检查工具 Spin[21]来检查翻译后的 Promela 程序的正确性,如是否存在死锁等。约在 2000 年左右,JPF 的开发人员实现了一系列提高 JPF 效率和延展性的方法,包括切片技术、数据抽象等,大幅提高了模型检查的效率。从此,JPF 实现了内置的模型检查工具。

SPF 扩展了 JPF 来支持符号执行。最初 SPF 的实现是通过插桩 Java 程序来进行符号执行:每个 Java 类对应一个符号化的实现,对 Java 类对象的具体调用被替换为对应的符号类对象的实现。插桩后的程序再通过 JPF 进行模型检查,而模型检查生成的反例可以作为测试输入来触发特定错误。为了提高效率,目前 SPF 的实现是对 Java 程序直接进行符号化解析。SPF 自带三个约束求解器,即 CHOCO、IASolver 和 CVC3,可以通过命令行配置选择默认的求解器。

SPF 普遍用于 Java 单元测试。所有 SPF 相关的实验[5,22-25]都是基于代码行数小于一千行的小型程序。文献[26]中提到,可以通过接口函数来定义哪些单元需要进行符号化测试,哪些单元用具体测试用例,从而在测试整个系统时对某些单元进行符号执行和测试。SPF 假设其分析的 Java 程序为一个闭包,因此对于 JNI 接口等需要手工标注其语义。

### 3.5.2  KLEE

KLEE[4]是开源的针对 C/C++程序的静态符号执行工具,可以说是符号执行工具的一个里程碑。KLEE 的实现基于开源编译器 LLVM(low level virtual machine)[27],它直接解析 LLVM 指令将其翻译成对应的约束条件。尽管理论上 KLEE 并没有进行特别的创新,但它实现了一系列工程上的优化,是第一个能够有效测试真实应用的开源静态符号执行工具。KLEE 将 LLVM 中的数值表示为 bit-vector 的形式并对其进行符号化解析,从而可以有效、准确地支持各种整数运算和逻辑操作,同时 KLEE 自带了 libC 的实现以及对 POSIX 库的简单模拟。

KLEE 不支持浮点运算、多线程、setjmp/longjmp 和汇编指令。KLEE 假设内存分配请求的空间为常数值。对于分配空间大小为符号值的请求,KLEE 将该符号值通过不同的策略定值化,通过分配大小为 0 的空间、分配一个非常小的空间以及分配一块很大的内存空间来测试不同条件下的程序行为。KLEE 支持符号化的访存并实现对常见错误(如缓冲区溢出、被 0 除等)的检查。KLEE 的默认约束求解器为 STP(simple theorem prover),同时也提供接口来调用其他约束求解器。KLEE 对 CoreUtils 进行了实验,结果表明通过 KLEE 自动测试可以达到非常高的覆盖率,能够有效检查出数十个新的错误。

很多研究工作在 KLEE 的基础上进行了进一步的扩展:

(1) Cloud 9[16]将 KLEE 并行化并加入对 POSIX 库函数的支持。

(2) S2E[18]将 KLEE 作为符号执行引擎实现到虚拟机 QEMU 中,从而可以在理论上对整个操作环境进行符号执行和分析。

(3) KLOVER[28]扩展 KLEE 来测试 C++程序,支持异常处理、类型检查等 C++特征。

(4) GLEE[29]扩展 KLEE 来测试 CUDA 程序。

### 3.5.3  SAGE

SAGE[7](scalable automated guided execution)可以说是商业上最成功的符

号执行工具。SAGE 作为 Microsoft 的内部测试工具得到了广泛的使用,目前已发现上百个安全相关的漏洞[3]。SAGE 可直接处理 X86 上的二进制文件,分析它们的执行路径。SAGE 实现了以下方法而得以应用于大型应用中:

(1) SAGE 配置在有超过 100 台机器的大型服务中心,所有 SAGE 自动产生的测试用例可以并行执行。此外,SAGE 可离线进行符号执行:执行轨迹在运行时得到收集,再离线进行分析,从而产生新的测试用例。对每个运行轨迹的符号执行以及约束求解也均可并行执行。

(2) SAGE 实现了不同的动态和静态分析方法来对符号执行状态进行归约和合并,包括通过动态分析来产生函数符号执行归约[30]、循环符号执行总结[31]等。

SAGE 基于手工测试用例进行系统的路径扫描来产生新的测试用例,通过对已有测试用例进行系统的符号化扩展,大大增强了已有测试用例集合的测试效果。

### 3.5.4　PEX

PEX[19]是 Microsoft 开发的一款针对.NET 程序的符号执行工具。PEX 面向单元测试,对.NET 库函数进行建模并实现常见.NET 程序的错误检查。PEX 支持对单元接口函数的 pre/post-condition 的手工标注。目前,PEX 已经作为工具内置于 Microsoft Visual Studio 中。

### 参 考 文 献

[1] Boyer R S, Elspas B, Levitt K N. Select—A formal system for testing and debugging programs by symbolic execution[C]. Proceedings of the International Conference on Reliable Software, New York, 1975:234-245.

[2] King J C. Symbolic execution and program testing[J]. Communications of the ACM, 1976, 19(7):385-394.

[3] Cadar C, Dunbar D, Engler D. KLEE: Unassisted and automatic generation of high-coverage tests for complex systems programs[C]. Usenix Symposium on Operating Systems Design and Implementation, San Diego, 2008:209-224.

[4] Bounimova E, Godefroid P, Molnar D. Billions and billions of constraints: Whiteboxfuzz testing in production[C]. International Conference on Software Engineering, Piscataway 2013:122-131.

[5] Anand S, Reanu C S, Visser W. JPF-SE: A symbolic execution extension to Java PathFinder[C]. International Conference on Tools and Algorithms for the Construction and Analysis of Systems, Braga, 2007:134-138.

[6] Godefroid P, Klarlund N, Sen K. DART: Directed automated random testing[C]. SIGPLAN Conference on Programming Language Design and Implementation, Chicago, 2005:213-223.

[7] Godefroid P, Levin M Y, Molnar D A. Automated whitebox Fuzz testing[C]. Network and Distributed System Security Symposium, San Diego, 2008.

[8] de Moura L, Bjørner N. Z3: An efficient smt solver[C]. Proceedings of the 14th International Conference on Tools and Algorithms for the Construction and Analysis of Systems, Budapest, 2008: 337-340.

[9] Dutertre B, Moura L D. The Yices SMT solver[R]. Menlo Park: SRI International, 2006.

[10] Li Y, Su Z, Wang L, et al. Steering symbolic execution to less traveled paths[C]. ACM SIGPLAN International Conference on Object Oriented Programming Systems Languages & Applications, Indianapolis, 2013: 19-32.

[11] Seo H, Kim S. How we get there: A context-guided search strategy in concolic testing[C]. Proceedings of the 22nd ACM SIGSOFT International Symposium on Foundations of Software Engineering, Hong Kong, 2014: 413-424.

[12] Babic D, Martignoni L, McCamant S, et al. Statically-directed dynamic automated test generation[C]. Proceedings of the International Symposium on Software Testing and Analysis, New York, 2011: 12-22.

[13] Cui H, Hu G, Wu J, et al. Verifying systems rules using rule-directed symbolic execution[C]. Proceedings of the Eighteenth International Conference on Architectural Support for Programming Languages and Operating Systems, New York, 2013: 329-342.

[14] Zhang Y, Clien Z, Wang J, et al. Regular property guided dynamic symbolic execution[C]. Proceedings of the 37th International Conference on Software Engineering, Piscataway, 2015: 643-653.

[15] Avgerinos T, Rebert A, Cha S K, et al. Enhancing symbolic execution with veritesting[C]. Proceedings of the 36th International Conference on Software Engineering, Hyderabad, 2014: 1083-1094.

[16] Bucur S, Ureche V, Zamfir C. Parallel symbolic execution for automated real-world software testing[C]. Proceedings of the 6th European Conference on Computer Systems, Alzburg, 2011: 183-198.

[17] Tillmann N, de Halleux J. Pex: White box test generation for .NET[C]. Proceedings of the 2nd International Conference on Tests and Proofs, Prato, 2008: 134-153.

[18] Chipounov V, Kuznetsov V, Candea G. S2E: A platform for in-Vivo multi-path analysis of software systems[C]. International Conference on Architectural Support for Programming Languages and Operating Systems, Newport Beach, 2011: 265-278.

[19] Song D, Brumley D, Yin H, et al. BitBlaze: A new approach to computer security via binary analysis[C]. Proceedings of the 4th International Conference on Information Systems Security, Hyderabad, 2008: 1-25.

[20] Anand S, Godefroid P, Tillmann N. Demand-driven compositional symbolic execution[C]. International Conference on Tools and Algorithms for the Construction and Analysis of Systems, Budapest 2008: 367-381.

[21] Holzmann G. Spin Model Checker, the Primer and Reference Manual[M]. Boston: Addison-Wesley Professional, 2003.

[22] Khurshid S, Păsăreanu C S, Visser W. Generalized symbolic execution for model checking and testing[C]. Proceedings of the 9th International Conference on Tools and Algorithms for the Construction and Analysis of Systems, Warsaw, 2003:553-568.

[23] Păsăreanu C S, Rungta N. Symbolic PathFinder: Symbolic execution of Java bytecode[C]. Proceedings of the IEEE/ACM International Conference on Automated Software Engineering, Antwerp, 2010:179-180.

[24] Păsăreanu C S, Rungta N, Visser W. Symbolic execution with mixed concrete-symbolic solving[C]. Proceedings of the International Symposium on Software Testing and Analysis, Toronto, 2011:34-44.

[25] Visser W, Păsăreanu C S, Khurshid S. Test input generation with Java PathFinder[C]. Proceedings of the ACM SIGSOFT International Symposium on Software Testing and Analysis, Boston, 2004:97-107.

[26] Păsăreanu C S, Mehlitz P C, Bushnell D H, et al. Combining unit-level symbolic execution and system-level concrete execution for testing NASA software[C]. Proceedings of the International Symposium on Software Testing and Analysis, Seattle, 2008:15-26.

[27] Lattner C, Adve V. LLVM language reference manual[EB/OL]. http://www. llvm. org/docs/LangRef. html[2016-3-31].

[28] Li G D, Ghosh I, Rajan S P. KLOVER:A symbolic execution and automatic test generation tool for C++ programs[C]. Proceedings of the 23rd International Conference on Computer Aided Verification, Snowbird, 2011:609-615.

[29] Li G D, Li P, Sawaya G, et al. GKLEE:Concolic verification and test generation for GPUs[C]. Proceedings of the 17th ACM SIGPLAN Symposium on Principles and Practice of Parallel Programming, New Orleans, 2012:215-224.

[30] Godefroid P. Compositional dynamic test generation[C]. Proceedings of the 34th Annual ACM SIGPLAN-SIGACT Symposium on Principles of Programming Languages, Nice, 2007:47-54.

[31] Godefroid P, Luchaup D. Automatic partial loop summarization in dynamic test generation[C]. Proceedings of the International Symposium on Software Testing and Analysis, Toronto, 2011:23-33.

# 第 4 章  区间运算技术

　　软件测试根据是否需要运行被测软件分为动态测试和静态分析。动态测试通过运行软件来检验软件的动态行为和运行结果的正确性。静态分析主要收集、查找程序的信息,对被测程序进行特征分析,其主要优点是在程序运行之前就可以对程序故障进行定位。基于缺陷模式的软件测试技术属于程序静态分析的范畴。一方面,实际程序中存在大量的不可达路径,静态分析对于这类路径仍然会进行无效的计算和检测,导致分析结果中含有一定的误报。判断误报既费时又会干扰真正的缺陷报告,因此降低误报率是静态分析追求的一大目标。而另一方面,程序中存在的一些语句,如赋值语句、条件判断语句等,对变量的取值情况进行了限定,这些限定信息对程序的控制流有一定的影响,在已有的静态分析中并未充分利用这些取值信息。区间代数是一种表示、计算变量值范围信息的常用方法,一个变量的取值区间表示该变量在某个程序点处可能或确定的取值范围。

　　区间代数[1,2]是 Moore 在 20 世纪 60 年代首次提出的,起初主要用于数值分析中可靠界限的计算问题,提高计算结果的可靠性,但是很快被广泛应用于物理、工程和经济等领域。文献[3]最先基于区间分析并采用范围传播(range propagation)和范围分析(range analysis)两种方法对程序变量进行了取值范围分析研究。文献[4]用区间运算对程序中的约束集进行求解以生成测试数据。文献[5]将区间运算应用于航天领域的软件测试中,主要解决数值表达式计算的取值问题。

## 4.1  经典的区间代数

### 4.1.1  区间及区间运算

　　**定义 4.1**  对于给定的实数 $\underline{x},\overline{x}\in\mathbb{R}$,若满足条件 $\underline{x}\leqslant\overline{x}$,则闭有界数集合

$$X=[\underline{x},\overline{x}]=\{x\in\mathbb{R}\mid\underline{x}\leqslant x\leqslant\overline{x}\} \tag{4-1}$$

就称为有界闭区间,其中 $\underline{x}$ 为区间 $X$ 的下端点,$\overline{x}$ 为区间 $X$ 的上端点。若区间 $X$ 的上、下端点相等,即 $\underline{x}=\overline{x}$,那么定义 $[\underline{x},\overline{x}]$ 为点区间;空区间用 $\varnothing$ 表示。

　　给定任意两个区间,$X=[\underline{x},\overline{x}]$,$Y=[\underline{y},\overline{y}]$,定义区间上的基本运算如下:

$X+Y=[\underline{x}+\underline{y},\overline{x}+\overline{y}]$;

$X-Y=[\underline{x}-\overline{y},\overline{x}-\underline{y}]$;

$X*Y=[\min(\underline{x}\,\underline{y},\underline{x}\,\bar{y},\bar{x}\,\underline{y},\bar{x}\,\bar{y}),\max(\underline{x}\,\underline{y},\underline{x}\,\bar{y},\bar{x}\,\underline{y},\bar{x}\,\bar{y})]$;

若 $0\notin[\underline{y},\bar{y}]$,$X/Y=[\underline{x},\bar{x}]*[1/\bar{y},1/\underline{y}]$;

若 $X$ 和 $Y$ 有交集(即有公共部分),$X\cap Y=[\max(\underline{x},\underline{y}),\min(\bar{x},\bar{y})]$;

如果 $X\cap Y\neq\varnothing$,$X\cup Y=[\min(\underline{x},\underline{y}),\max(\bar{x},\bar{y})]$;

如果 $\bar{x}<\underline{y}$,则称 $X<Y$。

在计算机程序中,数值类型(如整数型、浮点型和字符型等)变量的取值范围都可以用数值区间来表示。由于计算机中数值型变量的机器表示都是离散的,如果最小精度用步长 $\lambda(\lambda>0)$ 来表示,则对于整型变量,$\lambda=1$;对于浮点型变量,$\lambda$ 在数轴的不同位置上是变化的。例如,某种数据类型的开区间 $(a,b)$ 在计算机精度限制下可表示为闭区间 $[a+\lambda_1,b-\lambda_2]$。对于整型变量,$\lambda_1=\lambda_2=1$;对于浮点型变量,$\lambda_1$ 和 $\lambda_2$ 的值分别取决于 $a$ 和 $b$。总之,可以用一个闭区间来抽象表示程序中数值型变量的实际取值。为了简化起见,本章忽略 $\lambda_1$ 和 $\lambda_2$ 的差别,统一用 $\lambda$ 来表示。

### 4.1.2　区间向量和区间函数

设实数集 $\mathbb{R}$ 上所有有界闭区间的集合记为 $I(\mathbb{R})$。区间向量是指元素都是区间的向量。1 个 $n$ 维区间向量可以表示为 $[x]=\{[x_i]\}^n\in I(\mathbb{R}^n)$,$I(\mathbb{R}^n)$ 是所有 $n$ 维区间向量集[6]。

**定义 4.2**　设 $f:(\mathbb{R}^n)\to\mathbb{R}$,若存在区间值映射 $F:I(\mathbb{R}^n)\to I(\mathbb{R})$,对任意 $x_i\in X_i(i=1,2,\cdots,n)$,$F([x_1,x_1],\cdots,[x_n,x_n])=f(x_1,\cdots,x_n)$ 成立,则称 $F$ 为函数 $f$ 的区间扩展[6]。

**定义 4.3**　设 $F:I(\mathbb{R}^n)\to I(\mathbb{R})$,而 $X,Y\in I(\mathbb{R}^n)$ 且满足 $X\subseteq Y$,如果 $F(X)\subseteq F(Y)$ 成立,则称区间值映射 $F$ 具有包含单调性。

**定理 4.1**　如果区间值函数 $F$ 是点函数 $f$ 的具有包含单调性的区间扩展,则必有包含关系

$$\{f(x_1,\cdots,x_n)\mid\forall x_i\in X_i,i=1,2,\cdots,n\}\subseteq F(X_1,\cdots,X_n) \qquad (4\text{-}2)$$

容易证明,区间的四则运算具有单调包含性。由此即可推出,若 $F$ 为有理区间函数,那么 $F$ 的这种包含单调性同样成立。文献[7]给出了基本初等函数的区间扩展,包括三角函数、反三角函数、幂函数、指数函数、对数函数和超越函数等。

## 4.2　扩展的区间运算

### 4.2.1　数值型区间集代数

由于集合对"交"和"补"运算满足分配律,容易证明区间对"交"和"并"运算也

符合分配律,但单一区间没有"补"运算,因此对单一区间的集合 $A$ 而言,$\langle A, \bigcup, \bigcap \rangle$ 是一个完全分配格。

很多情况下,数值型变量的单区间表示它对于实际程序的描述能力有限,精确度不够。例如,对于 $x! = 3$,采用单一区间表示应该为 $[MIN, MAX]$,它虽然是变量实际取值的保守表示,但已经丢失了该表达式实际语义的关键信息;整数类型变量 $i$ 的取值是 $[2,4]$ 或 $[9,10]$,用区间表示应该为 $[2,10]$,而这样会包含冗余取值区间 $[5,8]$。为了更加准确地描述一个变量的取值范围,这里引入区间集的概念[8-13]。

**1. 区间集的定义**

**定义 4.4**　区间集是由若干两两互不相交的区间构成的集合,其表示形式如下:

$$IS = \{X_1, X_2, \cdots, X_n\} = \{[\underline{x_1}, \overline{x_1}], [\underline{x_2}, \overline{x_2}], \cdots, [\underline{x_n}, \overline{x_n}]\}, \quad X_1 < X_2 < \cdots < X_n$$

$$(4\text{-}3)$$

式中,变量 $i$ 的取值范围用区间集可表示为 $\{[2,4], [9,10]\}$。

在不产生混淆的情况下,也称数值型变量的区间集为区间。

**定义 4.5**　数值型区间集代数系统为 $\langle L_N, \subseteq, \top_N, \bot_N, X_N \rangle$,其中 $L_N$ 表示区间集的全集,$\top_N$ 表示最大值 $\{[-\infty, +\infty]\}$;$\bot_N$ 表示区间集的最小值,即区间集为空;$X_N$ 表示区间集未定义(undefined)取值[14-16]。

对于 $\forall l \in L_N, X_N \bigcup l = X_N \bigcap l = l; X_N \oplus l = l \oplus X_N = X_N$,其中,$\oplus \in \{+, -, *, \div\}$。

$X_N$ 一般用于过程内的参数及结构体中成员的变量值区间运算。对于此类变量,在只有其类型没有任何取值范围信息的情况下,如果简单为取默认的最大值,那么在缺陷检测时会带来大量的误报。采用该特殊取值,可以有效避免此类误报。类似地,下面采用 $X_B$ 和 $X_R$ 分别表示布尔型和引用型的未定义取值。

**2. 集合运算**

设区间集 $IS = \{X_1, \cdots, X_j, \cdots, X_k, \cdots, X_n\} = \{[\underline{x_1}, \overline{x_1}], \cdots, [\underline{x_j}, \overline{x_j}], \cdots, [\underline{x_k}, \overline{x_k}], \cdots, [\underline{x_n}, \overline{x_n}]\}$,区间 $M = [\underline{m}, \overline{m}]$。假设 $M$ 与 $IS$ 中的相邻区间 $X_j, \cdots, X_k (j \leqslant k)$ 相交,则 $IS$ 与 $M$ 的"并"运算定义为

$$IS \bigcup M = \{[\underline{x_1}, \overline{x_1}], \cdots, [\min(\underline{x_j}, \underline{m}), \max(\overline{x_k}, \overline{m})], \cdots, [\underline{x_n}, \overline{x_n}]\} \quad (4\text{-}4)$$

$IS$ 与 $M$ 的"交"运算定义为

$$IS \bigcap M = \{[\max(\underline{x_j}, \underline{m}), \overline{x_j}], \cdots, [\underline{x_k}, \min(\overline{x_k}, \overline{m})]\} \quad (4\text{-}5)$$

如果 $M$ 不与 $IS$ 中的任一区间有交集,则

$$\text{IS} \cap M = \varnothing \tag{4-6}$$

$$\text{IS} \cup M = \{X_1, \cdots, X_j, M, X_{j+1}, \cdots, X_n\} \quad X_j < M < X_{j+1} \tag{4-7}$$

下面定义区间集与区间集的集合运算。

设区间集 $\text{IS}_1 = \{X_1, X_2, \cdots, X_m\}$，$\text{IS}_2 = \{Y_1, Y_2, \cdots, Y_n\}$，则 $\text{IS}_1$ 与 $\text{IS}_2$ 的"并"运算定义为

$$\text{IS}_1 \cup \text{IS}_2 = (\cdots((\text{IS}_1 \cup Y_1) \cup Y_2) \cup \cdots) \cup Y_n \tag{4-8}$$

$\text{IS}_1$ 与 $\text{IS}_2$ 的"交"运算定义为

$$\text{IS}_1 \cap \text{IS}_2 = \bigcup_{i=1}^{n}(\text{IS}_1 \cap Y_i) \tag{4-9}$$

设数值型变量取值的默认全集为 $\Omega = \{[\text{MIN}, \text{MAX}]\}$，区间集 $\text{IS} = \{[\underline{x_1}, \overline{x_1}], [\underline{x_2}, \overline{x_2}], \cdots, [\underline{x_{n-1}}, \overline{x_{n-1}}], [\underline{x_n}, \overline{x_n}]\}$，IS 的补集记为 ~IS。

### 3. 四则运算

设区间集 $\text{IS}_1 = \{X_1, X_2, \cdots, X_m\} = \{[\underline{x_1}, \overline{x_1}], [\underline{x_2}, \overline{x_2}], \cdots, [\underline{x_m}, \overline{x_m}]\}$，区间集 $\text{IS}_2 = \{X_1, X_2, \cdots, X_n\} = \{[\underline{x_1}, \overline{x_1}], [\underline{x_2}, \overline{x_2}], \cdots, [\underline{x_n}, \overline{x_n}]\}$。

设运算符 $\oplus \in \{+, -, *, \div\}$，$\text{IS}_1 \oplus \text{IS}_2$ 的计算结果 $\text{IS}_0$ 由下面的程序计算得到：

```
IS0 = ∅;
for int i = 1 to m {
    for int j = 1 to n {
        IS0 = IS0 ∪ (Xi ⊕ Yj);
    }
}
```

容易证明，对于区间集的集合 $B$，$\langle B, \cup, \cap, \sim \rangle$ 是一个完全布尔格。

设一个区间集所包含的区间个数为 $n$，则区间集运算的复杂度为 $O(n^2)$。统计结果表明 Java 开源软件中 $n \leqslant 3$ 的数值型区间集占 99.8% 以上，其中 $n=2$ 的区间集约占 5%，$n=3$ 的区间集约占 0.2%，与区间的计算时间相比，区间集计算带来的额外开销可以忽略不计。

### 4. 拓宽算子

抽象解释理论是 P. Cousot 和 R. Cousot 于 1977 年提出的一种针对计算机系统语义模型的近似理论。抽象解释的主要思想是对给定程序设计语言赋予具体和抽象两种语义，建立二者之间的正确关系，通过对抽象语义的求解来达到保守地计算具体语义的目的，使得程序抽象执行的结果能够反映程序真实运行的部分信息。

对象域抽象、伽罗瓦连接和完备格上的拓宽（widening）算子是抽象解释理论

中的基本概念。

**定义 4.6**　设 $\langle L, \sqsubseteq, \sqcup, \sqcap, \bot, \top \rangle$ 是一个完备格,算子 $\nabla: L \times L \to L$ 称为拓宽算子当且仅当:

(1) $\nabla$ 是一个上界算子。

(2) 对于任意的递增链 $(l_n)_n$,递增链 $(l_n^{\nabla})_n$ 都收敛,其中,$(l_n^{\nabla})$ 定义为:如果 $n=0$,则 $(l_n^{\nabla})=l_n$;否则,$(l_n^{\nabla})=(l_{n-1}^{\nabla})\nabla l_n$。

如果不能找到将无限域 $L$ 抽象到有限域的伽罗瓦连接,则一定可以找到合适的拓宽算子,保证抽象解释函数的快速收敛。拓宽算子可以获得与伽罗瓦连接方法相似的精度和收敛速度,且更加通用。

循环变量的分析计算是程序静态分析的一大难点,因为循环的确切次数一般很难得到。如果保守处理对循环变量取最大范围,则损失了精度。基于抽象解释理论中的拓宽算子,通过判断循环变量范围的变化趋势,从而限定循环变量的取值范围,该方法简单而快速。抽象解释理论定义了数值型单一区间的拓宽算子,本章后续部分将该算子扩展到多种类型的区间代数上,包括数值型区间代数、布尔区间代数和引用区间代数。

设 $\bot$ 为区间的最小值,对于任意的区间 $i$,$\bot \nabla i = i \nabla \bot = i$;

若 $m_2 < m_1$,且 $n_2 \leqslant n_1$,则 $[m_1, n_1] \nabla [m_2, n_2] = [-\infty, n_1]$;

若 $m_1 \leqslant m_2$,且 $n_1 < n_2$,则 $[m_1, n_1] \nabla [m_2, n_2] = [m_1, +\infty]$;

若 $m_2 < m_1$,且 $n_1 < n_2$,则 $[m_1, n_1] \nabla [m_2, n_2] = [-\infty, +\infty]$;

若 $m_1 \leqslant m_2$,且 $n_2 \leqslant n_1$,则 $[m_1, n_1] \nabla [m_2, n_2] = [m_1, n_1]$。

例如,对于区间构成的无穷递增链 $[0,1]$,$[0,2]$,$\cdots$,$[0,n]$,$\cdots$,拓宽算子使该递增链迅速收敛到 $[0, +\infty]$。

对于区间集 $IS_1$ 和 $IS_2$,定义 $IS_1 \nabla IS_2 = \{[\min(IS_1), \max(IS_1)] \nabla [\min(IS_2), \max(IS_2)]\}$。

## 4.2.2　非数值型区间代数

### 1. 布尔型

程序中的布尔型变量表示某一条件或状态的"真""假"值。

**定义 4.7**　布尔型区间代数系统为 $\langle L_B, \sqsubseteq, \top_B, \bot_B, X_B \rangle$,其中 $L_B$ 表示布尔型区间值的全集 $\{\bot_B, \text{TRUE}, \text{FALSE}, \top_B, X_B\}$,对于布尔变量 $b$,TRUE 表示 $b$ 的取值为"真";FALSE 表示 $b$ 的取值为"假";$\top_B$ 表示 $b$ 的取值可能为"真"也可能为"假";$\bot_B$ 表示 $b$ 的取值范围为空,取值范围为空的情况在控制流路径矛盾时才会发生;$X_B$ 表示布尔类型的未定义取值。布尔变量的区间运算包括 $\cup$(并)、$\cap$(交)、

~(补)、—(减)。具体的运算规则定义如下：

$$TRUE \cap FALSE = \perp_B, TRUE \cup FALSE = \top_B \tag{4-10}$$

对于 $\forall b \in L_B$，有 $X_B \cup b = X_B \cap b = b$；$\top_B \cup b = \top_B$，$\top_B \cap b = b$，$\perp_B \cup b = b$，$\perp_B \cap b = \perp_B$；$X_B \oplus b = b \oplus X_B = X_B$，$\oplus \in \{+, -, *, \div\}$。

对于布尔类型区间 $X$ 和 $Y$，定义"减"操作如下：

$$X - Y = X \cap (\sim Y) \tag{4-11}$$

**定义 4.8**　对于 $\forall b_1, b_2 \in L_B$，布尔型变量的拓宽运算为 $b_1 \nabla b_2 = b_1 \subseteq b_2 ? \top_B : b_1$。

布尔型变量的默认取值区间为 $\top_B$。

### 2. 引用型

引用型的变量 $r$ 是指向内存中对象的标识。基于缺陷模式的静态分析关注的是 $r$ 是否会为空。$r$ 若为空，那么程序在动态运行时会发生空指针引用故障。

**定义 4.9**　引用型区间代数系统为 $\langle L_R, \subseteq, \top_R, \perp_R, X_R \rangle$，其中 $L_R$ 表示引用型区间值的全集 $\{\perp_R, NULL, NOTNULL, \top_R, X_R\}$，NULL 表示 $r$ 的取值为空；NOTNULL 表示 $r$ 的取值不为空，即指向某一对象；$\top_R$ 表示 $r$ 的取值可能为空也可能不为空；$\perp_R$ 表示 $r$ 的取值范围为空，这种情况在控制流路径矛盾时会发生；$X_R$ 表示引用型的未定义取值。类似于布尔变量，引用型变量的区间运算包括 $\cup$（并）、$\cap$（交）、$\sim$（补）、—（减）。具体的运算规则定义如下：

$$NULL \cap NOTNULL = \perp_R, NULL \cup NOTNULL = \top_R \tag{4-12}$$

对于 $\forall r \in L_R$，有 $X_R \cup r = X_R \cap r = r$；$\top_R \cup r = \top_R$，$\top_R \cap r = r$；$\perp_R \cup r = r$，$\perp_R \cap r = \perp_R$；$\forall r \in L_R, X_R \oplus r = r \oplus X_R = X_R$，$\oplus \in \{+, -, *, \div\}$。

类似地，对于引用型区间 $X$ 和 $Y$，定义"减"操作如下：

$$X - Y = X \cap (\sim Y) \tag{4-13}$$

**定义 4.10**　对于 $\forall r_1, r_2 \in L_R$，引用型变量的拓宽运算为 $r_1 \nabla r_2 = r_1 \subseteq r_2 ? \top_R : r_1$。

引用型变量的默认取值区间为 $\top_R$。

### 4.2.3　条件表达式中的区间计算

#### 1. 削减运算

准确地计算一个条件判断对不同分支上变量取值的限定作用是一个 NP 问题。为了在效率与精度之间达到很好的平衡，这里假设变量之间是独立不相关的，那么求得的条件判断对变量的限定作用是其准确值的保守近似。统计表明，开源软件中非线性表达式的比例不足 1‰。本书仅考虑系数为常数的线性表达式，例如，$i>j+2$，$x+y>z-1$。定义函数 interval$(C,v)$，指条件表达式 $C$ 取值为真时变量 $v$ 的取值区间；对于表达式 $C$ 中没有出现的无关变量 $v'$，interval$(C,v')$ 表示 $v'$ 的当前取值区间。通过提取表达式中变量的系数及分离目标变量，可计算得到目标变量的取值区间集。

对于简单条件表达式，当其取值为"真"或"假"时可以消减变量的取值区间，称为区间消减[4]。下面考虑单一变量出现在关系运算符两端的情况（如 $i>j$，$k==3$），对于一般的线性表达式可以进行等价变换，使目标变量出现在关系运算符的一端。

假设数值型变量 $v$ 的当前取值区间集为 $\text{IS}_0$，数值型变量所对应的默认最大取值区间集为 $\{[\text{MIN},\text{MAX}]\}$，经过关系表达式的区间集消减运算后，结果如表 4-1 所示。为便于计算，运算符另一端的区间集取最大值 $h$ 和最小值 $l$，合并为单一区间 $[l,h]$。

**表 4-1 数值变量区间集的消减运算**

| 表达式 | 消减后变量 $v$ 的区间值 |
|---|---|
| $v>\{[l,h]\}$ | $\text{IS}_0\bigcap\{[l+\lambda,\text{MAX}]\}$ |
| $v<\{[l,h]\}$ | $\text{IS}_0\bigcap\{[\text{MIN},h-\lambda]\}$ |
| $v>=\{[l,h]\}$ | $\text{IS}_0\bigcap\{[l,\text{MAX}]\}$ |
| $v<=\{[l,h]\}$ | $\text{IS}_0\bigcap\{[\text{MIN},h]\}$ |
| $v==\{[l,h]\}$ | $\text{IS}_0\bigcap\{[l,h]\}$ |
| $v!=\{[l,h]\}$ | $\text{IS}_0$，$l!=h$<br>$\text{IS}_0-\{[l,h]\}$，$l==h$ |

布尔型变量和引用型变量的区间消减运算如表 4-2 和表 4-3 所示，其中 $E$ 表示 $v$ 的当前取值区间。

**表 4-2 布尔变量区间的消减运算**

| 表达式 | $v$ 取值区间 |
|---|---|
| $v==\text{TRUE}$ | $E\bigcap\text{TRUE}$ |
| $v==\text{FALSE}$ | $E\bigcap\text{FALSE}$ |
| $v==\top_{\text{B}}$ | $E\bigcap\top_{\text{B}}$ |
| $v==\bot_{\text{B}}$ | $\bot_{\text{B}}$ |
| $v!=\text{TRUE}$ | $E\bigcap\text{FALSE}$ |
| $v!=\text{FALSE}$ | $E\bigcap\text{TRUE}$ |
| $v!=\top_{\text{B}}$ | $E\bigcap\top_{\text{B}}$ |
| $v!=\bot_{\text{B}}$ | $\bot_{\text{B}}$ |

表 4-3　引用变量区间的消减运算

| 表达式 | $v$ 取值区间 |
| --- | --- |
| $v==\text{NULL}$ | $E\cap\text{NULL}$ |
| $v==\text{NOTNULL}$ | $E\cap\text{NOTNULL}$ |
| $v==\top_R$ | $E\cap\top_R$ |
| $v==\bot_R$ | $\bot_R$ |
| $v!=\text{NULL}$ | $E\cap\text{NOTNULL}$ |
| $v!=\text{NOTNULL}$ | $E\cap\text{NULL}$ |
| $v!=\top_R$ | $E\cap\top_R$ |
| $v!=\bot_R$ | $\bot_R$ |

### 2. 逻辑运算

对于仅由逻辑运算符"与"和"或"连接的复合条件表达式,忽略表达式中的不同变量的关联性,可以通过下面的公式来计算变量的取值区间:

$$\text{value}(A\parallel B,v)=\text{value}(A,v)\bigcup\text{value}(B,v) \tag{4-14}$$

$$\text{value}(A\&\&B,v)=\text{value}(A,v)\bigcap\text{value}(B,v) \tag{4-15}$$

然而,对于含有"非"和"异或"操作的表达式,不能进行简单的直接计算,需要根据德摩根定律,将其变换为仅由"与"和"或"运算符连接的等价表达式后再进行计算。该方法需要多次遍历抽象语法树,效率较低。为了更加高效地计算条件表达式中变量的取值区间,可引入变量取值的必然集 necsValue 和可能集 posbValue。

设程序中的某个条件表达式为 $C,v_0,v_1,\cdots,v_n$ 为 $C$ 中包含的变量。

**定义 4.11**　变量 $v_i$ 在条件 $C$ 为"真"时的可能取值区间为

$\text{posbValue}(C,v_i)=\{x\mid \exists v_0\exists v_1\cdots\exists v_{i-1}\exists v_{i+1}\cdots\exists v_n\,C(v_0,v_1,\cdots,v_{i-1},x,v_{i+1},\cdots,v_n)\}$.

**定义 4.12**　变量 $v_i$ 在条件 $C$ 为"真"时的必然取值区间为:

$\text{necsValue}(C,v_i)=\{x\mid \forall v_0\forall v_1\cdots\forall v_{i-1}\forall v_{i+1}\cdots\forall v_n\,C(v_0,v_1,\cdots v_{i-1},x,v_{i+1},\cdots v_n)\}$.

由上述定义,可以得到如下性质。

**性质 4.1**

$\text{posbValue}(\neg C,v_i)$

$=\{x\mid \exists v_0\exists v_1\cdots\exists v_{i-1}\exists v_{i+1}\cdots\exists v_n\,\neg C(v_0,v_1,\cdots v_{i-1},x,v_{i+1},\cdots v_n)\}$

$=\{x\mid \neg\forall v_0\forall v_1\cdots\forall v_{i-1}\forall v_{i+1}\cdots\forall v_n C(v_0,v_1,\cdots v_{i-1},x,v_{i+1},\cdots v_n)\wedge x\in E(v_i)\}$

$=E(v_i)-\text{necsValue}(C,v_i)$

**性质 4.2**

$\text{posbValue}(C, v_i)$

$= \{x \mid \exists v_0 \, \exists v_1 \cdots \exists v_{i-1} \, \exists v_{i+1} \cdots \exists v_n C(v_0, v_1, \cdots v_{i-1}, x, v_{i+1}, \cdots v_n)\}$

$= \{x \mid \neg \forall v_0 \, \forall v_1 \cdots \forall v_{i-1} \, \forall v_{i+1} \cdots \forall v_n \, \neg C(v_0, v_1, \cdots v_{i-1}, x, v_{i+1}, \cdots v_n) \wedge x \in E(v_i)\}$

$= E(v_i) - \text{necsValue}(\neg C, v_i)$

### 3. 简单条件表达式

对于仅由关系运算符连接的简单条件表达式（这里仅考虑变量一端出现单一变量的情况），数值类型、布尔类型、引用类型变量取值区间的可能集和必然集定义分别如表 4-4、表 4-5 和表 4-6 所示。

**表 4-4　简单条件表达式中数值变量的可能集和必然集**

| 条件 $C$ | 可能集 $\text{posbValue}(C, x)$ | 必然集 $\text{necsValue}(C, x)$ |
|---|---|---|
| $x > \{[l, h]\}$ | $E(x) \cap \{[l+\lambda, \text{MAX}]\}$ | $E(x) \cap \{[h+\lambda, \text{MAX}]\}$ |
| $x < \{[l, h]\}$ | $E(x) \cap \{[\text{MIN}, h-\lambda]\}$ | $E(x) \cap \{[\text{MIN}, l-\lambda]\}$ |
| $x >= \{[l, h]\}$ | $E(x) \cap \{[l, \text{MAX}]\}$ | $E(x) \cap \{[h, \text{MAX}]\}$ |
| $x <= \{[l, h]\}$ | $E(x) \cap \{[\text{MIN}, h]\}$ | $E(x) \cap \{[\text{MIN}, l]\}$ |
| $x == \{[l, h]\}$ | $E(x) \cap \{[l, h]\}$ | $\varnothing, \quad l != h$<br>$E(x) \cap \{[l, h]\}, \quad l == h$ |
| $x != \{[l, h]\}$ | $E(x), \quad l != h$<br>$E(x) - \{[l, h]\}, \quad l == h$ | $E(x) - \{[l, h]\}$ |

**表 4-5　简单条件表达式中布尔型变量的可能集和必然集**

| 条件 $C$ | 可能集 $\text{posbValue}(C, x)$ | 必然集 $\text{necsValue}(C, x)$ |
|---|---|---|
| $b == \text{TRUE}$ | $E(b) \cap \text{TRUE}$ | $E(b) \cap \text{TRUE}$ |
| $b == \text{FALSE}$ | $E(b) \cap \text{FALSE}$ | $E(b) \cap \text{FALSE}$ |
| $b == \top_B$ | $E(b) \cap \top_B$ | $\bot_B$ |
| $b == \bot_B$ | $\bot_B$ | $\bot_B$ |
| $b != \text{TRUE}$ | $E(b) \cap \text{FALSE}$ | $E(b) \cap \text{FALSE}$ |
| $b != \text{FALSE}$ | $E(b) \cap \text{TRUE}$ | $E(b) \cap \text{TRUE}$ |
| $b != \top_B$ | $E(b) \cap \top_B$ | $\bot_B$ |
| $b != \bot_B$ | $\bot_B$ | $\bot_B$ |

表 4-6　简单条件表达式中引用型变量的可能集和必然集

| 条件 $C$ | 可能集 posbValue$(C,x)$ | 必然集 necsValue$(C,x)$ |
|---|---|---|
| $r==\text{NULL}$ | $E(r)\cap\text{NULL}$ | $E(r)\cap\text{NULL}$ |
| $r==\text{NOTNULL}$ | $E(r)\cap\text{NOTNULL}$ | $E(r)\cap\text{NOTNULL}$ |
| $r==\top_R$ | $E(r)\cap\top_R$ | $\bot_R$ |
| $r==\bot_R$ | $\bot_R$ | $\bot_R$ |
| $r!=\text{NULL}$ | $E(r)\cap\text{NOTNULL}$ | $E(r)\cap\text{NOTNULL}$ |
| $r!=\text{NOTNULL}$ | $E(r)\cap\text{NULL}$ | $E(r)\cap\text{NULL}$ |
| $r!=\top_R$ | $E(r)\cap\top_R$ | $\bot_R$ |
| $r!=\bot_R$ | $\bot_R$ | $\bot_R$ |

**4. 复合条件表达式**

对于表达式 $A$、$B$ 和 $C$，假设 $A$ 中包含的变量集合为 VA＝$\{v_{a1},v_{a2},\cdots v_{an}\}$，$B$ 中包含的变量集合为 VB＝$\{v_{b1},v_{b2},\cdots,v_{bn}\}$。

1)"非"表达式($\neg C$)

根据性质 4.1 和性质 4.2,可得

$$\text{posbValue}(\neg C,x)=E(x)-\text{necsValue}(C,x) \tag{4-16}$$

$$\text{necsValue}(\neg C,x)=E(x)-\text{posbValue}(C,x) \tag{4-17}$$

2)"或"表达式($C=A\parallel B$)

"或"表达式中变量取值的可能集计算方法如表 4-7 所示,必然集计算方法如表 4-8 所示。

表 4-7　"或"表达式中变量的可能集

| 可能集 posbValue$(C,x)$ | 条件 |
|---|---|
| posbValue$(A,x)\cup$posbValue$(B,x)$ | $x\in\text{VA}\cap\text{VB}$ |
| $E(x)$ | $x\in\text{VA}\wedge x\notin\text{VB}\wedge\exists y(\text{posbValue}(B,y)\neq\varnothing\wedge y\in\text{VB})$ |
| $E(x)$ | $x\notin\text{VA}\wedge x\in\text{VB}\wedge\exists y(\text{posbValue}(A,y)\neq\varnothing\wedge y\in\text{VA})$ |
| posbValue$(A,x)$ | $x\in\text{VA}\wedge x\notin\text{VB}\wedge\forall y(\text{posbValue}(B,y)=\varnothing\wedge y\in\text{VB})$ |
| posbValue$(B,x)$ | $x\notin\text{VA}\wedge x\in\text{VB}\wedge\forall y(\text{posbValue}(A,y)=\varnothing\wedge y\in\text{VA})$ |

表 4-8　"或"表达式中变量的必然集

| 必然集 necsValue$(C,x)$ | 条件 |
|---|---|
| necsValue$(A,x)\cup$necsValue$(B,x)$ | $x\in\text{VA}\cap\text{VB}$ |
| necsValue$(A,x)$ | $x\in\text{VA}\wedge x\notin\text{VB}\wedge\forall y(\text{necsValue}(B,y)\neq E(y)\wedge y\in\text{VB})$ |
| necsValue$(B,x)$ | $x\notin\text{VA}\wedge x\in\text{VB}\wedge\forall y(\text{necsValue}(A,y)\neq E(y)\wedge y\in\text{VA})$ |
| $E(x)$ | $x\in\text{VA}\wedge x\notin\text{VB}\wedge\exists y(\text{necsValue}(B,y)=E(y)\wedge y\in\text{VB})$ |
| $E(x)$ | $x\notin\text{VA}\wedge x\in\text{VB}\wedge\exists y(\text{necsValue}(A,y)=E(y)\wedge y\in\text{VA})$ |

3）"与"表达式（$C=A\&\&B$）

"与"表达式中变量取值的可能集计算方法如表 4-9 所示，必然集计算方法如表 4-10 所示。

**表 4-9　"与"表达式中变量的可能集**

| 可能集 posbValue($C,x$) | 条件 |
|---|---|
| posbValue($A,x$)$\bigcap$posbValue($B,x$) | $x\in\text{VA}\bigcap\text{VB}$ |
| posbValue($A,x$) | $x\in\text{VA}\wedge x\notin\text{VB}\wedge\forall y(\text{posbValue}(B,y)\neq\varnothing\wedge y\in\text{VB})$ |
| posbValue($B,x$) | $x\notin\text{VA}\wedge x\in\text{VB}\wedge\forall y(\text{posbValue}(A,y)\neq\varnothing\wedge y\in\text{VA})$ |
| $\varnothing$ | $x\in\text{VA}\wedge x\notin\text{VB}\wedge\exists y(\text{posbValue}(B,y)=\varnothing\wedge y\in\text{VB})$ |
| $\varnothing$ | $x\notin\text{VA}\wedge x\in\text{VB}\wedge\exists y(\text{posbValue}(A,y)=\varnothing\wedge y\in\text{VA})$ |

**表 4-10　"与"表达式中变量的必然集**

| 必然集 necsValue($C,x$) | 条件 |
|---|---|
| necsValue($A,x$)$\bigcap$necsValue($B,x$) | $x\in\text{VA}\bigcap\text{VB}$ |
| $\varnothing$ | $x\in\text{VA}\wedge x\notin\text{VB}\wedge\exists y(\text{necsValue}(B,y)\neq E(y)\wedge y\in\text{VB})$ |
| $\varnothing$ | $x\notin\text{VA}\wedge x\in\text{VB}\wedge\exists y(\text{necsValue}(A,y)\neq E(y)\wedge y\in\text{VA})$ |
| necsValue($A,x$) | $x\in\text{VA}\wedge x\notin\text{VB}\wedge\forall y(\text{necsValue}(B,y)=E(y)\wedge y\in\text{VB})$ |
| necsValue($B,x$) | $x\notin\text{VA}\wedge x\in\text{VB}\wedge\forall y(\text{necsValue}(A,y)=E(y)\wedge y\in\text{VA})$ |

4）"异或"表达式（$C=A\wedge B$）

因为 $A\wedge B=(A\&\&\neg B)\parallel(\neg A\&\&B)$，所以有

$$\text{posbValue}(C,x)=\text{posbValue}((A\&\&\neg B)\parallel(\neg A\&\&B),x) \quad(4\text{-}18)$$

$$\text{necsValue}(C,x)=\text{necsValue}((A\&\&\neg B)\parallel(\neg A\&\&B),x) \quad(4\text{-}19)$$

例如，设条件判断语句 if（($i>5$)$\parallel$($j<2$)）中整型变量 $i$ 和 $j$ 的初始取值区间均为$\{[0,10]\}$，则

$$\text{necsValue}((i>5)\&\&(j<2),i)=\{[6,10]\},\text{necsValue}((i>5)\&\&(j<2),j)$$
$$=\{[0,1]\} \quad(4\text{-}20)$$

$$\text{posbValue}((i>5)\&\&(j<2),i)=\{[0,10]\},\text{posbValue}((i>5)\&\&(j<2),j)$$
$$=\{[0,10]\} \quad(4\text{-}21)$$

前面讨论了简单条件表达式和基本的复合条件表达式中变量的区间运算，在此基础上，对程序中条件表达式的抽象语法树结构自底向上计算每个操作数取值区间的可能集和必然集取值（不需要变换语法树结构），可以得到各变量在整个表达式中的取值区间。

#### 4.2.4　基于区间运算的变量值范围分析

1. 程序的控制流定义

过程的控制流图是反映该过程控制结构的有向图,通常可表示为$\langle N, E,$
entry, exit$\rangle$。其中,$N$是语句节点的集合,$E$是有向边的集合,entry是过程的唯一
入口节点,exit是过程的唯一出口节点。

具体地,定义$N=\{$entry, exit$\}\cup$Declarations$\cup$Assignments$\cup$Tests$\cup$Junc-
tions$\cup$Calls。其中,Assignments为赋值语句节点集合,Declarations为声明语句
(未初始化)节点集合,Tests为条件判断节点集合,Junctions为分支汇合点集合,
Calls为函数调用点集合。

汇合点可分为选择语句的简单汇合点和循环语句汇合点,即

$$\text{Junctions} = \text{SimpleJunctions} \cup \text{LoopJunctions} \tag{4-22}$$

**定义 4.13**　节点$n$的入边集为preEdges$(n)$:$N\rightarrow 2^E$,出边集为succEdges$(n)$:
$N\rightarrow 2^E$。

**定义 4.14**　有向边$e$的起始节点为origin$(e)$,终止节点为end$(e)$。

**定义 4.15**　对于条件判断节点$t\in$Tests,当条件表达式取值为"真"和"假"
时,对应不同的后继边succEdge_T$(t)$和succEdge_F$(t)$,即succEdges$(t)=$
$\{$succEdge_T$(t)$, succEdge_F$(t)\}$。

**定义 4.16**　过程的变量值区间状态由控制流图各条边上的上下文元组[17,18]
组成,上下文关系$C\in$Variables$\times$Intervals,由各个变量的名值对组成,例如,$C_1=$
$\{(i, \{[-1,3],[6,10]\}), (b, \text{TRUE})\}$。

**定义 4.17**　在上下文$C$中,变量$i$的取值区间为

$$C(i) = \begin{cases} v, & f(\exists v! = \bot); (i,v) \in C \\ \bot, & \text{其他} \end{cases} \tag{4-23}$$

对于上述的$C_1$,有$C_1(i)=\{[-1,3],[6,10]\}$,$C_1(j)=\bot$。

**定义 4.18**　对于上下文$C$和$C'$,当且仅当对于$\forall v\in$Variables,$C(v)\subseteq C'(v)$
时称$C\subseteq C'$。

2. 过程内变量值范围分析

完全的静态分析有两个必要的构成部分,即过程内分析(intraprocedural anal-
ysis,也称本地分析)和用于分析函数间交互行为的过程间分析(interprocedural
analysis)。过程内的变量值区间运算是通过遍历程序的控制流图实现的,根据控
制流图节点的语句类型来进行相应的计算。设待分析过程的控制流图为cfg,其输
入参数集合为$P$,基于扩展区间的过程内变量取值范围分析(interval analysis

based on extended interval, RABEI)算法如算法 4.1 所示(当集合 $A$ 包含单一元素 $a$ 时,认为 $A$ 与 $a$ 等价)。

**算法 4.1　过程内变量值区间运算方法**

输入:过程 proc 的控制流图 cfg

输出:包含变量取值范围信息的控制流图

```
localRangeAnalysis(Graph cfg) {
1    for each e in E
2        localContext(e)=∅;
3    junctions=∅;    //汇合点集
4    edges=succEdge(entry);    //待计算的边集
5    for each p in P
6        localContext(edges)=localContext(edges)∪{(p,X)};
7    while(edges ! =∅) {
8        while (edges ! =∅) {
9        Edge inEdge=edges. delete();
10           Context C=C′=localContext(inEdge);
11           Node n=end(inEdge);
12           if(n∈Junctions)
13        junctions=junctions∪{n};    //收集汇合点
14           case n in {
15             Declarations:
16               for each var in n
17                   updateRange(succEdge(n),C∪{(var,⊤)});
18             Assignment:
19               Variable v=id(n);
                 //id(n):左端被赋值变量;expr(n):右端赋值表达式
20               updateRange(succEdge(n),(C−{(v,C(v))})∪(v,interval
                 (expr(n)));
21             Tests:
22               C=localContext(inEdge); C′=localContext(inEdge);
23               for each var in n {
24               C=(C−{var,C(var)})∪(v,C(var)∩interval(Bexpr(n),var));
                 //Bexpr(n):n 包含的条件表达式
25               C′=(C′−{var,C′(var)})∪(v,C(var) ∩interval(!Bexpr(n),
                 var));
```

```
26                    }
27              updateRange(succArc_T(n),C);      //真分支
28              updateRange(succArc_F(n),C');     //假分支
29          Calls：
30              根据所调用函数返回值类型取默认值;
31          }
32        }
33    for each n in junctions {
34      for each var in preEdge(n)
35        outContext(var) = ∪_{e∈preEdge(n)} localContext(e,v);
36        if(outContext ! = localContext(succEdge(n))){
37          case n in
38            SimpleJunctions：
39                updateRange(succEdge(n),outContext);
40            LoopJunctions：
41              for each var in n{
42                  updateRange(succEdge(n),(localContext(succEdge(n))
                        ∇outContext(var));
43              }
44          }
45        junctions=∅;
      }
  }
}
procedure updateRange(Edge e,Context c){
46      if(c ! = localContext(e)){
47          localContext(e)=c∪localContext(e);
48          edges = edges∪e;
        }
    }
}
```

算法从控制流图头节点的出边集开始,首先为各条边添加过程参数的取值信息,初始值均为"未定义"取值(用 X 表示);接着循环处理待测边集合 edges 中的边,根据当前边的终止节点 $n$ 的不同语句类型进行相应的计算:如果是汇合点,将当前节点加入汇合点集合 junctions 中;如果是声明语句,设置声明变量的值为该类型的上界最大值;如果是赋值语句,将左端被赋值变量的值更新为右端表达式的值;如果是条件语句,分别计算条件判断表达式为"真"和"假"时各变量的取值情

况,更新对应的"真"分支和"假"分支上的变量值;如果是过程调用语句,则根据所调用函数的返回值类型取该类型上界最大值。如此循环,直至待测节点集合为空,具体对应算法 4.1 的 8~32 行。对于汇合点集合中的元素:如果是条件分支的汇合点,则将其各入边上的上下文进行合并;如果是循环语句的汇合点,那么通过拓宽算子更新出边上的上下文。在处理汇合点的过程中,有些边的上下文会发生变化,这些边重新加入队列 edges 中进行处理。如此循环,直到控制流图中所有边上的上下文不再发生变化,算法终止并退出。

由上述算法得到的控制流图中各边的上下文状态就是各个变量的取值区间。根据过程 localRangeAnalysis() 的计算结果,如果新的控制流图中某条边上存在变量取值为下界⊥的情况,则该节点不可达,为矛盾节点。

算法的终止性说明控制流图中每个循环都有一个循环汇合点,由抽象解释理论中拓宽算子的定义可知,控制流图中各循环汇合节点的出边上的上下文序列构成一个严格的上升链,该链必定是收敛的,即算法是可终止的。

下面举例对算法进行说明。对于图 4-1 中的过程 $f(\text{int } i)$ 及其控制流图,RABEI 算法对 $f$ 的变量值区间运算过程如图 4-2 所示,localContext 列中用黑色标记的上下文是各边的最终状态,即变量的稳定取值区间。

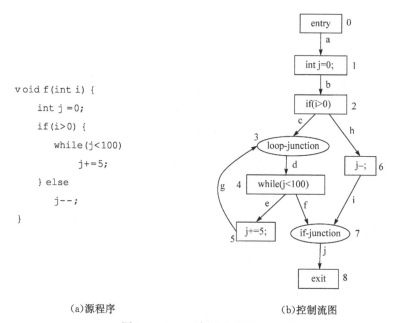

```
void f(int i) {
    int j = 0;
    if(i>0) {
        while(j<100)
            j+=5;
    } else
        j--;
}
```

(a)源程序　　　　　　　　　　　　(b)控制流图

图 4-1　Java 示例程序及其控制流图

初始化:P={i};entry=#0;exit=#7;Tests={#2,#4};Assignments={#1,#5,#6};
Declarations=∅;SimpleJunctions={#7};LoopJunctions={#3};

| 步骤 | 待测边集合 edges | 当前边 inEdge | 当前节点 $n$ | 上下文 localContext | 汇合点集合 junctions |
|---|---|---|---|---|---|
| 1 | {#a} | #a | #1 | #b:$\langle(i,X_N),(j,\{[0,0]\})\rangle$ | ∅ |
| 2 | {#b} | #b | #2 | #c:$\langle(i,\{[1,+\infty]\}),(j,\{[0,0]\})\rangle$<br>#h:$\langle(i,\{[-\infty,0]\}),(j,\{[0,0]\})\rangle$ | ∅ |
| 3 | {#c,#h} | #c | #3 | — | {#3} |
| 4 | {#h} | #h | #6 | #i:$\langle(i,\{[-\infty,0]\}),(j,\{[-1,-1]\})\rangle$ | {#3} |
| 5 | {#i} | #i | — | — | {#3,#7} |
| 6 | ∅ | — | #3 | #d:$\langle(i,\{[1,+\infty]\}),(j,\{[0,0]\})\rangle$ | {#3,#7} |
| 7 | {#d} | — | #7 | #j:$\langle(i,\{[-\infty,0]\}),(j,\{[-1,-1]\})\rangle$ | ∅ |
| 8 | {#d,#j} | #d | #4 | #e:$\langle(i,\{[1,+\infty]\}),(j,\{[0,0]\})\rangle$<br>#f:$\langle(i,\{[1,+\infty]\}),(j,\perp_N)\rangle$ | ∅<br>∅ |
| 9 | {#j,#e,#f} | #j | — | — | ∅ |
| 10 | {#e,#f} | #e | #5 | #g:$\langle(i,\{[1,+\infty]\}),(j,\{[5,5]\})\rangle$ | ∅ |
| 11 | {#f,#g} | #f | #7 | — | {#7} |
| 12 | {#g} | #g | #3 | — | {#3,#7} |
| 13 | ∅ | — | #3 | #d:$\langle(i,\{[1,+\infty]\}),(j,\{[0,+\infty]\})\rangle$ | {#3,#7} |
| 14 | {#d} | — | #7 | — | ∅ |
| 15 | {#d} | #d | #4 | #e:$\langle(i,\{[1,+\infty]\}),(j,\{[0,99]\})\rangle$<br>#f:$\langle(i,\{[1,+\infty]\}),(j,\{[100,+\infty]\})\rangle$ | ∅ |
| 16 | {#e,#f} | #e | #5 | #g:$\langle(i,\{[1,+\infty]\}),(j,\{[5,104]\})\rangle$ | ∅ |
| 17 | {#g,#f} | #g | #3 | — | {#3} |
| 18 | {#f} | #f | #7 | — | {#3,#7} |
| 19 | ∅ | — | #3 | — | {#3,#7} |
| 20 | ∅ | — | #7 | #j:$\langle(i,\{[1,+\infty]\}),(j,\{[-1,-1],$ $[100,+\infty]\})\rangle$ | ∅ |

图 4-2　过程 $f$ 的值区间分析过程

## 3. 过程间变量值区间分析

前面介绍了过程内变量值区间运算方法,本节将讲述基于函数摘要的过程间变量值区间分析。

全局分析是程序静态分析的重要构成部分。创建函数摘要(function summary)

是一种灵活的全局分析方法[19]：首先由过程内分析的结果得到一个函数摘要；当分析到该函数的调用时，就将该函数摘要作为函数调用的替代进行使用。函数摘要的灵活性在于其可以非常精确（相对复杂），也可以非常不精确（相对简单）。

**定义 4.19**　函数 $f$ 的函数摘要是一个二元组，即 summary($f$)＝⟨constraints, postCond⟩。

constraints 是调用函数 $f$ 时所必须满足的约束信息，它是一个集合，可表示为 constraints＝{⟨value($v_1$), $C_1$⟩, ⟨value($v_2$), $C_2$⟩, …, ⟨value($v_n$), $C_n$⟩}（$v_i \in$ Var($f$), $i$＝1, 2, …, $n$），其中，$v_i$ 是与上下文环境相关的变量，如全局变量、类成员变量和参数；value($v_i$) 表示当条件 $C_i$ 为 true 时 $v_i$ 的取值范围，用扩展的区间值进行描述。

postCond 是函数 $f$ 的后置信息，即 $f$ 执行后对上下文的影响。postCond＝{value($v_1$), value($v_2$), …, value($v_n$)}（$v_i \in$ Var($f$), $i$＝1, 2, …, $n$），其中 $v_i$ 是函数 $f$ 中能够对调用点上下文环境产生影响的因素，包括全局变量、类成员和返回值等。

算法 4.2 描述了通过一个工作队列来辅助进行函数摘要生成的迭代过程。首先将程序中的所有函数排队等候，之后从这个队列取出函数并逐个进行过程内分析，直到队列为空。算法 4.2 的第 6 行，函数摘要生成需要调用过程内变量值区间分析算法 4.1，而在过程间的值区间分析过程中，如果当前节点 $n$ 为函数调用点（算法 4.1 的 30 行），那么应该使用函数摘要来计算相关的返回值及参数值区间范围，这是一个递归调用的过程，在进行过程内分析的同时生成函数摘要。如果某个函数的摘要进行了更新，那么这个函数的所有调用点都应该进入队列重新分析。算法的终止条件实际上是各个函数摘要都稳定下来不发生变化，因为考虑的函数摘要都是针对函数、变量和变量区间取值的元组，而它们都是有限的，每次函数摘要中的元组个数只能增加，所以算法最终会收敛。在实际实现时，可以先依据函数调用关系进行拓扑排序以调整各函数的入队顺序，从而加快算法收敛的速度。

**算法 4.2　函数摘要生成**

```
globalAnalysis(callGraph, summaries) {
1    for each f in callGraph
2        add f to workList;
3    while !(workList.isEmpty()) {
4        f=workList.delete();
5        old=summaries.getSummary(f);
6        localRangeAnalysis(CFG(f));
7        new=generate new summary for f;
8        if(old!=new) {
9            for each function g in callGraph that calls f {
```

```
10              if(g is not in workList)
11                  workList. add(g);}
            }
        }
    }
```

## 4.3　变量的相关性分析

实际程序中变量之间可能存在某种相关性,而本章前面所述的区间运算在表示和分析变量值区间时忽略了这种变量之间的关联关系,导致分析结果不够准确。本节主要讨论变量之间存在相关性时的区间运算方法,进一步精化变量的取值区间信息,从而提高静态测试的准确性。

### 4.3.1　变量间关联关系的分类

程序中引入变量关联关系的情况一般包括同一路径引入的隐含约束关系、赋值语句引入关系、条件限定引入关系和别名引入关联关系,下面分别进行介绍。

1. 同一路径引入的隐含约束关系

例如,对于下面的示例程序:

```
void f(bool b){
    int x,y;
    if(b){
        x=1;
        y=1;
    }else{
        x=0;
        y=0;
    }
    L1:if (x !=y)
        //不可达?
}
```

在程序点 L1 处,变量 $x$、$y$ 有两组实际取值应为(1,1)、(0,0);而采用区间表示时 L1 处变量的取值信息为([0,1],[0,1]),显然丢失了 $x$、$y$ 的关联关系。对于此类关联关系,可以引入路径敏感的分析方法加以解决。

2. 赋值语句引入的关系

例如,对于下面的示例程序:

```
void f(int x,int y,int z){
    y=x+1;
    z=x+2;
    if(y!=(z-1))
        //不可达?
}
```

　　赋值语句将赋值操作符右边的表达式取值传递给左边变量的同时,实际上也隐含了"左边变量==右边表达式"这样一个约束关系,此类关系可以通过 4.3.2 节介绍的符号分析方法来表示和分析。

　　3. 条件限定引入关系

　　程序中,判断语句的条件代入当前变量取值后求得真假,决定后续控制流走向。从另一个角度理解,判断语句中的条件对真假分支上的变量取值进行了限定,也在变量间引入了关联关系。例如:

```
void f(int x,int y,int z){
    if(x>y)
        if(y>z)
            if(z<x)
                //不可达?
}
```

　　对于此类变量之间的关联关系,可以通过引入约束求解方法来解决。

　　4. 别名引入关联关系

　　在实际的程序中由于指针或者句柄的存在,对于同一个内存地址,可能通过多个名称进行存取,即别名。此类关系本质上是由赋值语句引入的关系、条件限定引入关系引入的。但是考虑到指针的特殊性,把别名归为一类特殊的变量关联关系,它很难和前述数值型变量进行统一处理。此类关联关系通过别名分析、形状分析,针对指针的符号分析解决。例如:

```
void f(){
    int x=0;
    int*p=&x;
    if(*p!=0)
        //不可达?
}
```

### 4.3.2 符号分析

应用符号分析进行区间运算的基本思想是采用符号表达式来表示变量的取值信息,将程序变量间的运算映射为符号表达式之间的运算;计算分支语句对符号取值区间限定,根据控制流图节点上变量的符号表达式取值和各符号的区间取值,通过区间运算最终计算出各程序点处的变量取值范围。

#### 1. 符号运算系统

符号运算系统包括符号表达式的表示、化简及其运算。

1) 符号表达式的表示

构成符号表达式的最基本元素是原子,原子不能再分解,它既可以是一个数值常量,也可以是一个符号变量,原子对应一个当前取值区间。常量原子的区间值就是该常量的值,符号原子的取值区间需要根据当前程序位置而定。例如,$2$、$x$ 可以是原子,$2$ 的取值区间为 $[2,2]$,$x$ 的取值区间需要根据当前程序位置而定。

一个或多个原子通过幂运算构成因子,例如,$2$、$2^3$、$x^2$、$x^y$ 可以是因子。因子的最外层常数幂称为指数,如果没有最外层常数幂,则指数为 $1$。

一个或多个因子通过乘除运算结合构成项,例如,$x^2$、$2*x/y$ 可以是项。可以对项中的因子按照第一个字符的字典顺序进行排序。项中的第一个常数因子称为系数,如果没有常数因子,则系数为 $1$。

一个或多个项通过加减运算结合构成符号表达式,例如,$2*x$、$2*x+x*y$ 可以是符号表达式。可以对符号表达式中的项按照第一个字符的字典顺序进行排序。

2) 符号表达式的化简

图 4-3 为对一个符号表达式进行化简的流程示意图,主要步骤如下:

(1) 将符号表达式中的项进行排序。

(2) 依次取项为当前项,并将当前项化为最简。

(3) 判断当前项是否为表达式中第一项。如果是,则执行步骤(6);否则,执行步骤(4)。

(4) 判断当前项和上一项的差别是否只在于系数。如果是,则执行步骤(5);否则,执行步骤(6)。

(5) 合并当前项和上一项:将两项的系数根据当前项对应的运算符进行加减,剩余部分保持不变。

(6) 判断当前项是否为表达式的最后一项。如果是,则结束;否则,执行步骤(2)。

上述步骤(2)中将当前项化为最简的过程如图 4-4 所示,主要包括以下步骤:

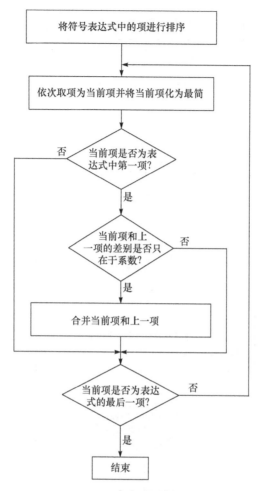

图 4-3  化简符号表达式的流程图

（1）将项中的因子进行排序。

（2）依次取因子，并将当前因子化为最简。

（3）判断当前因子是否为项中的第一个因子。如果是，则执行步骤（6）；否则，执行步骤（4）。

（4）判断当前因子和上一因子的差别是否只在于指数。如果是，则执行步骤（5）；否则，执行步骤（6）。

（5）合并当前因子和上一个因子：将两个因子的指数根据当前因子对应的运算符进行加减，剩余部分保持不变。

（6）判断当前因子是否为项中的最后一个因子。如果是，则结束；否则，执行步骤（2）。

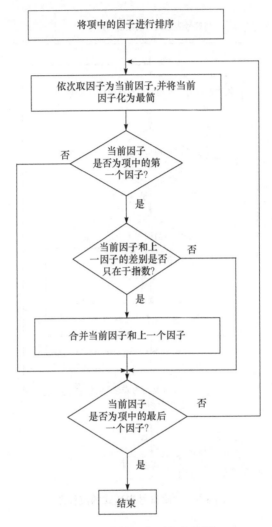

图 4-4 化简一个项的流程图

上述步骤(2)中将当前因子化为最简的过程如图 4-5 所示,主要包括以下步骤:

(1) 从因子的最外层幂开始依次取当前幂。

(2) 判断当前幂是否为最外层幂。如果是,则执行步骤(3);否则,执行步骤(1)。

(3) 判断当前幂和上一个幂是否都为常量。如果是,执行步骤(4);否则,执行步骤(5)。

(4) 合并当前幂与上一个幂:将两个幂进行相乘。

(5) 判断当前幂是否为最里层幂。如果是,则结束;否则,执行步骤(1)。

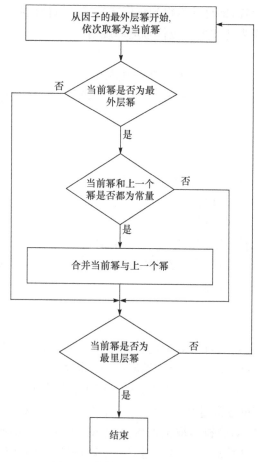

图 4-5　化简一个因子的流程图

3）符号表达式的运算

在符号表达式化简的基础上可以进一步实现符号表达式的基本运算,包括加、减、乘、除。符号表达式运算的输入和输出都是经过化简的表达式。

加法运算 $A+B$:将 $A$ 的所有项和 $B$ 的所有项取并集再化简。

减法运算 $A-B$:将 $B$ 中每一项的运算符取反后和 $A$ 的项取并集再化简。

乘法运算 $A*B$:将 $A$ 中每一项分别乘以 $B$ 中每一项后取并集再化简。

除法运算 $A/B$:将 $A$ 中每一项分别乘以 $B$ 中每一项的倒数后取并集再化简。

2. 变量运算到符号运算的映射

对一个给定的符号表达式,根据其中各符号的当前取值区间,将每个符号的区间代入表达式进行区间运算,从而求得符号表达式的取值区间。程序中变量间的具体运算在语法上表现为各种表达式,针对不同类型的表达式,将具体的变量运算映射为符号之间的运算,即可计算得到程序表达式的取值区间。

下面介绍各类型表达式的对应符号运算规则。

1) 常量和变量

常量:返回包含一个常量原子的符号表达式。

变量:判断变量的当前符号取值。如果为空,则返回一个新符号;否则,返回变量的当前符号取值。

2) 算术表达式

算术表达式如下。

$A+B$:返回($A$ 的符号取值)$+$($B$ 的符号取值)。

$A-B$:返回($A$ 的符号取值)$-$($B$ 的符号取值)。

$A*B$:返回($A$ 的符号取值)$*$($B$ 的符号取值)。

$A/B$:返回($A$ 的符号取值)$/$($B$ 的符号取值)。

$A\%B$:如果 $A$、$B$ 的符号取值都为常量,则返回($A$ 的符号取值)$\%$($B$ 的符号取值);否则,返回一个新符号。

3) 关系表达式

关系表达式如下。

$A>B$:取($A-B$)对应符号取值的区间值 $R$。如果 $R>0$ 则返回符号常量 1,如果 $R<=0$ 则返回符号常量 0,否则返回一个新符号。其对应区间为 $[0,1]$。

$A>=B$:取($A-B$)对应符号取值的区间值 $R$。如果 $R>=0$ 则返回符号常量 1,如果 $R<0$ 则返回符号常量 0,否则返回一个新符号。其对应区间为 $[0,1]$。

$A<B$:取($A-B$)对应符号取值的区间值 $R$。如果 $R<0$ 则返回符号常量 1,如果 $R>=0$ 则返回符号常量 0,否则返回一个新符号。其对应区间为 $[0,1]$。

$A<=B$:取($A-B$)对应符号取值的区间值 $R$。如果 $R<=0$ 则返回符号常量 1,如果 $R>0$ 则返回符号常量 0,否则返回一个新符号。其对应区间为 $[0,1]$。

$A==B$:取($A-B$)对应符号取值的区间值 $R$。如果 $R=[0,0]$ 则返回符号常量 1,如果 $R$ 不包含 0 则返回符号常量 0,否则返回一个新符号。其对应区间为 $[0,1]$。

$A!=B$:取($A-B$)对应符号取值的区间值 $R$。如果 $R$ 不包含 0 则返回符号常量 1,如果 $R=[0,0]$ 则返回符号常量 0,否则返回一个新符号。其对应区间为 $[0,1]$。

4) 布尔表达式

布尔表达式如下。

$A\&\&B$:取 $A$ 和 $B$ 对应符号取值的区间值 $R1$、$R2$。如果 $R1$ 不包含 0 且 $R2$ 不包含 0 则返回符号常量 1,如果 $R1=[0,0]$ 或 $R2=[0,0]$ 则返回符号常量 0,否则返回一个新符号。其对应区间为 $[0,1]$。

$A\|B$:取 $A$ 和 $B$ 对应符号取值的区间值 $R1$、$R2$。如果 $R1$ 不包含 0 或 $R2$ 不包含 0 则返回符号常量 1,如果 $R1=[0,0]$ 且 $R2=[0,0]$ 则返回符号常量 0,否则

返回一个新符号。其对应区间为[0,1]。

!$A$:取 $A$ 对应符号取值的区间值 $R$。如果 $R$ 不包含 0 则返回符号常量 0,如果 $R1=[0,0]$ 则返回符号常量 1,否则返回一个新符号。其对应区间为[0,1]。

5) 位运算表达式

位运算表达式如下。

$A\gg B$:取 $A$ 和 $B$ 对应符号取值的区间值 $R1$、$R2$。如果 $R1$ 只包含单数值 $r1$ 且 $R2$ 只包含单数值 $r2$,则返回符号常量 $r1\gg r2$;否则,返回一个新符号。

$A\ll B$:取 $A$ 和 $B$ 对应符号取值的区间值 $R1$、$R2$。如果 $R1$ 只包含单数值 $r1$ 且 $R2$ 只包含单数值 $r2$,则返回符号常量 $r1\ll r2$;否则,返回一个新符号。

$A|B$:取 $A$ 和 $B$ 对应符号取值的区间值 $R1$、$R2$。如果 $R1$ 只包含单数值 $r1$ 且 $R2$ 只包含单数值 $r2$,则返回符号常量 $r1|r2$;否则,返回一个新符号。

$A\&B$:取 $A$ 和 $B$ 对应符号取值的区间值 $R1$、$R2$。如果 $R1$ 只包含单数值 $r1$ 且 $R2$ 只包含单数值 $r2$,则返回符号常量 $r1\&r2$;否则,返回一个新符号。

$A\hat{\ }B$:取 $A$ 和 $B$ 对应符号取值的区间值 $R1$、$R2$。如果 $R1$ 只包含单数值 $r1$ 且 $R2$ 只包含单数值 $r2$,则返回符号常量 $r1\hat{\ }r2$;否则,返回一个新符号。

$\sim A$:取 $A$ 对应符号取值的区间值 $R1$。如果 $R1$ 只包含单数值 $r1$,则返回符号常量 $\sim r1$;否则,返回一个新符号。

6) 赋值表达式

赋值表达式如下。

$A=B$:将 $A$ 的符号取值更新为 $B$ 对应的符号取值。

$A+=B$:将 $A$ 的符号取值更新为 $(A+B)$ 对应的符号取值。

$A-=B$:将 $A$ 的符号取值更新为 $(A-B)$ 对应的符号取值。

$A*=B$:将 $A$ 的符号取值更新为 $(A*B)$ 对应的符号取值。

$A/=B$:将 $A$ 的符号取值更新为 $(A/B)$ 对应的符号取值。

$A\%=B$:将 $A$ 的符号取值更新为 $(A\%B)$ 对应的符号取值。

$A\ll =B$:将 $A$ 的符号取值更新为 $(A\ll B)$ 对应的符号取值。

$A\gg =B$:将 $A$ 的符号取值更新为 $(A\gg B)$ 对应的符号取值。

$A|=B$:将 $A$ 的符号取值更新为 $(A|B)$ 对应的符号取值。

$A\&=B$:将 $A$ 的符号取值更新为 $(A\&B)$ 对应的符号取值。

$A\hat{\ }=B$:将 $A$ 的符号取值更新为 $(A\hat{\ }B)$ 对应的符号取值。

$A++$:将 $A$ 的符号取值更新为 $(A+1)$ 对应的符号取值。

$A--$:将 $A$ 的符号取值更新为 $(A-1)$ 对应的符号取值。

$A?B:C$:取 $A$ 对应符号取值的区间值 $R$。如果 $R$ 不包含 0 则返回 $B$ 对应的符号取值,如果 $R1=[0,0]$ 则返回 $C$ 对应的符号取值,否则返回一个新符号。其对应

区间为 $B$、$C$ 对应符号取值的区间值 $R1$、$R2$ 的并——$R1 \cup R2$。

3. 条件表达式对符号区间的限定

　　程序中除了带初始化的声明语句和赋值语句会影响变量的取值情况,分支语句上的条件判断也会对变量的取值在不同分支进行限定。计算程序分支条件语句对符号的取值限定区间的方法包括如下步骤,流程如图 4-6 所示。

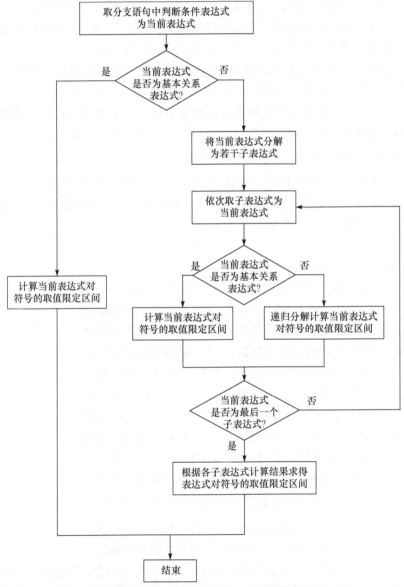

图 4-6　计算程序分支语句对符号取值区间限定的流程图

（1）取分支语句中判断条件表达式为当前表达式。

（2）判断当前表达式类型，如果为基本关系表达式，则执行步骤（3）；否则，执行步骤（4）。

（3）计算当前表达式对符号的取值限定区间并结束。

（4）将当前表达式分解为若干子表达式。

（5）依次取子表达式为当前表达式。

（6）判断当前表达式类型，如果为基本关系表达式，则执行步骤（7）；否则，执行步骤（8）。

（7）计算当前表达式对符号的取值限定区间。

（8）递归分解计算当前表达式对符号的取值限定区间。

（9）判断当前表达式是否为最后一个子表达式，如果是，则执行步骤（10）；否则，执行步骤（5）。

（10）根据各子表达式计算结果求得表达式对符号的取值限定区间。

### 4. 基于符号分析的变量区间运算

基于上述的符号分析系统，将符号分析应用于程序控制流图，在每个控制流节点上计算各变量的符号取值和各符号的当前取值区间，具体流程如图 4-7 所示，包括如下步骤。

（1）根据控制流图产生时的节点序号顺序取控制流图中的下一个节点作为当前节点。

（2）按顺序取当前节点的下一个前驱节点作为当前前驱节点。

（3）判断当前前驱节点是否为分支节点，如果是，则执行步骤（4）；否则，执行步骤（5）。

（4）采用前述方法计算分支条件表达式对各符号的取值限定区间，并将计算结果与前驱节点的各符号取值区间求交，用求交后的结果更新前驱节点的各符号取值区间。

（5）将当前前驱节点的各变量符号表达式取值和各符号取值区间合并到当前节点。

（6）判断当前前驱节点是否为最后一个前驱节点，如果是，则执行步骤（7）；否则，执行步骤（2）。

（7）采用前述方法将当前节点对应语句中的表达式计算映射为相应的符号计算，更新当前节点的各符号取值区间和各变量符号表达式取值。

（8）判断当前节点是否为控制流图的最后一个节点，如果是，则结束；否则，执行步骤（1）。

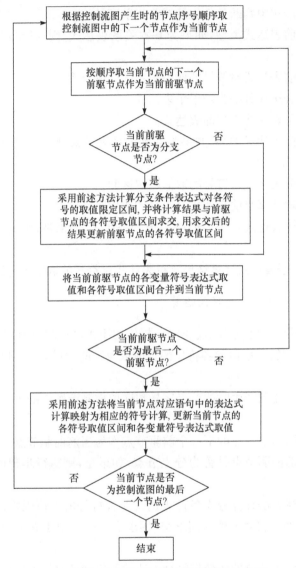

图 4-7　基于控制流图进行符号分析的流程图

# 4.4　区间运算在程序分析中的应用

### 4.4.1　检测矛盾节点

　　4.2.4 节给出了程序过程内和过程间的变量值区间范围分析方法,在 RABEI 算法输出的控制流图上,每条边的上下文状态 localContext 包含了各变量当前的取值区间信息。其中,localContext 中包含的变量取值为最小下界⊥的节点是矛盾节点,即实际程序中的不可达语句。

以数值型变量为例,以源程序 Test1.java 作为输入,运用 RABEI 方法进行分析,添加区间值信息的控制流图,如图 4-8 所示(节点中未出现的变量取值为默认区间)。由 RABEI 算法的计算结果可知,图 4-8 中灰色填充的节点 stmt_3 对应源程序中的第 5 行,变量 $i$ 的取值为空,故为矛盾节点。

**源程序 Test1.java**

```
1     public class Test1 {
2         void f(int i,int j){
3             if(i >=3){
4                 if(i<0 && j<-5)
5                     i +=6; //矛盾语句
6                 else
7                     j -=15;
8             }
9             else
10                i--;
11          }
12      }
```

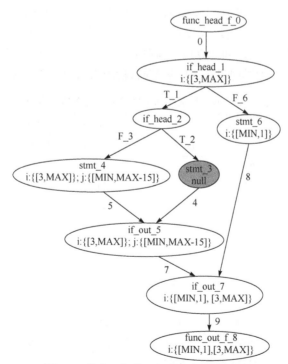

图 4-8　带有区间值区间信息的控制流图

　　本节从 sourceforge 开源软件联盟网站上选择关注度较高的 10 个 Java 开源项目源代码作为 Java 测试的基准程序,各项目的程序规模和基本度量信息如表 4-11 所示。

表 4-11　　10 个大型 Java 开源软件

| 软件名称 | 文件数 | 方法数 | 代码行 | 功能简介 |
|---|---|---|---|---|
| areca-7.1.1 | 426 | 4060 | 68090 | 文件备份工具 |
| aTunes-1.8.2 | 306 | 2880 | 52603 | 音频播放器及音频文件管理器 |
| Azureus-3.0.5.2 | 2720 | 20888 | 575220 | BT 下载客户端 |
| cobra-0.98.1 | 449 | 3980 | 70062 | 解析和生成器 |
| freecol-0.7.3 | 343 | 4170 | 110822 | 回合制策略游戏殖民帝国的开源版本 |
| freemind-0.8.1 | 509 | 5377 | 102112 | 实用的思维导图/心智软件 |
| jstock-1.0.4 | 165 | 1714 | 38139 | 股票信息软件 |
| megamek-0.32.2 | 535 | 8395 | 212453 | 基于网络的科幻棋类游戏 |
| robocode-1.6 | 233 | 2816 | 53408 | 坦克机器人战斗仿真引擎 |
| SweetHome3D-1.8 | 154 | 2700 | 59943 | 室内装潢设计软件 |
| 合计 | 5840 | 56980 | 1342852 | — |

　　应用算法 4.1 和算法 4.2 对表 4-11 中的 Java 软件进行变量值区间范围分析,分别对仅数值型变量(其他类型变量取默认值,下同)、仅布尔型变量、仅引用型变量以及所有类型变量进行区间运算,结果显示软件中的矛盾语句节点数如表 4-12 所示,可见不同类型变量的区间运算均会检测到一定数量的矛盾节点,当所有类型(数值型、引用型和布尔型)同时进行区间运算时,检测出的矛盾节点数目最大。

表 4-12　　不同类型区间运算检测出的矛盾节点数

| 软件名称 | 语句节点总数 | 不同数据类型的区间运算 | | | |
|---|---|---|---|---|---|
| | | 仅数值型 | 仅布尔型 | 仅引用型 | 所有类型 |
| areca-7.1.1 | 40320 | 56 | 56 | 297 | 635 |
| aTunes-1.8.2 | 22653 | 4 | 13 | 252 | 260 |
| Azureus-3.0.5.2 | 206330 | 2903 | 1237 | 3644 | 7059 |
| cobra-0.98.1 | 33504 | 345 | 99 | 1074 | 1464 |
| freecol-0.7.3 | 45728 | 536 | 100 | 1338 | 1937 |
| freemind-0.8.1 | 51526 | 40 | 26 | 170 | 236 |
| jstock-1.0.4 | 16988 | 78 | 2 | 210 | 309 |
| megamek-0.32.2 | 118183 | 1449 | 242 | 2213 | 3647 |
| robocode-1.6 | 24396 | 128 | 128 | 298 | 432 |
| SweetHome3D-1.8 | 24086 | 53 | 21 | 200 | 281 |
| 合计 | 583714 | 5592 | 1924 | 9696 | 16260 |

### 4.4.2　检测不可达路径

设函数 $f$ 中的所有路径数目为 $\text{Path}_f$，图 4-9 给出开源软件中函数路径数目的对数下界 $x=\lfloor \log_2 \text{Path}_f \rfloor$ 在函数中的分布比例情况，其中路径数目为 1 的函数占 60% 以上，路径数目超过 $2^{13}=8192$ 的函数所占比例不足 0.5%。

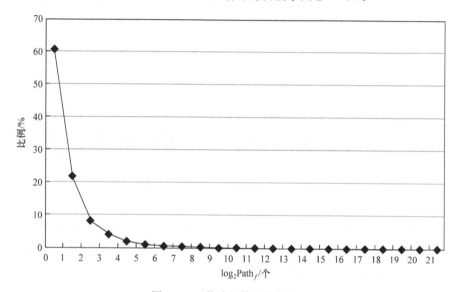

图 4-9　函数路径数目分布情况

不可达路径的信息可以改善静态分析的准确性。程序路径中若存在变量值区间为空的情况，表示当前路径不可达。这里对 Java 基准程序进行变量值区间运算以检测其中的不可达路径。分别对数值型变量、布尔型变量、引用型变量以及全部类型变量进行区间运算，结果显示软件中的不可达路径比例如图 4-10 所示。当分析程序中所有类型(数值型、引用型及布尔型)的变量值区间时，检测到的不可达路径数目最多；随着函数路径数目的增多，不可达路径所占比例也相应变大，其主要原因在于结构复杂的函数包含更多的条件判断语句，不同条件分支中的变量值区间存在更多的矛盾组合情况。

### 4.4.3　提高缺陷检测效率

RABEI 算法"压缩"了变量取值的范围空间，能有效检测出不可达路径，基于此的缺陷检测工具能对程序控制流路径进行有效的"剪枝"，既提高了检测效率，又不会对不可达的程序点报告缺陷，在一定程度上减少了误报；同时，精确的变量值区间分析有助于提高缺陷检测的准确率。

测试工具软件缺陷检测系统(defect testing system，DTS)是由本书作者所在

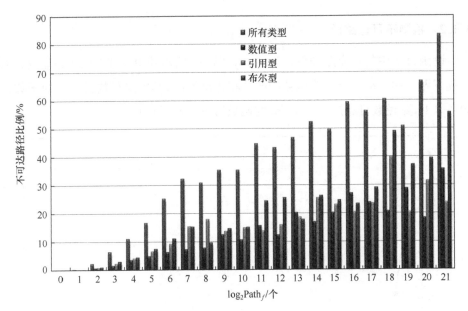

图 4-10　不同类型变量区间运算检测不可达路径的结果

实验室研发的一款 Java 及 C/C++源代码缺陷检测工具,它基于缺陷检测模型框架,以 RABEI 算法为基础,通过为各种软件缺陷模式创建检测状态机来检测 Java文件中各类潜在的故障、漏洞和缺陷[20,21]。

　　下面以 Java 空指针引用为例说明不同类型的变量区间运算对软件缺陷模式检测结果的影响情况。使用 DTS_Java 对 10 个 Java 开源软件进行 Java 空指针引用(null pointer dereference,NPD)的缺陷检测,测试结果如表 4-13 所示。表中分别给出了经过确认后的 NPD 缺陷数目及两种情况下 DTS 输出的检查点数目:①仅对引用型变量进行区间运算,而对数值型和布尔型变量采用默认取值区间;②对数值型、布尔型和引用型变量全部进行区间运算。可以看出,与前者相比,后者误报的总数由 410 减少至 347,减少了 63,减少比例约为 14.2%;平均误报率也由 34.1%降至 31.0%。

表 4-13　不同类型的区间运算对 Java NPD 缺陷检测的影响

| 软件名称 | NPD 数目 | 仅分析引用型所得的 IP 数目 | 分析所有类型所得的 IP 数目 | 误报减少数目 |
|---|---|---|---|---|
| areca-7.1.1 | 68 | 123 | 120 | 3 |
| aTunes-1.8.2 | 27 | 30 | 30 | 0 |
| Azureus-3.0.5.2 | 241 | 420 | 400 | 20 |
| cobra-0.98.1 | 10 | 19 | 17 | 2 |
| freecol-0.7.3 | 265 | 294 | 287 | 7 |

续表

| 软件名称 | NPD 数目 | 仅分析引用型 所得的 IP 数目 | 分析所有类型 所得的 IP 数目 | 误报减少 数目 |
|---|---|---|---|---|
| freemind-0.8.1 | 117 | 159 | 155 | 4 |
| jstock-1.0.4 | 8 | 12 | 11 | 1 |
| megamek-0.32.2 | 176 | 274 | 250 | 24 |
| robocode-1.6 | 49 | 55 | 53 | 2 |
| SweetHome3D-1.8 | 5 | 24 | 24 | 0 |
| 合计 | 966 | 1410 | 1347 | 63 |

## 参 考 文 献

[1] Alefeld G, Herzberger J. Introduction to Interval Computations[M]. New York: Academic Press, 1983.

[2] Hansen E. Topics in Interval Analysis[M]. Oxford: Clarendon Press, 1969.

[3] Harrison W H. Compiler analysis of the value ranges for variables[J]. IEEE Transactions on Software Engineering, 1977, 3(3): 243-250.

[4] 王言志, 刘椿年. 区间算术在软件测试中的应用[J]. 软件学报, 1998, 9(6): 438-443.

[5] 李福川, 宋晓秋. 软件测试中的新方法——区间代数方法[J]. 计算机工程与设计, 2005, 26(10): 2576-2578.

[6] 王德人, 张连生, 邓乃扬. 非线性方程的区间算法[M]. 上海: 上海科学技术出版社, 1987.

[7] 李福川. 区间代数理论扩展及其在软件测试中的应用[D]. 北京: 中国航天第二研究院, 2004.

[8] 王雅文, 宫云战, 肖庆, 等. 扩展区间运算的变量值范围分析技术[J]. 北京邮电大学学报, 2009, 32(3): 36-41.

[9] 王雅文, 宫云战, 肖庆, 等. 基于抽象解释的变量值范围分析及应用[J]. 电子学报, 2011, 39(2): 296-303.

[10] 杨朝红, 宫云战, 肖庆, 等. 基于缺陷模式的软件测试中的区间运算应用[J]. 计算机辅助设计与图形学学报, 2008, 20(12): 1630-1635.

[11] Wang Y W, Gong Y Z, Chen J L, et al. An application of interval analysis in software static analysis[C]. Proceedings of the 5th International Conference on Embedded and Ubiquitous Computing, Shanghai, 2008: 367-372.

[12] Wang Y W, Gong Y Z, Xiao Q, et al. An improved global analysis for program bug checking[C]. International Conference on Test and Measurement, Hong Kong, 2009: 10-13.

[13] 王雅文, 宫云战, 肖庆, 等. 区间运算在软件缺陷检测中的应用[C]. 第五届中国测试学术会议论文集, 苏州, 2008: 51-55.

[14] Hallem S, Chelf B, Xie Y, et al. A system and language for building system-specific, static

analyses[C]. Proceedings of the ACM SIGPLAN Conference on Programming Language Design and Implementation, Berlin, 2002: 69-82.

[15] Binkley D. Source code analysis: A road map[C]. Proceedings of International Conference on Software Engineering, Minneapolis, 2007: 104-119.

[16] Blume W, Eigenmann R. Symbolic range propagation[C]. Proceedings of the 9th International Parallel Processing Symposium, Santa Barbara, 1995: 357-363.

[17] Cousot P, Cousot R. Static Determination of dynamic properties of programs[C]. Proceedings of the 2nd International Symposium on Programming, Paris, 1976: 106-130.

[18] Cousot P, Cousot R. Abstract interpretation: A unified lattice model for static analysis of programs by construction or approximation of fixpoints[C]. ACM Sigact-Sigplan Symposium on Principles of Programming Languages, Los Angeles, 1977: 238-252.

[19] Brian Chess, Jacob West. Secure Programming with Static Analysis[M]. Boston: Addison-Wesley Professional, 2007.

[20] 王雅文. 基于缺陷模式的软件测试技术研究[D]. 北京: 北京邮电大学, 2009.

[21] 杨朝红, 宫云战, 肖庆, 等. 基于软件缺陷模型的测试系统[J]. 北京邮电大学学报, 2008, 31(5): 1-4.

# 第 5 章　路径敏感分析

静态分析的方法有很多,从路径抽象和近似的角度可以划分为路径敏感和路径不敏感方法。路径敏感方法考虑分支间的组合关系,能够区分控制流图上的不同路径信息。路径不敏感方法则不考虑分支间的组合关系,相比路径敏感而言,路径不敏感方法因分析更加粗糙而会引入更多的分析精度损失。

## 5.1　概　　述

在程序分析领域,为了提高分析的精度,通常需要综合运用多种更复杂的分析技术,这自然意味着更高的复杂度。因此,精度与速度往往是一对不可兼得的矛盾体,必须在二者之间进行折中。从不同抽象和近似的角度,程序分析方法可被分为是否流敏感、是否路径敏感、是否上下文敏感、是否域敏感以及是否对象敏感等[1]。本章主要从路径敏感的角度探讨如何处理程序分析精度与速度的矛盾,路径敏感相关的探讨都是在控制流图基础上进行的,关于控制流图的定义见第 1 章的介绍。

**定义 5.1**　路径(path):节点 $s_1$ 到 $s_n$ 的一个路径定义为满足下列条件的节点序列 $s_1,s_2,\cdots,s_n$:对于每个 $i=1,2,\cdots,n-1$,$s_i$ 和 $s_{i+1}$ 之间存在一条有向边。

为了减少控制流图中的节点数目,通常可将控制流图的每个节点和程序的一个基本块进行对应,基本块可由多条顺序语句组成。

## 5.2　路径不敏感分析方法

### 5.2.1　数据流分析

数据流分析是一种基于格和不动点理论的用于收集不同程序点计算值信息的技术,被广泛用于各种编译器优化算法,同时也是静态分析的常用技术。数据流分析首先对控制流图中的每个节点建立一个数据流方程,并根据分析目标构造一个高度有限的格;然后迭代计算每个程序点的值,直到到达格的一个不动点[2,3]。传统数据流分析是一种典型的流敏感但路径不敏感的分析方法。

程序执行过程中,程序状态本质上由两个因素决定,即程序中各变量的当前取值(这里的变量是广义上的变量,包括各种全局内存、栈内存和堆内存的内容)和程序执行的当前位置。基于程序状态的概念,程序的执行可以看成程序状态的一系列转换过程。一条语句的执行把程序从一个状态转换到另一个状态,语句的语义可以看成针对程序状态的转换函数,其输入状态与该语句之前的程序点相关联,而输出状态与该语句后的程序点相关联。

当静态地分析一个程序的动态行为时,需要先考虑程序执行时可能通过控制流图的各种路径,然后根据分析问题的需要从各程序点上可能的程序状态中抽取需要的信息。一般来说,一个程序可能有无穷多条路径,路径的长度也没有上界。程序分析通常把每个程序点上可能出现的所有程序状态集合作为最根本的信息来源,但实际中可能无法精确地计算和表示每个程序点上的可能程序状态集合,不同的分析技术会选择抽象掉不同的信息,保留有用的信息。

在实际的数据流分析中通常不分别跟踪不同路径的程序状态集合,也不精确表示每个程序点上的可能程序状态集合,而是根据分析问题的需要抽象掉某些细节,只保留所需要的信息。在数据流分析应用中都会把每个程序点与一个数据流值(data-flow value)关联起来。数据流值是该程序点上数据流应用针对所有可能程序状态集合的抽象信息表示。所有可能出现的数据流值构成的集合称为该数据流应用的域(domain),数据流应用的域通常为一个完备格。在实际数据流计算过程中,把每个语句 $s$ 之前和之后的数据流值分别记为 $\mathrm{IN}[s]$ 和 $\mathrm{OUT}[s]$。数据流问题(data-flow problem)就是要对一组 $\mathrm{IN}[s]$ 和 $\mathrm{OUT}[s]$ 的约束进行求解,这组约束对所有的语句 $s$ 限定了 $\mathrm{IN}[s]$ 与 $\mathrm{OUT}[s]$ 之间的关系。数据流约束分为两种,即基于语句语义的约束(传递函数)和基于控制流的约束。

**定义 5.2** 传递函数:一条语句执行之前和之后的数据流值的关系被称为传递函数(transfer function),它描述了程序语句对数据流值变化的语义约束。

传递函数有两种风格:考虑的数据流信息沿着控制流正向(forward)传播和考虑的数据流信息沿着控制流逆向(backward)传播。

在一个正向的数据流问题中,语句 $s$ 的传递函数(记为 $f_s$)以语句执行前的数据流值作为输入,以语句执行后的新数据流值作为输出,即

$$\mathrm{OUT}[s] = f_s(\mathrm{IN}[s]) \tag{5-1}$$

反之,在一个逆向数据流问题中,语句 $s$ 的传递函数 $f_s$ 把语句执行后的数据流值作为输入,语句执行前的数据值作为输出,也即

$$\mathrm{IN}[s] = f_s(\mathrm{OUT}[s]) \tag{5-2}$$

**定义 5.3** 控制流约束:数据流值在不同语句间传递时须满足的约束,它反映了程序的控制流程。控制流约束从程序的控制流中得到。

除了 entry 和 exit,控制流图中还包含三类节点,即顺序节点、分支节点和汇合节点。以正向数据流问题为例,对于顺序节点和单纯的分支节点来说,它们将唯一前驱节点的输出数据流值作为当前节点的输入数据流值。假设 $s'$ 为 $s$ 的唯一前驱节点,则顺序节点和单纯的分支节点(不考虑汇合节点)的控制流约束为

$$IN[s] = OUT[s']$$

(5-3)

汇合节点具有多个前驱,因此在汇合节点上需将多个前驱的输出数据流值进行汇聚后才能作为当前节点的输入数据流值。汇合节点的控制流约束为

$$IN[s] = \bigwedge_{s' \in \text{pred}(s)} OUT[s']$$

(5-4)

式中,pred$(s)$代表语句 $s$ 的前驱节点集合;$\wedge$ 代表与具体数据流问题相关的聚合操作,用来汇总各条路径汇合点上不同路径所做的贡献。式(5-3)可以统一到式(5-4)中。同理,逆向数据流的控制流约束可表示为

$$OUT[s] = \bigwedge_{s' \in \text{succ}(s)} IN[s']$$

(5-5)

式中,succ$(s)$代表语句 $s$ 的后继节点集合。

通常把数据流问题中的传递函数和控制流这两类约束统一称为数据流方程,正向数据流方程如下:

$$OUT[s] = f_s(IN[s])$$
$$IN[s] = \bigwedge_{s' \in \text{pred}(s)} OUT[s']$$

(5-6)

逆向数据流方程如下:

$$IN[s] = f_s(OUT[s])$$
$$OUT[s] = \bigwedge_{s' \in \text{succ}(s)} IN[s']$$

(5-7)

数据流方程也可以用基本块为基本单位给出。对于基本块 $B$,把紧靠其前和其后的数据流值记为 $IN[B]$ 和 $OUT[B]$。基本块只包含顺序语句节点,不存在分支和汇合节点。假设基本块 $B$ 由语句 $s_1, s_2, \cdots, s_n$ 顺序组成,则 $IN[B] = IN[s_1]$,$OUT[B] = OUT[s_n]$。记基本块的传递函数为 $f_B$,则它可由基本块中各语句传递函数按次序组合获得。以正向数据流为例,有 $f_B = f_{s_n} \circ f_{s_{n-1}} \circ \cdots \circ f_{s_2} \circ f_{s_1}$。基本块的开头和结尾处的数据流值的关系为

$$OUT[B] = f_B(IN[B])$$

(5-8)

基本块之间的控制流约束也很容易得到,只需把原来针对语句约束中的$IN[s]$和 $OUT[s]$分别替换为 $IN[B]$ 和 $OUT[B]$即可:

$$OUT[B] = f_B(IN[B])$$
$$IN[B] = \bigwedge_{B' \in \text{pred}(B)} OUT[B']$$

(5-9)

和线性算术方程不同,数据流方程通常没有唯一解。

## 5.2.2　四种典型数据流问题

如前所述,正向数据流分析是从程序入口点开始沿着程序的控制流逐步计算数据流信息;而逆向数据流分析则相反,它从程序的出口点开始沿着程序控制流的反向逐步计算数据流信息。另外,在每个程序点计算数据流信息时,按照信息的不同,计算方式又可以分为可能(may)信息计算和必然(must)信息计算。可能信息

计算在数据流方程中表现为信息集合求并,而必然信息计算在数据流方程中表现为信息集合求交。依据不同的数据流分析方向和数据流值的不同计算方式,可将数据流分析划分为四种典型问题,即正向可能数据流、逆向可能数据流、正向必然数据流和逆向必然数据流。典型的正向可能数据流计算如到达定值(reaching definitions)计算等,典型的逆向可能数据流计算如活跃变量(live variables)计算等,典型的正向必然数据流计算如可用表达式(available expression)计算等,典型的逆向必然数据流计算如很忙表达式(very busy expression)计算[1]等。

### 1. 到达定值

到达定值是最常见和有用的数据流模式之一。到达定值希望找出每个程序点上的变量可能在哪里被定值。对于某个变量 $x$,如果存在一条从定值点 $d$ 到达某个程序点 $p$ 的路径,且在这条路径上 $d$ 没有被“杀死”,那么就说 $x$ 的定值 $d$ 到达程序点 $p$。如果这条路径上有对 $x$ 的其他定值,那么就说变量 $x$ 的这个定值被“杀死”了。直观地讲,如果某个变量 $x$ 的一个定值 $d$ 到达点 $p$,那么在点 $p$ 处使用的值可能就是由 $d$ 最后定值的。

图 5-1 给出一个具有 7 个定值的控制流图。首先列出程序中所有可能被定值的变量及其定值:变量 $i$ 的定值为 $\{d_1, d_4, d_7\}$,变量 $j$ 的定值为 $\{d_2, d_5\}$,变量 $a$ 的定值为 $\{d_3, d_6\}$,基本块 $B_1$ 中包含分别对变量 $i$、$j$、$a$ 的 3 个定值 $\{d_1, d_2, d_3\}$,因此

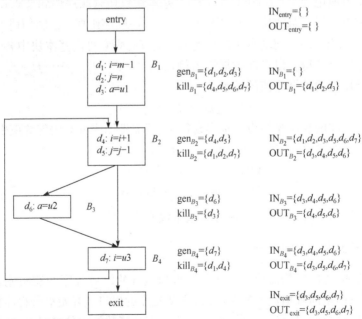

图 5-1　演示到达定值的控制流图

它会"杀死"对变量 $i$、$j$、$a$ 的其他定值 $\{d_4,d_5,d_6,d_7\}$（先暂不考虑控制流的次序关系）。基本块 $B_2$ 包含对变量 $i$、$j$ 的两个定值 $\{d_4,d_5\}$，它会"杀死"对变量 $i$、$j$ 的其他定值 $\{d_1,d_2,d_7\}$。基本块 $B_3$ 包含对变量 $a$ 的一个定值 $\{d_6\}$，它会"杀死"对变量 $a$ 的其他定值 $\{d_3\}$。基本块 $B_4$ 包含对变量 $i$ 的一个定值 $\{d_7\}$，它会"杀死"对变量 $i$ 的其他定值 $\{d_1,d_4\}$。

在前面定义到达定值时会允许一定的不精确性，但是它们都是在"安全"或者"保守"方向上的不精确，即考虑的是程序点上可能的到达定值，实际中的到达定值集合可能更小。这里假设控制流图中的所有路径都可以通过，但在实际中控制流图并非所有路径都可以通过。

1）到达定值的传递函数

考虑一条普通的定值语句 $d:u=v+w$。这条语句"生成"了一个变量 $u$ 的定值 $d$，并"杀死"了程序中其他对 $u$ 的定值，而进入这条语句的其他定值都没有受到影响。因此，该语句的传递函数可以表示为

$$f_s(x)=\mathrm{gen}_s\bigcup(x-\mathrm{kill}_s) \tag{5-10}$$

式中，$\mathrm{gen}_s=\{d\}$，即由该语句生成的定值集合；$\mathrm{kill}_s$ 是程序中所有其他对 $u$ 的定值。

2）到达定值的控制流约束

如果只有一个定值沿着至少一条路径到达某个程序点，那么这个定值就到达该程序点，因此只要从 $s'$ 到 $s$ 有一条控制流边，则 $\mathrm{OUT}[s']\subseteq\mathrm{IN}[s]$ 就成立；反之，一个定值到达某个程序点的必要条件是它能够沿着某条路径到达该程序点，因此 $\mathrm{IN}[s]$ 不应该大于 $s$ 的所有前驱节点出口点的到达定值的并集，即可以安全地假设如下控制流约束成立：

$$\mathrm{IN}[s]=\bigcup_{s'\in\mathrm{pred}(s)}\mathrm{OUT}[s'] \tag{5-11}$$

可见到达定值问题的控制流约束和前述前向数据流控制流约束是一致的，到达定值问题在汇合节点上的聚合操作为并集运算。以基本块为单位来考虑，同样与单条语句类似，一个基本块也会生成一个定值集合（需要去掉那些基本块内部已经被"杀死"的定值集合），并"杀死"一个定值集合。其数据流方程为

$$\begin{aligned}\mathrm{OUT}[B]&=\mathrm{gen}_B\bigcup(\mathrm{IN}[B]-\mathrm{kill}_B)\\\mathrm{IN}[B]&=\bigcup_{B'\in\mathrm{pred}(B)}\mathrm{OUT}[B']\end{aligned} \tag{5-12}$$

对于控制流图中的 entry 节点来说，因为没有定值到达，所以 entry 节点的传递函数为一个简单的返回空集 $\varnothing$ 的常函数，即 $\mathrm{OUT}[\mathrm{entry}]=\varnothing$。

可以使用算法 5.1 来求解上述方程组的解，得到的结果是这个方程组的最小不动点（minimal fixed-point），即对于各个 IN 和 OUT，这个解给出的值总是此方程组其他解所给出值的子集。

**算法 5.1　到达定值分析**

输入：一个流图，其中每个基本块 $B$ 的 $kill_B$ 和 $gen_B$ 都已经计算出来

输出：到达流图中各个基本块 $B$ 的入口点和出口点的定值的集合，即 $IN[B]$ 和 $OUT[B]$

方法：使用迭代的方法来求解。一开始，"估计"对于所有的基本块 $B$ 都有 $OUT[B]=\varnothing$，通过迭代逐步逼近想要的 IN 和 OUT 值。因为必须不停迭代直到各个 IN 和 OUT 值都收敛，所以使用一个布尔变量 change 来记录每次扫描各基本块是否有 OUT 值发生改变

```
1   OUT[entry]=∅;
2   for(除 entry 之外的每个基本块 B)OUT[B]=∅;
3   change=true;
4   while(change){
5       change=false;
6       for(除 entry 之外的每个基本块 B){
7           IN[B]=  ∪  OUT[B'];
                  B'∈pred(B)
8           old=OUT[B];
9           OUT[B]=genB∪(IN[B]−killB);
10          if(old! =OUT[B])then change=true;
11      }
12  }
```

直观地来说，上述算法尽量向前传播各定值，直到该定值被杀死。算法必然会终止，因为对于每个 $B$，$OUT[B]$ 被初始化为 $\varnothing$，迭代的过程中 $OUT[B]$ 绝对不会变小。一旦某个定值被加入到 OUT 中，它会一直存在。因为所有定值的集合是有限的，最终必然有一个 while 循环的执行没有向任何 OUT 中加入任何内容，此时算法就终止了。流图中的节点个数是 while 循环的迭代次数上界。如果一个定值能够到达某个程序点，那么它必然可以经过一条无环的路径到达该点，而流图中的节点个数是无环路径中节点个数的上界。在 while 循环的每次迭代中，每个定值至少沿着相应路径前进一个节点。图 5-2 中的到达定值例子经过 3 次迭代终止，最终每个程序点上的定值集合如图 5-2(b) 所示。

2. 活跃变量

活跃变量分析(live-variable analysis)是一种典型的反向数据流问题。在活跃变量分析中，对于变量 $x$ 和程序点 $p$，$x$ 在 $p$ 上的值是否会在流图中的某条点 $p$ 出发的路径中使用。如果是，则说明 $x$ 在 $p$ 上是活跃的，否则就认为 $x$ 在 $p$ 上是死的。

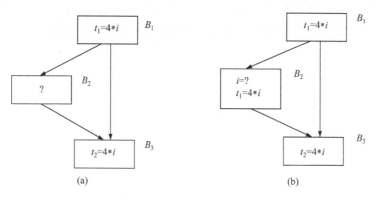

图 5-2　跨越多个基本块的潜在公共子表达式

活跃变量信息的重要用途之一是在编译器中进行寄存器分配。寄存器是一种稀缺资源,当一个值被计算出后如果它很可能会在后续执行中使用(即是"活"的),则将其保存在寄存器中以提高访问速度;如果它是"死"的,则没有必要在寄存器中保存这个值。另外,在所有寄存器被占用时,如果还需要申请一个寄存器,则应该考虑替换那些值已经"死亡"的寄存器。活跃变量分析中的数据流值为活跃变量集合。在此,给出活跃变量的 $gen_B$ 和 $kill_B$:

(1) $gen_B$ 所指的变量集合中的这些变量在 $B$ 中的使用(即写变量)先于任何对它们的定值。

(2) $kill_B$ 所指的变量集合中的这些变量在 $B$ 中的定值先于任何对它们的使用(即读变量)。

例如在图 5-1 中,对于基本块 $B_2$ 来说,$gen_{B_2}=\{i,j\}$。虽然 $B_2$ 对 $i$ 和 $j$ 都有定值,但是它们的定值都是在使用后,因此 $kill_{B_2}=\{\}$。

$gen_B$ 中的变量在基本块 $B$ 的入口处,都应该被认为是活跃的;而 $kill_B$ 中的变量在基本块 $B$ 的入口处,都应该被认为是"死"的。直观上理解,$kill_B$ 中的变量因为马上要被重新赋值,所以没有保存的必要;而 $gen_B$ 中的变量则相反,因为马上要被使用,所以需要保存。活跃变量的数据流方程如下:

$$IN[B]=gen_B \bigcup (OUT[B]-kill_B)$$
$$OUT[B]=\bigcup_{B' \in succ(B)} IN[B'] \tag{5-13}$$

对于 exit 节点来说,因为 exit 节点对应程序出口,所以 $IN[exit]=\varnothing$。

对比活跃变量方程与到达定值方程之间的关系,可以发现:

(1) 两组方程都以并集运算作为汇聚运算。原因是在这两种数据流模式中,都是沿着路径传播数据流信息,且只关心是否存在任何一条路径具有想要的性质,而不关心某些结论是否在所有的路径上成立。

(2) 活跃变量分析和到达定值分析不同,活跃变量分析按照程序控制流的相反方向进行。原因是试图将一个程序点 $p$ 上对某个变量 $x$ 的使用信息传递到某条路径中 $p$ 之前的所有程序点，以便这些程序点知道 $x$ 的值会被使用。

和到达定值分析一样，活跃变量数据流方程的解也不是唯一的，可以通过迭代算法求得其最小不动点解。

**算法 5.2　活跃变量分析**

输入：一个流图，其中每个基本块的 $\text{gen}_B$ 和 $\text{kill}_B$ 都已经求出

输出：该流图的各个基本块 $B$ 的入口和出口处的活跃变量集合，即 $\text{IN}[B]$ 和 $\text{OUT}[B]$

方法：使用迭代的方法来求解。一开始，对于所有的基本块 $B$ 都有 $\text{IN}[B]=\varnothing$

```
1    IN[exit]=∅;
2    for(除 exit 之外的每个基本块 B)IN[B]=∅;
3    change=true;
4    while(change){
5        change=false;
6        for(除 exit 之外的每个基本块 B){
7            OUT[B]= ∪  IN[B'];
                  B'∈succ(B)
8            old=IN[B];
9            IN[B]=genB∪(OUT[B]−killB);
10           if(old! =IN[B])then change=true;
11       }
12   }
```

3. 可用表达式

如果从流图的入口节点到达程序点 $p$ 的每条路径在 $p$ 之前都会对表达式 $x+y$ 求值，且在每条路径上从求值点到 $p$ 都没有再次对 $x$ 或 $y$ 赋值，那么 $x+y$ 在 $p$ 上为可用表达式。由于可用表达式中的所有变量值都未发生改变，在 $p$ 点上可用表达式的值和上次计算相同。可用表达式没有必要进行重新计算，可以直接利用上次计算的结果。可用表达式在编译优化时寻找全局公共子表达式，以减少重复的表达式计算。

对于可用表达式分析而言，如果一个基本块可能对 $x$ 或 $y$ 定值，且之后没有再重新计算 $x+y$，则说该基本块"杀死"表达式 $x+y$；如果一个基本块一定对 $x+y$ 求值，且之后没有再对 $x$ 或 $y$ 定值，则说这个基本块生成表达式 $x+y$。

例如，在图 5-2(a) 中，如果 $4*i$ 在基本块 $B_3$ 的入口点可用，那么基本块 $B_3$ 中的表达式就是一个公共子表达式。它在该处可用的条件是 $i$ 在基本块 $B_2$ 中没有被定值，或者像图 5-2(b) 中那样在 $B_2$ 中对 $i$ 定值后又重新计算了 $4*i$。

可以从头到尾地处理基本块内的各语句,计算一个基本块内各点上生成的表达式集合。在基本块的起始处没有生成任何表达式。如果在点 $p$ 处的可用表达式集合为 $S$,而 $q$ 是 $p$ 之后的点,$q$ 与 $p$ 之间是语句 $x=y+z$,那么可以通过如下步骤得到点 $q$ 上的可用表达式集合:

(1) 把表达式 $y+z$ 添加到 $S$ 中。

(2) 从 $S$ 中删除任何涉及变量 $x$ 的表达式。

注意 $x$ 可能和 $y$ 或 $z$ 相同,因此上面的步骤必须按照正确的顺序进行。在到达基本块尾处时,$S$ 就是该基本块生成的表达式集合。而被"杀死"的表达式集合就是所有类似 $y+z$ 的表达式,其中 $y$ 或 $z$ 在基本块中被定值,且这个基本块没有生成 $y+z$。考虑图 5-3 中包含四条语句的基本块。在第一条语句之后 $b+c$ 可用。在第二条语句之后 $a-d$ 变得可用,但是因为 $b$ 被重新定值,所以 $b+c$ 变得不再可用。第三条语句并没有使 $b+c$ 可用,因为 $c$ 的值立刻就被改变了。在最后一条语句之后,因为 $d$ 的值已经改变,所以 $a-d$ 不再可用。因此,该基本块没有生成任何可用表达式,所有涉及 $a$、$b$、$c$、$d$ 的表达式都被"杀死"了。

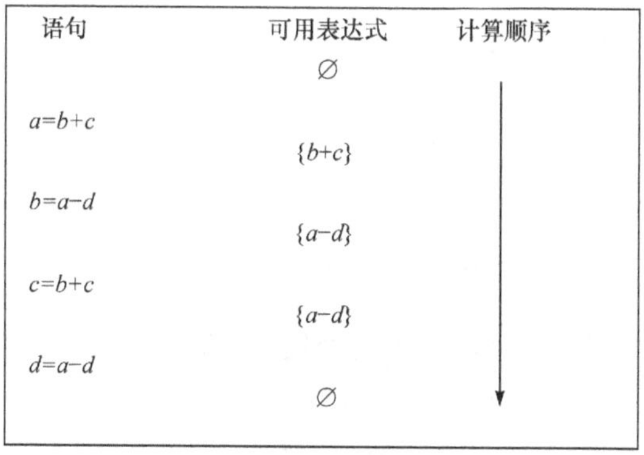

| 语句 | 可用表达式 | 计算顺序 |
|------|-----------|---------|
| | $\varnothing$ | |
| $a=b+c$ | | |
| | $\{b+c\}$ | |
| $b=a-d$ | | |
| | $\{a-d\}$ | |
| $c=b+c$ | | |
| | $\{a-d\}$ | |
| $d=a-d$ | | |
| | $\varnothing$ | |

图 5-3　基本块的可用表达式计算

有了每个基本块生成和"杀死"的可用表达式集合后,可以用类似于计算到达定值的方法来寻找每个程序点上的可用表达式。假设 $U$ 是所有出现在程序中一个或多个语句的表达式全集。对于每个基本块 $B$,IN$[B]$ 代表 $B$ 开始处的可用表达式集合,OUT$[B]$ 代表 $B$ 结尾处的可用表达式集合;e\_gen$_B$ 代表 $B$ 生成的可用表达式集合,e\_kill$_B$ 代表被 $B$ "杀死"的可用表达式集合。可用表达式数据流方程如下:

$$\text{OUT}[B]=\text{e\_gen}_B \bigcup (\text{IN}[B]-\text{e\_kill}_B)$$
$$\text{IN}[B]=\bigcap_{B' \in \text{pred}(B)} \text{OUT}[B'] \tag{5-14}$$

对于 entry 节点来说,OUT$[\text{entry}]=\varnothing$。

上述方程和到达定值的不同之处在于可用表达式的聚合运算是交集运算,而不是并集运算。只有当一个表达式在一个基本块的所有前驱的结尾处都可用时，它才会在基本块的开始处可用。通常把使用并运算的数据流问题称为可能(may)数据流问题,使用交运算的数据流问题称为肯定(must)数据流问题。

使用$\bigcap$而不是$\bigcup$使可用表达式方程组的表现和到达定值方程组不同。虽然两组方程都没有唯一解,但到达定值方程组的解是要求符合到达定义的最小集合。在求解到达定值方程组的过程中,首先假设程序任何地方都没有定值到达,然后通过$\bigcup$运算逐渐增大到达定值集合,最终收敛得到该解。而对于可用表达式方程组,则希望得到具有最大可用表达式集合的解。因此,首先假设除 entry 基本块结尾处的所有地方,所有表达式(即集合$U$)都是可用的,然后通过$\bigcap$运算逐渐减小可用表达式值集合,最终收敛得到该解。下面举例说明可用表达式分析中初始化空集和全集得到的解的差异,如图 5-4 所示。

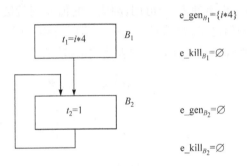

$$e\_gen_{B_1}=\{i*4\}$$

$$e\_kill_{B_1}=\varnothing$$

$$e\_gen_{B_2}=\varnothing$$

$$e\_kill_{B_2}=\varnothing$$

图 5-4　可用表达式例子

将注意力集中在基本块 $B_2$ 上,$B_2$ 的数据流方程为

$$\text{IN}[B_2]=\text{OUT}[B_1]\bigcap\text{OUT}[B_2]$$
$$\text{OUT}[B_2]=e\_gen_{B_2}\bigcup(\text{IN}[B_2]-e\_kill_{B_2})=\text{IN}[B_2] \tag{5-15}$$

式中,$\text{OUT}[B_1]=\{i*4\}$,$e\_gen_{B_2}=\varnothing$,$e\_kill_{B_2}=\varnothing$。

如果从 $\text{OUT}[B_2]=\varnothing$ 开始迭代,最终收敛得到 $\text{OUT}[B_2]=\text{IN}[B_2]=\varnothing$;如果从 $\text{OUT}[B_2]=\{i*4\}$ 即全集开始迭代,最终收敛得到 $\text{OUT}[B_2]=\text{IN}[B_2]=\{i*4\}$,这才是我们想要的值。直观地讲,使用全集作为初始值得到的解更符合得到具有最大可用表达式集合的期望,因为这个解正确地反映了如下事实:

$B_2$ 虽然有两条入边,但要从程序入口到达 $B_2$ 必须经过基本块 $B_1$。如果 $\text{OUT}[B_1]$ 中的某个表达式没有被 $B_2$"杀死",那么它在 $B_2$ 的结尾处可用。

**算法 5.3** 可用表达式

输入:一个流图,其中每个基本块 $B$ 的 $e\_kill_B$ 和 $e\_gen_B$ 都已经计算出来

输出:到达流图中各个基本块 $B$ 的入口点和出口点的可用表达式集合,即 $\text{IN}[B]$ 和 $\text{OUT}[B]$

方法:使用迭代的方法来求解。一开始,除了 entry,其他基本块 $B$ 都有 $OUT[B]=U$,$OUT[entry]=\varnothing$

```
1    OUT[entry]=∅;
2    for(除 entry 之外的每个基本块 B)OUT[B]=U;
3    change=true;
4    while(change){
5        change=false;
6        for(除 entry 之外的每个基本块 B){
7            IN[B]=  ∩  OUT[B'];
                  B'∈pred(B)
8            old=OUT[B];
9            OUT[B]=e_genB ∪ (IN[B]−e_killB);
10           if(old!=OUT[B]) then change=true;
11       }
12   }
```

这个算法得到的结果是方程组的最大不动点(maximal fixed-point),即对于各个 IN 和 OUT,此方程组其他解所给出的值都是这个解给出的值的子集。

4. 很忙表达式

假设在程序点 $p$ 上对表达式 $x+y$ 进行求值,如果在 $p$ 后的每条路径都会再次对 $x+y$ 求值,且再次求值前都没有对 $x$ 或 $y$ 重新赋值,那么 $x+y$ 在 $p$ 点上为很忙表达式。直观上理解,很忙表达式肯定会在其值并未变化前被后续程序使用,因此在编译优化中可以考虑将其结果保存下来以便再次直接利用,以减少重复的表达式计算。

很忙表达式分析希望知道对于表达式 $x+y$ 和程序点 $p$,$x+y$ 是否会在其值变化之前在流图的所有从 $p$ 出发的路径中使用。与可用表达式分析类似,可以从尾到头处理基本块内的各语句,计算一个基本块内各点上生成的很忙表达式集合。在基本块的结尾处没有生成任何很忙表达式。如果在点 $p$ 处很忙表达式集合为 $S$,而 $q$ 是 $p$ 之前的点,$q$ 与 $p$ 之间的语句为 $x=y+z$,那么可以通过如下步骤得到点 $q$ 上的很忙表达式集合:

(1) 把表达式 $y+z$ 添加到 $S$ 中。

(2) 从 $S$ 中删除任何涉及变量 $x$ 的表达式。

在到达基本块开头处时,$S$ 就是该基本块生成的很忙表达式集合。而被"杀死"的很忙表达式集合就是所有类似 $y+z$ 的表达式,其中 $y$ 或 $z$ 在基本块中被定值,且这个基本块没有生成 $y+z$。

考虑图 5-5 中的包含四条语句的基本块。在第四条语句之前 $b+c$ 很忙。在

第三条语句之前 $b+c$ 也变得很忙。第二条语句对 $b$ 进行赋值，因此它会"杀死" $b+c$，第二条语句入口处的很忙表达式只剩下 $a-d$。在第一条语句对 $a$ 进行赋值，因此它会"杀死"$a-d$，但它又重新使表达式 $b+c$ 变得很忙。因此，该基本块入口处的很忙表达式为 $b+c$，除此之外，所有涉及 $a$、$b$、$c$、$d$ 的表达式都将被"杀死"。

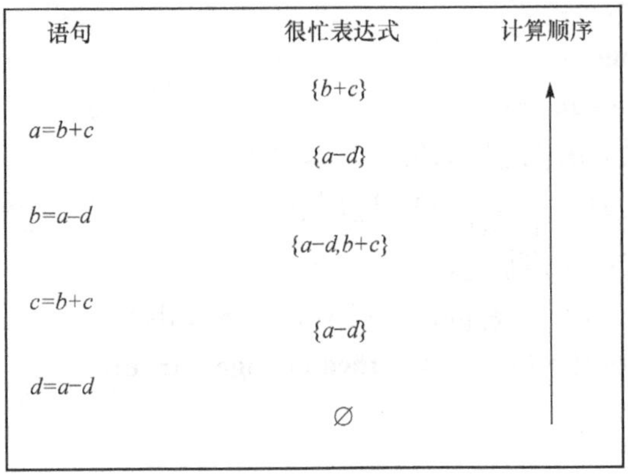

图 5-5　基本块的很忙表达式计算

很忙表达式的数据流方程如下：

$$IN[B]=e\_gen_B \bigcup (OUT[B]-e\_kill_B)$$
$$OUT[B]=\bigcap_{B' \in succ(B)} IN[B']$$

(5-16)

假设 $U$ 是所有出现在程序的一条或多条语句中的表达式全集。对于每个基本块 $B$，$IN[B]$ 代表 $B$ 开始处的很忙表达式集合，$OUT[B]$ 代表 $B$ 结尾处的很忙表达式集合；$e\_gen_B$ 代表 $B$ 生成的很忙表达式集合，$e\_kill_B$ 代表被 $B$"杀死"的很忙表达式集合。对于 exit 节点来说，$IN[exit]=\varnothing$。很忙表达式分析沿控制流的逆向进行，交汇节点的聚合运算为并集运算。很忙表达式的最大不动点迭代算法如算法 5.4 所示。

**算法 5.4**　很忙表达式

输入：一个流图，其中每个基本块 $B$ 的 $e\_kill_B$ 和 $e\_gen_B$ 都已经求出

输出：到达流图中各个基本块 $B$ 的入口点和出口点的很忙表达式集合，即 $IN[B]$ 和 $OUT[B]$

方法：使用迭代的方法来求解。一开始初始化所有的除 exit 之外基本块 $B$ 都有 $IN[B]=U$，$IN[exit]=\varnothing$

1　$IN[exit]=\varnothing$；
2　**for**(除 exit 之外的每个基本块 $B$)$IN[B]=U$；
3　change=true；
4　**while**(change){

```
5        change＝false；
6        for(除 exit 之外的每个基本块 B){
7            OUT[B]＝ ∩      IN[B′]；
                     B′∈succ(B)
8            old＝IN[B]；
9            IN[B]＝e_gen_B ∪ (OUT[B]−e_kill_B)；
10           if(old!＝IN[B])then change＝true；
11       }
12   }
```

### 5.2.3　数据流分析的理论依据

下面从不动点理论角度来重新理解数据流分析。数据流分析的目标是求得每个控制流节点上关联的数据流值。假设程序控制流图中包含的节点集合为 $N=\{v_1,v_2,\cdots,v_n\}$，$L$ 为数据流值对应的（半）格，节点 $v_i$ 对应的数据流方程为 $[[v_i]]=F_i([[v_1]],\cdots,[[v_n]])$，则定义联合函数 $F:L^n\rightarrow L^n:F(v_1,\cdots,v_n)=(F_1(v_1,\cdots,v_n),\cdots,F_n(v_1,\cdots,v_n))$，这样就把数据流方程转化为一个等式系统。依据第 2 章中的理论，求等式系统不动点的基本算法如算法 5.5、算法 5.6 所示。

**算法 5.5**　最小不动点迭代算法

$v=(\bot,\cdots,\bot)$；

**do**$\{t=v;v=F(v);\}$　**while**$(x\neq t)$；

**算法 5.6**　最大不动点迭代算法

$v=(\top,\cdots,\top)$；

**do**$\{t=v;v=F(v);\}$　**while**$(x\neq t)$；

读者可将四个经典的数据流迭代算法与上述算法进行对比。下面先来回答有关数据流算法的一些基本问题。

(1) 数据流分析中用到的迭代算法在什么情况下是正确的？

应用数据流分析的迭代算法，要求数据流值满足半格的定义，以及数据流方程中的传递函数满足单调性。

(2) 迭代算法什么情况下必然会收敛？

在满足上一个问题的前提下，当数据流值对应的半格高度有限时，迭代算法必然会收敛。以最小元 $\bot$ 为初值的迭代收敛于最小不动点，以最大元 $\top$ 为初值的迭代收敛于最大不动点。

### 5.2.4　数据流解的含义

现在已经知道使用迭代算法得到的解是最大（最小）不动点解，接着还需要从语义的角度来理解这个结果的含义。数据流方程中不区分到达一个程序点的路径之间的差异,只在程序的每个汇合点将来自不同路径的数据流信息聚合,这对数据流解会有一定的影响。

**定义 5.4** 数据流分析框架:一个数据流分析框架 $\langle D, L, \wedge, G, F \rangle$ 由下列元素组成:

(1) $D$ 为数据流方向,其取值包括 FORWARD(正向)或 BACKWARD(逆向)。正向数据流分析,从程序入口点开始沿着程序的控制流逐步计算数据流信息;逆向数据流分析则相反,从程序的出口点开始沿着程序控制流反向逐步计算数据流信息。

(2) $L$ 为需要传播和计算的值集合,$L$ 中的一个常量值 $l_{\text{entry}}$ 或者 $l_{\text{exit}}$ 表示正向或逆向框架在 entry 或 exit 处的边界条件。

(3) $\wedge$ 为 $L$ 上定义的聚合操作,$\langle L, \wedge \rangle$ 形成一个半格,包含最小元 $\bot$ 和最大元 $\top$。按照具体聚合操作的定义方式,可以分为可能信息计算和必然信息计算。可能信息计算的聚合操作定义为并运算,而必然信息计算的聚合操作定义为交运算。

(4) $G = (N, E, \text{entry}, \text{exit})$ 为控制流图,$N$ 为节点集合,$E$ 为边的集合,entry 和 exit 分别为控制流图中的唯一入口和唯一出口。

(5) $F$ 为 $L$ 到 $L$ 上的单调传递函数族,代表语句对数据流值的影响。$F$ 中的传递函数也能被扩展到路径上,对于 $G$ 中路径 $p = [s_0, s_1, \cdots, s_n]$,$s_0, s_1 \cdots, s_n$ 为路径上的语句,$f_{s_0}, f_{s_1}, \cdots, f_{s_n} \in F$ 为相应语句的传递函数,则路径 $p$ 对数据流值的影响:$f_p : L \rightarrow L : f_p = f_{s_n} \circ f_{s_{n-1}} \circ \cdots \circ f_{s_0}$,单调函数的复合仍然为单调函数,因此 $f_p$ 仍为单调函数。

为了理解数据流框架的各种解,首先描述数据流框架的理想解。假设现在感兴趣的数据流框架是一个前向的数据流问题,考虑某程序点 $n$。理想解要求计算不同路径的数据流信息在程序点 $n$ 上的聚合,而且要能排除控制流图中那些实际运行时不可能执行的路径。因此,求理想解的第一步是要找到从程序入口到达 $n$ 的所有可达的执行路径,第二步是分别计算每条可达路径尾端的数据流值,并对这些数据流值应用聚合运算得到它们的最大下界或最小上界。这里如果聚合运算为交操作,则得到的是最大下界;如果为并运算,则得到最小上界。理想解是最精确的解:

(1) 对于交运算来说,任何比理想解大的解都是错误的;对于并运算来说,任何比理想解小的解都是错误的。

(2) 对于交运算来说,任何小于等于理想解的解都是保守的;对于并运算来说,任何大于等于理想解的解都是保守的。

(3) 假设用 $\leqslant$ 表示解之间的关系,$\leqslant$ 关系代表后者更加精确(前者更加保守),则所有正确的解与理想解之间都应该满足 $\leqslant$ 关系。

前向数据流框架的理想解可用下式表示：

$$\text{IDEAL}[n] = \bigwedge_{\substack{p\text{是从entry到}n\text{的}\\\text{一个可执行路径}}} f_p(v_{\text{entry}}) \tag{5-17}$$

直观上理解，相对于理想解而言，其他正确的解可能会包含某些不可达路径。因此对于交运算来说，增加对这些不可达路径的交运算会使解偏小；而对于并运算来说，增加对这些不可达路径的并运算会使解偏大。寻找所有的可达路径是一个不可判定问题，因此对于一般程序而言理想解无法得到，必须使用近似方法求得更为保守的解。如果在数据流抽象中，假设控制流图中的每条路径都是可达的，则可以定义前向数据流的全路径聚合解为

$$\text{MOP}[n] = \bigwedge_{\substack{p\text{是从entry到}n\\\text{的一个流图路径}}} f_p(v_{\text{entry}}) \tag{5-18}$$

MOP(meet over all paths, 全路径聚合)解中考虑的路径是所有可达路径的超集，MOP≤IDEAL。MOP 解和 IDEAL 解都是基于路径的，即区分程序点上来自不同路径的数据流信息。如果流图包含环，那么 MOP 解中需要考虑的路径数量可能都是无限的，因此不能直接由 MOP 解的定义得到可行的算法。

如前所述，实际中使用迭代算法求的解都是基于如下形式的数据流方程的最大或最小不动点(maximal or minimal fixed point, MFP)解：

$$\begin{aligned}\text{OUT}[B] &= f_B(\text{IN}[B])\\\text{IN}[B] &= \bigwedge_{B' \in \text{pred}(B)} \text{OUT}[B']\end{aligned} \tag{5-19}$$

MFP 解是上述方程的最精确解。但上述方程与 MOP 解和 IDEAL 解的方程相比，没有区分程序点上来自不同路径的数据流信息，它对每个控制流汇合节点进行聚合操作，而不是在路径的尾端才进行聚合操作。那么提前进行聚合运算的效果是什么样的呢？考虑图 5-6 中的例子。

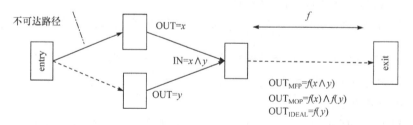

图 5-6　数据流三个解的含义

以前向数据流为例，并假设聚合操作为交运算。图 5-7 中的控制流图存在两条路径，其中一条为不可达路径。考虑 exit 节点前一节点出口处的数据流值：IDEAL 解在所有可达路径的尾端取聚合，即 $\text{OUT}_{\text{IDEAL}} = f(y)$；MOP 解在所有路径的尾端取聚合，即 $\text{OUT}_{\text{MOP}} = f(x) \wedge f(y)$；MFP 解在所有控制流汇合节点取聚合，即 $\text{OUT}_{\text{MFP}} = f(x \wedge y)$。

（1）因为$(L,\wedge)$为半格，所以$(x\wedge y)\leqslant y$。又因$f$为单调函数，所以$f(x\wedge y)\leqslant f(y)$，即 MOP$\leqslant$IDEAL。

（2）因为$(L,\wedge)$为半格，所以$(x\wedge y)\leqslant x,(x\wedge y)\leqslant y$；因$f$为单调函数，所以$f(x\wedge y)\leqslant f(x),f(x\wedge y)\leqslant f(y)$；又因$\wedge$单调，所以$f(x\wedge y)\wedge f(x\wedge y)\leqslant f(x)\wedge f(y)$，即$f(x\wedge y)\leqslant f(x)\wedge f(y)$，即 MFP$\leqslant$MOP。

需要注意的是，当$f$满足分配律时，$f(x\wedge y)=f(x)\wedge f(y)$，即 MFP＝MOP。分配律是比单调性更强的一个属性，事实上分配律蕴含了单调性。可假设$x\leqslant y$，$f$满足分配律，则$x=(x\wedge y)$，得到$f(x)=f(x\wedge y)=f(x)\wedge f(y)\leqslant f(y)$。

并非所有的数据流问题都一定满足分配律，常量折叠就是一种典型的不满足分配律的数据流问题。图 5-7 所示的程序中，$x$ 和 $y$ 在基本块 $B_1$ 中分别被设置为

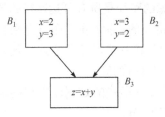

图 5-7　常量折叠不满足分配律

2 和 3，而在基本块 $B_2$ 中被分别设置为 3 和 2。不管按照哪条路径执行，在基本块 $B_3$ 的结尾处 $z$ 的值都是 5。但是对于 MFP 来说，在 $B_3$ 的入口处将不同路径的值进行聚合，因此得到 $x$ 和 $y$ 都为$\top$（代表已知的非常量），因此在 $B_3$ 的结尾处得到 $z$ 也为$\top$。而对于 MOP 来说，在 $B_3$ 的入口处分别对待两条路径的 $x$ 和 $y$ 的值，为$(2,3)$和$(3,2)$，因此在 $B_3$ 的结尾处得到两条路径的 $z$ 值都为 5，取聚合运算得到最终 $z$ 的值为 5。对于常量折叠来说，MFP 解没有 MOP 解精确，原因是它没有跟踪 $x$ 和 $y$ 在两条路径上的相关性：当 $x$ 为 2 时，$y$ 必然为 3；当 $x$ 为 3 时，$y$ 必然为 2。

现在可以回答有关数据流算法的另外两个基本问题。

（1）这些方程组的解的含义是什么？

方程组 $\text{IDEAL}[n]=\bigwedge\limits_{\substack{p\text{是从entry到}n\text{的}\\ \text{一个可执行路径}}}f_p(v_{\text{entry}})$ 的解为理想解。对于程序点 $n$，理想解将 entry 到 $n$ 所有可达路径的尾端的数据流值取聚合操作。因为程序中路径数可能无限而且不可达路径判断是一个不可判定问题，所以对于一般程序，无直接求理想解的有效算法。

方程组 $\text{MOP}[n]=\bigwedge\limits_{\substack{p\text{是从entry到}n\\ \text{的一个流图路径}}}f_p(v_{\text{entry}})$ 的解为全路径聚合解。对于程序点 $n$，全路径聚合解将 entry 到 $n$ 所有路径的尾端的数据流值取聚合操作。因为程序中的路径数可能无限，所以对于一般程序，也无直接求全路径聚合解的有效算法。

方程组 $\text{OUT}[B]=f_B(\text{IN}[B]),\text{IN}[B]=\bigwedge\limits_{B'\in\text{pred}(B)}\text{OUT}[B']$ 的解，在每个控制流汇合节点取聚合操作，不区分程序点上来自不同路径的数据流信息。该方程组可能有多个解，但可通过迭代算法求得其相应的最大不动点或者最小不动点解，而

且相应的最大不动点或最小不动点解是该方程组解中最精确的。

（2）通过迭代算法得到的解有多精确？

在数据流分析中，三类解的关系为 MFP≤MOP≤IDEAL，其中≤关系代表前者更保守，后者更精确。IDEAL 是最精确的解，MOP 不考虑不可达路径的影响，会丢失精确性。通过迭代算法求得的 MFP 解提前将数据流值聚合，对于不满足分配律的数据流问题会丢失精确性。对于满足分配律的数据流问题而言，MFP 解等于 MOP 解。

## 5.3　路径敏感分析方法

前面提到，数据流分析的精度损失主要包括两个方面：①不可达路径判断不准确，会造成不精确；②当传递函数不满足分配率时，在控制流汇合节点将不同分支的数据流信息过早地进行聚合，也会造成不精确。其中，前者代表 IDEAL 解和 MOP 解的差距，后者代表 MFP 解和 MOP 解的差距。本质上，这些精度的损失也是由数据流分析是一种非路径敏感的方法造成的。引入路径敏感的分析方法是提高精度的一个重要方法，但在考虑引入路径敏感分析方法之前必须了解具体分析问题中精度丢失的原因[4-7]。下面以缺陷检测为例来说明如何引入路径敏感的分析方法。

### 5.3.1　缺陷模式状态机

缺陷模式是对程序属性的一种描述，如果违反该属性，则会造成一个缺陷[8-10]。例如，申请的资源在使用完后必须释放，否则会造成资源泄漏缺陷（resource leak，RL）；不能对空指针进行解引用操作，否则会造成空指针引用缺陷（null pointer dereference，NPD）。实际程序中的缺陷模式可能有很多，但有价值的模式通常是针对那些经常发生的缺陷。

**定义 5.5**　缺陷模式状态机：用于描述缺陷模式的有限状态机（finite state machine，FSM），包括状态集合 $D$、状态转移集合 $T$ 和转移条件集合 Conditions，其中，$D=\{ \$start, \$error\} \bigcup D_{other}$，$T: D\times Conditions\rightarrow D$，\$start 和 \$error 分别表示起始状态和错误状态，$D_{other}$ 表示其他状态的集合。缺陷模式状态机也可用有向图来直观地表示。例如，RL 和 NPD 模式分别可用状态机描述，如图 5-8 所示。

缺陷模式状态机是对某一类缺陷的统一描述。在具体缺陷检测过程中，一个函数内部会根据每类缺陷的不同状态机创建条件，创建一系列的缺陷状态机实例，缺陷状态机实例生命周期不超过当前函数内的分析过程。例如，对于 RL 模式，针对程序中每个资源分配点创建一个缺陷状态机实例；对于 NPD 模式，针对每个可能被解引用的变量创建一个缺陷状态机实例。每个缺陷状态机实例相互独立，刚

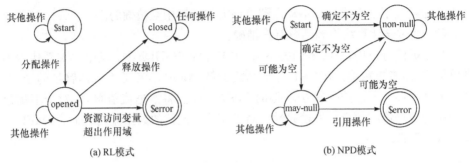

图 5-8　资源泄漏和空指针引用缺陷状态机

创建的缺陷状态机实例先处于 $start 状态,然后沿着控制流独立计算各缺陷状态机实例的可能状态集合,如果发现可能状态集合中包含 $error 状态,即报告一个潜在的缺陷并销毁该缺陷状态机实例。

在基于状态机的缺陷模式描述基础上,缺陷检测过程可以看成一个正向可能的数据流问题。数据流框架 $\langle D,L,\wedge,G,F\rangle$ 各元素在缺陷检测中对应的具体含义如下:

(1) 缺陷检测是一个正向数据流,$D=\text{FORWARD}$。

(2) 缺陷检测的 $L$ 为缺陷状态机实例的可能状态集合的幂集,$L$ 中的一个常量值 $l_{\text{entry}}=\{\text{start}\}$,表示边界条件。

(3) 缺陷检测的聚合操作 $\wedge$ 为状态机实例的可能状态集合的并运算。

(4) $G=(N,E,\text{entry},\text{exit})$ 为控制流图,$N$ 为节点集合,$E$ 为边的集合,entry 和 exit 分别为控制流图中的唯一入口和唯一出口。

(5) 缺陷检测的 $F$ 代表语句引起的缺陷状态变迁。

建立缺陷检测的数据流方程如下:

$$\text{OUT}[n]=\text{gen}_n\bigcup(\text{IN}[n]-\text{kill}_n)$$
$$\text{IN}[n]=\bigcup_{n'\in\text{pred}(n)}\text{OUT}[n'] \tag{5-20}$$

式中,$\text{kill}_n$ 代表经过控制流图节点 $n$ 后缺陷状态机实例中会发生状态转换的可能状态集合;$\text{gen}_n$ 代表经过 $n$ 后缺陷状态机实例中由于转换而得到的新可能状态集合。

缺陷检测的传递函数满足分配律:考虑 $f_n(y\bigcup z)$,假设 $y$ 中不发生变化的可能状态为 $y_a$,$y$ 中发生变化的可能状态为 $y_b$,并变化为 $y_c$,$z$ 中不发生变化的可能状态为 $z_a$,$z$ 中发生变化的可能状态为 $z_b$,并变化为 $z_c$,则可知 $f_n(y\bigcup z)=y_a\bigcup y_c\bigcup z_a\bigcup z_c$,$f_n(y)=y_a\bigcup y_c$,$f_n(z)=z_a\bigcup z_c$,即 $f_n(y\bigcup z)=f_n(y)\bigcup f_n(z)$。因此,对于基于传统数据流的缺陷检测来说,$\text{MFP}=\text{MOP}$。

基于传统数据流方程迭代方法的缺陷检测算法如算法 5.7 所示。该算法沿着控制流迭代计算各缺陷状态机实例的可能状态集合,如果发现可能状态集合中包

含 $error 状态,则报告一个潜在的缺陷并销毁该缺陷状态机实例。

**算法 5.7**  基于传统数据流的缺陷检测算法

输入:一个流图,其中每个节点 $n$ 的 $kill_n$ 和 $gen_n$ 都已经计算出来

输出:流图中各节点 $n$ 的入口和出口处状态机实例的可能状态集合,即 $IN[n]$ 和 $OUT[n]$

方法:使用迭代的方法来求解。边界条件为 $OUT[entry] = \{ \$start \}$,初始条件为除 entry 外所有 $OUT[n] = \varnothing$

```
1   OUT[entry]={$start};
2   for(除 entry 之外的每个基本块 B)OUT[B]=∅;
3   change=true;
4   while(change){
5       change=false;
6       for(除 entry 之外的每个基本块 B){
7           IN[B]=  ⋃      OUT[B'];
                  B'∈pred(B)
8           old=OUT[B];
9           OUT[B]=gen_B ⋃ (IN[B]−kill_B);
10          if $error∈out[n]   then 报告一个缺陷;
11          if(old!=OUT[B])then change=true;
12      }
13  }
```

例如,一个对于 RL 模式的缺陷检测如图 5-9 所示。

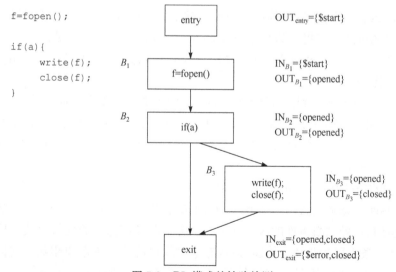

图 5-9  RL 模式的缺陷检测

### 5.3.2　不可达路径引入误报

对于基于状态机的缺陷检测来说,传递函数满足分配律,MFP 解等于 MOP 解,误报主要来自 MOP 和 IDEAL 的差别。也就是说引入误报的主要原因是不可达路径判断不准确。图 5-10 显示了一个误报的例子。

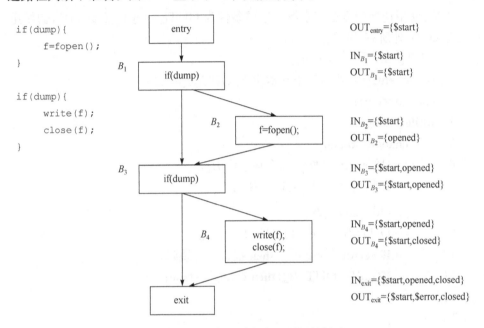

图 5-10　由不可达路径产生误报的例子

基于传统数据流的缺陷检测算法不考虑不同的路径信息,缺陷状态机实例在 $B_3$ 出口处的可能状态集合为{ $start,opened},最终在 exit 出口处的可能状态集合为{ $start, $error,closed},因为包含了 $error 状态,所以报告一个缺陷,但这是一个误报。

从函数 entry 入口到达程序 exit 出口位置经过两个条件判断,路径敏感分析将分别跟踪不同路径并记录经过的路径信息。路径信息可由变量取值表示,则在 $B_3$ 入口处的可能状态集合为{( $start:dump=false, $f$=null),(opened:dump= true,$f$=notnull)}。

$B_3$ 中的条件判断为 dump,由于状态集合中到达 $start 状态,要求 dump= false, $start 状态将无法传递到 $B_3$ 处判断条件的真分支中;同理,opened 状态将无法传递到 $B_3$ 处判断条件的假分支中。状态上路径信息中的变量取值矛盾表明该状态在一条不可达路径上传递,该状态应该从可能状态集合中删除。这样最终在 exit 出口处,缺陷状态机实例的可能状态集合为{( $start:dump=false, $f$=

null），(closed：dump＝true，$f$＝notnull)}。

从上述分析过程可以看到，消除该误报的关键是不可达路径判断，而不可达路径判断的前提又是能够跟踪并记录经过的路径信息。

### 5.3.3　路径信息抽象

将已经历的路径信息以合适的方法表示是后续分析中进行不可达路径判断的前提。本质上，程序中各变量的当前取值和程序执行的当前位置即可决定程序的当前执行状态（包括下一步要选择执行的路径）。反过来看，在程序的某个位置上各变量的当前取值即隐含地"累积"了所经历过的路径信息。因此，一种直观的方法就是用变量取值来表示路径信息，但遗憾的是无法精确地表示程序中所有变量的取值信息，必须引入某种程度上的抽象[11-14]。

基于在第 2 章中介绍的抽象解释理论，可以用抽象语义上的计算来保守地近似实际语义上的计算，抽象计算得到的变量抽象取值可以保守地近似表示变量的实际取值信息，根据抽象近似的不同程度和侧重点，定义出不同的变量取值抽象域。

**定义 5.6**　抽象上下文：用于近似地表示程序动态执行时的变量取值信息，通过一组变量及其抽象取值来描述，$C$：Variables a AbstractDomain，Variables 代表变量集合，AbstractDomain 代表某个变量取值抽象域。$C(v)$ 代表变量 $v$ 在 $C$ 中的取值：

$$C(v)=\begin{cases}t, & (v,t)\in C \quad 代表\ i\ 在\ C\ 中的抽象取值为\ v \\ \top, & (v,t)\notin C \quad 代表\ C\ 对\ v\ 没有约束\end{cases} \tag{5-21}$$

根据定义 2.15，所有可能抽象上下文构成的集合就是变量集合 Variables 和抽象域 AbstractDomain 形成的映射半格，记为 $\psi$。

抽象上下文的概念和抽象环境的概念有些相似，但不完全相同。抽象上下文中只包含部分程序变量的取值信息。定义 5.6 中并没有限定抽象域的具体类型，常用的抽象域为区间或区间集抽象。

**定义 5.7**　路径条件：考虑程序只通过路径 $S$ 执行到位置 $\ell$，则位置 $\ell$ 上的抽象上下文 $C$ 由 $s$ 上的判断谓词和赋值操作决定，称 $\ell$ 处的抽象上下文 $C$ 为 $s$ 在 $\ell$ 处的路径条件，记为 $C_{s,\ell}$。

到目前为止，已经解决了路径信息的抽象表示问题。但即使是很简单的程序也可能包含无限条路径，每条路径的长度也可能无限。因此，单独跟踪每条路径是不现实的，必须根据需要合并某些路径信息。对于基于状态机的缺陷检测来说，最直观的方法就是以缺陷状态机实例的可能缺陷状态为单位来合并路径信息。

**定义 5.8**　状态条件：假设程序通过路径 $s$ 执行到位置 1，缺陷状态机实例的可能状态相应地沿 $s$ 进行传递和变化。在位置 1 处将到达状态 $\sigma$，将 $C_{s,1}$ 记录在状

态 $\sigma$ 上,称为状态条件。包含状态条件的状态表示为 $\{\sigma:C_{s,1}\}$ 。

根据定义 2.15,设 $U$ 为所有可能缺陷状态构成的集合, $\psi$ 为所有可能抽象上下文构成的集合,则所有可能的带条件缺陷状态集合及其聚合运算,就是 $U$ 和 $\psi$ 形成的映射半格,记为 $\xi$ 。

### 5.3.4　检测算法

路径敏感的缺陷检测算法只需对算法 5.7 稍作修改即可[15-18]。

(1) 在缺陷状态机实例的可能状态上增加以抽象上下文表示的状态条件,状态条件记录了以状态为单位已合并的路径信息。

(2) 在控制流汇合节点上的聚合操作定义为不同分支的相同状态求并,其状态条件也取并。

(3) 在计算 $\mathrm{OUT}[n] := \mathrm{gen}_n \bigcup (\mathrm{IN}[n] - \mathrm{kill}_n)$ 后,需在每个状态的状态条件基础上,依据 $n$ 调用抽象计算,更新每个状态的状态条件。如果某个状态的状态条件中有变量抽象取值为 $\bot$ ,那么该状态出现在一条不可达路径上,应予以删除。

**算法 5.8**　路径敏感的缺陷检测算法

输入:一个流图,其中每个节点 $n$ 的 $\mathrm{kill}_n$ 和 $\mathrm{gen}_n$ 都已经求出

输出:流图中各节点 $n$ 的入口和出口处状态机实例的带条件可能状态集合,即 $\mathrm{IN}[n]$ 和 $\mathrm{OUT}[n]$

方法:使用迭代的方法来求解。边界条件为 $\mathrm{OUT}[\mathrm{entry}] = \{\, \$\mathrm{start}:\bot \,\}$ ,初始条件为除 entry 外所有 $\mathrm{OUT}[n] = \varnothing$

```
1   OUT[entry]={ $start:⊥};
2   for(除 entry 之外的每个基本块 B)OUT[B]=∅;
3   change=true;
4   while(change){
5       change=false;
6       for(除 entry 之外的每个基本块 B){
7           IN[B]= ⋃      OUT[B′];
                  B′∈pred(B)
8           old=OUT[B];
9           OUT[B]=genB⋃(IN[B]−killB);
10          更新 OUT[B]中元素的状态条件,并删除矛盾状态;
11          if $error∈out[n]   then 报告一个缺陷;
12          if(old!=OUT[B])then change=true;
13      }
14  }
```

对前述例子应用算法 5.8,最终结果如图 5-11 所示。

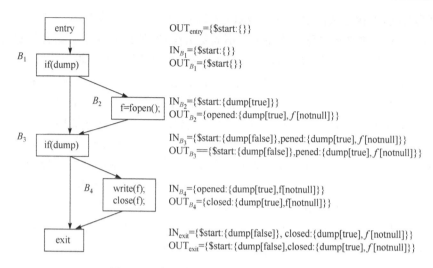

图 5-11 应用路径敏感算法消除误报的例子

算法 5.8 的复杂度可以进行如下估计:

假设控制流图中节点个数为 $N$,边数为 $E$,状态机状态数为 $D$(实际中通常不超过 10),程序中的相关变量个数为 $V$,用于表示变量取值的抽象域上基本操作的最大复杂度为 $Q$,则内层 for 循环的最大复杂度为 $O((N+E)DVQ)$。外层 while 循环的终止条件为所有节点的 $\mathrm{OUT}[n]$ 集合不再发生变化,而 while 循环的每次迭代只能使 $\mathrm{IN}[n]$ 和 $\mathrm{OUT}[n]$ 集合变大或者其状态条件发生变化。假设用于表示状态条件的抽象域的最大上升次数为 $H$,则 while 循环的迭代次数上限为 $NDVH$。因此,算法 5.8 在最坏情况下的复杂度为 $O((N+E)ND^2VQH)$。在实际中按照深度优先的次序进行计算,还可进一步减少计算次数。

下面对路径敏感缺陷检测算法中的关键点进行总结。

(1) 引入抽象上下文的概念,使用抽象上下文来表示路径信息。抽象上下文中的变量抽象取值是对实际取值信息的保守近似。

(2) 引入状态条件的概念,状态条件记录了到达当前状态经过的程序历史路径信息,可用于后续不可达路径判断。状态条件中的某个变量抽象取值为 $\perp$,说明该状态出现在一条不可达路径上。

(3) 在控制流汇合节点上将相同状态的状态条件合并,以免出现路径数爆炸问题。事实上,控制流汇合节点上来自不同分支的相同状态及其状态条件的不同处理方式对应不同的计算复杂度:如果合并相同状态且所有状态条件都取空,那么该方法就退化为算法 5.7;如果不允许来自不同分支的相同状态合并,那么该方法就成为变相的完整路径分析(存在路径爆炸问题);如果合并来自不同分支的相同状态,其状态条件取并,那么可以实现计算精度和计算复杂性的折中。

　　(4) 在引入状态条件后,缺陷检测的传递函数不再满足分配律。以区间抽象为例,因为区间抽象域本身的传递函数不满足分配律,所以它与变量集合的映射格 $\psi$ 不满足分配律,$\psi$ 与缺陷状态集合 $U$ 的映射格 $\xi$ 也不满足分配律。

　　(5) 精确地判断不可达路径是一个不可判定问题,算法中的不可达路径判断是一个保守的近似,也就是说算法 5.8 认定一条路径不可达则该路径在实际中必然不可达,但可能存在实际中某条不可达路径被算法认为可达的情形。丢失精度的原因包括:变量取值抽象表示和抽象计算是实际取值和计算的保守近似,造成不可达路径判断不准确;传递函数不满足分配律,将带条件的缺陷状态在控制流汇合节点提前合并而造成不精确。上述原因本质上还是源于数据流分析理论中的 MFP≤MOP≤IDEAL。图 5-12 给出了算法 5.8 依然会误报的一个例子,其原因为在 L1 位置过早地将数据流信息进行合并。要消除该误报,需要提供更加精化的合并策略,包括选择哪些控制流汇合节点和状态进行合并,以更好地求得复杂度和精度的平衡。

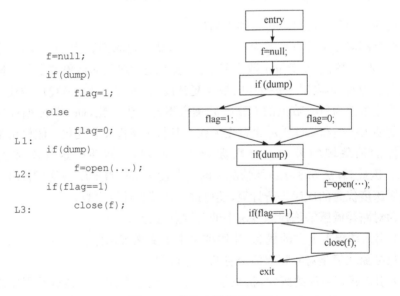

图 5-12　依然会误报的例子

## 参 考 文 献

[1] Aho A, Lam M, Sethi R, et al. Compilers Principles, Techniques, and Tools[M]. New York: Addison-Wesley, 2006.

[2] Cousot P, Cousot R. Systematic design of program analysis frameworks[C]. Conference Record of the 6th Annual ACM SIGPLAN-SIGACT Symposium on Principles of Programming Languages, San Antonio, 1979:269-282.

［3］Cousot P. Semantic foundations of program analysis［M］//Muchnick S S,Jones N D. Program Flow Analysis:Theory and Applications. Englewood Cliffs:Prentice-Hall,1981.

［4］Das M,Lerner S,Seigle M. ESP:Path-Sensitive program verification in polynomial time［C］. Proceedings of the Conference on Programming Languages,Design and Implementation,Berlin,2002:57-68.

［5］Deutsch A. Static verification of dynamic properties［J］. Revista De Microbiologia,2003,29(4): 295-300.

［6］Engler D,Chelf B,Chou A,et al. Checking system rules using system-specific,programmer-written compiler extensions［C］. Proceedings of the 4th Symposium on Operating Systems Design and Implementation,San Diego,2000:1-16.

［7］Foster J,Terauchi T,Aiken A. Flow-sensitive type qualifiers［C］. Proceedings of the 2002 ACM SIGPLAN Conference on Programming Language Design and Implementation,Berlin, 2002:1-12.

［8］杨朝红,宫云战,肖庆,等. 基于软件缺陷模式的测试系统［J］. 北京邮电大学学报,2008, 31(5):1-4.

［9］杨朝红,宫云战,肖庆,等. 基于缺陷模式的软件测试中的区间运算应用［J］. 计算机辅助设计与图形学学报,2008,20(12):1630-1635.

［10］王雅文,宫云战,肖庆,等. 扩展区间运算的变量值范围分析技术［J］. 北京邮电大学学报, 2009,32(3):36-41.

［11］Bodik R,Anik S. Path-sensitive value-flow analysis［C］. Conference Record of the 25th ACM Symposium on Principles of Programming Languages,San Diego,1998,237-251.

［12］Ammons G,Larus J R. Improving data-flow analysis with path profiles［J］. ACM Sigplan Notices,2004,39(4):568-582.

［13］Thakur A,Govindarajan R. Comprehensive path-sensitive data-flow analysis［C］. Proceedings of the 6th Annual IEEE/ACM International Symposium on Code Generation and Optimization,New York,2008:55-63.

［14］Bodik R,Gupta R,Soffa M L. Refining data flow information using infeasible paths［J］. Lecture Notes in Computer Science,1997,22(6):361-377.

［15］肖庆,宫云战,杨朝红,等. 一种路径敏感的静态缺陷检测方法［J］. 软件学报,2010,21(2), 209-217.

［16］肖庆,杨朝红,宫云战. 提高静态缺陷检测精度方法［J］. 计算机辅助设计与图形学学报, 2010,22(11):2037-2044.

［17］王雅文,宫云战,肖庆,等. 基于抽象解释的值范围分析及其应用研究［J］. 电子学报,2011, 39(2):296-303.

［18］赵云山,宫云战,刘莉,等. 提高路径敏感缺陷检测方法的效率及精度研究［J］. 计算机学报, 2011,34(6):1100-1113.

# 第 6 章   抽象内存建模

由于代码静态分析不需要实际执行被测程序,无法得知变量和表达式的具体取值情况,从而给一些与变量取值相关的缺陷检测带来一定的困难。利用符号执行和区间运算等传统分析技术,虽然可以比较准确地模拟数值变量的取值范围,但对于指针、字符串和数组等复杂数据类型,因具有其结构动态变化、约束关系复杂等特点,如何静态表示和模拟仍是代码分析领域的一大难点问题[1-5]。

本章首先介绍几种常见的程序分析模型;接着扩展传统的数值型符号执行方法,提出一种支持多种结构类型的抽象内存表示模型;然后定义各种复杂类型操作符的抽象语义模拟算法,其中针对字符串类型变量给出一种基于原子谓词的约束表示和提取方法;最后介绍基于抽象内存建模的测试用例生成方法。

## 6.1   传统的程序分析模型

静态分析是在不运行程序的条件下,通过分析程序的源代码或者可执行代码来获得程序运行时信息的技术。由于不能真正执行程序,要获得程序在运行时的状态信息,必须对程序在运行时的状态建立一个模型,通过模拟程序的语义对该模型进行操作,从而获得运行时状态的一种近似表示。

传统的数据流分析主要是从程序中提取布尔信息,例如,变量是否被某个函数修改了,一个表达式的值在某个程序点是否可用,表达式之间是否具有别名关系等。获取这样的布尔信息只需对程序建立一个比较粗略的模型即可。例如,可以先建立一个表示布尔信息的位向量的格,然后把程序的操作语义进行简化,变成对格的操作。

由于传统的数据流分析所服务的目标是编译优化,这样的布尔信息也就够用了。但是如果要对程序进行自动的错误检查和测试数据的生成,则必须对程序的运行时状态建立新的模型,获取更丰富的信息,这样才能进行错误检查或服务于其他目的。

### 6.1.1   二元模型

最基本的程序状态表示方法是建立一个从变量名到变量对应值的映射。这个模型也是最初人们提出符号执行时所使用的模型[6]。每个变量都对应一个整数值或符号值。程序运行的状态表示为程序中所有变量的值。输入变量包括函数参数和全局变量。输入变量的值在函数开始时为符号值。例如下面的代码：

```
void f(int x) {
  int y;
  y=x+3;
}
```

这个模型的局限性在于它无法处理 C 语言中的指针、数组和结构等成分。例如下面的代码：

```
void f(void) {
  int a;
  int * p =&a;
  * p =3;
}
```

在程序的语义中，$p$ 是一个指针变量，它的值是 $a$ 的地址。但是在二元模型里并没有地址这个概念，从而无法表示 $p$ 的值。

## 6.1.2 数组模型

### 1. 大数组模型

文献[7]提出一种用数组来模拟内存的符号执行方法。在这个模型中，计算机内存用一个大数组来表示。程序中所有的变量都分配在这个大数组上，对变量的操作也就变成对数组单元的操作，变量的地址就可以用它所在的数组单元的下标来表示。为了实现这样的模型，需要在符号表中记录每个变量在大数组中的下标。例如下面的代码：

```
void f(void) {
  int a[10];
  int * p =a;
  * p =3;
}
```

这个模型用数组来模拟内存，是符合物理内存模型的。但是它也有一些缺陷，在这个模型上进行符号执行会受到很大的限制。其本质上是把内存地址抽象成一个具体的整数，对于程序分析来说，这是个好的抽象，因为程序一般不关心地址的真实值是多少，进行的操作大多是相对的位移操作和比较，如 $p++$、$p !=$NULL，这样的操作用整数来模拟是完美的。但是这种建模方法要求对每一个内存对象都知道它的具体长度，否则便不能在大数组上为其分配空间。如果程序中有语句

int $*p = \text{malloc}(n)$，其中 $n$ 是一个变量，其值是符号值。如果使用这个程序状态模型，便无法模拟这个语句的操作。

2. 独立数组模型

对大数据模型进行一些改进，不用一个大数组来模拟整个内存，而对每个内存对象单独分配一个数组。此时，对指针变量不能仅用一个整数来表示它所指向的地址，而需要一个〈变量，位移〉对来表示它的值。因为不仅要知道一个指针变量的相对地址，还要知道它指向的变量，这样又带来了新的问题：如何表示匿名的内存对象。例如下面的代码：

```
struct A {
  int d1;
  int d2;
};
struct B {
  struct A * f;
  int d;
};
void foo(struct B * p) {
  struct A * q;
  q=p->f;
  p->f = (struct A *) malloc(sizeof(struct A));
}
```

在这里又是如何表示 $q$ 和 $p->f$ 的值呢？$B::f$ 这个域在本模型中并没有独立的实体，而仅仅作为一个数组单元存在于运算中，即无法表示它指向的对象，因为它指向的对象是 malloc() 分配的堆对象，没有独立变量名；也无法表示它本身的值，因为它本身是个指针，它所对应的数组单元无法承载一个〈变量，位移〉对。

# 6.2　抽象内存模型

与简单数值型变量不同，复杂数据类型（如指针、结构体和数组等）及其嵌套类型包含了更多复杂的结构信息和约束信息。指针有别名、内存分配/释放、空指针和偏移量等问题，数组有长度和下标不确定等问题，结构体与指针、数组之间的各种嵌套结构则是这些问题的组合。因此，不能将每个单独的存储单元看成独立的不同变量。本节将用一种统一的抽象内存模型来表示变量之间的各种关联关系[8-16]。

### 6.2.1　模型定义

　　抽象内存模型是存储变量语义和约束信息的静态存储介质,记录路径分析中到某条语句为止各变量的所有语义和约束,每一个变量或变量的成员域对应于抽象内存模型中的一条记录。当路径分析到某个程序点时根据抽象内存中变量的语义和约束,提取当前待分析语句中变量的语义和约束,根据 6.3 节将介绍的约束提取算法即可确定该程序点的后置状态。C 语言的不同数据类型有不同的语言特性,抽象内存模型将不同的数据类型分区存储,数值类型、结构体类型、指针类型和数组类型分别对应抽象内存数值区 Mn、抽象内存结构体区 Ms、抽象内存指针区 Mp 和抽象内存数组区 Ma。

　　不同的数据类型有不同的语言特性,例如,数值类型可以进行加减乘除取余、与或非、比较等一系列的运算;指针类型可以前后指向不同的内存地址,也可以多个指针执行同一个内存地址,也可以进行加减运算,在内存中进行地址位移,还可用于大于、小于等比较运算符,进行内存地址前后的比较;数组变量的长度可能未知,数组的下标变量必须小于数组的长度等,因此每个抽象内存区中存储的属性也是截然不同的。但是,有一些基本属性是所有类型的抽象内存区共享的,抽象内存模型的公共属性如图 6-1 所示。

| vaddr | scope | name | type |
|-------|-------|------|------|
| $Mp_i$ |       |      |      |

图 6-1　抽象内存模型的公共属性

　　vaddr 表示抽象内存单元的地址,唯一确定一个抽象内存单元。为了描述方便,不同类型的抽象内存区地址描述符有不一样的前缀,数值类型为 Mn,结构体类型为 Ms,指针类型为 Mp,数组类型为 Ma,例如数组抽象内存区的第三个抽象内存单元的地址描述符为 $Ma_3$,数值抽象内存区的第三个抽象内存单元的描述符为 $Mn_3$。

　　scope 表示变量的声明域,可能有 input、input_annony、local、local_annony 四种取值,input 表示变量是输入域变量或全局变量,即需要生成测试用例的变量;input_annony 表示变量为输入域变量或全局变量的成员变量;local 表示变量是局部变量,即变量在函数内部声明,不需要生成测试用例;local_annony 表示变量是局部变量的成员域。scope 属性用于在测试用例生成时,判断该抽象内存单元对应的变量或者变量成员域是否为测试用例的一部分。input 和 input_annony 代表输入域变量对应的抽象内存单元,属于测试用例的一部分;local 和 local_annony 代表局部变量对应的抽象内存单元,不属于测试用例的一部分。

　　name 表示变量的名字,即程序中变量声明时的变量名,或者非数值类型变量的某个成员域。

　　type 表示变量的类型,即程序中变量声明时的变量类型,或者非数值类型变量的某个成员域,如指针变量 int *p;中 *p 的变量类型为 int。

　　1. 数值类型抽象内存区

　　在 C 语言中,数值类型是指整型、长整型、字符型、浮点型和布尔型等基本类型,在内存中只需分配固定的几个字节的内存,存储该变量的值即可,它的特点是简单,同时可以参与所有的算术运算、逻辑运算和比较运算。根据符号执行的理论,可以在抽象内存中用一个符号或者符号表达式来表示变量的取值。例如,char c;用符号 s_0 表示变量 c 的取值,使用 s_0 代表变量 c 参加各种运算,如果运算涉及表达式比较(如 c<5),则认为对于变量 c 存在一个小于约束,存储 s_0<5 的约束到抽象内存单元中。因此,数值类型抽象内存区的完整模型如图 6-2 所示。

| vaddr | scope | name | type | expr | constraint |
|---|---|---|---|---|---|
| $Mn_i$ | | | | | |

图 6-2　数值类型抽象内存表 Mn

　　expr 表示数值变量的取值,它可能是一个符号也可能是一个符号表达式。constraint 用来存储在条件判定表达式处提取的约束,它是一个集合,属于整个数值型抽象内存区。当路径分析结束后,可以使用约束求解工具如 Choco 等进行约束求解,如果约束集中不存在矛盾,则会生成一组满足所有约束的值。如果待测程序中只存在数值类型变量,则仅使用该抽象内存区即可完成整个路径分析,再借助于约束求解生成合适的测试用例。

　　然而统计数据表明,在实际的程序设计中,纯数值型的程序所占比例不到5%,因此还需要继续分析非数值型变量的变量特性,设计非数值型变量的抽象内存区。

　　2. 指针类型抽象内存区

　　指针的特点是它的值是一个内存地址,对应于程序中就是另一个变量的内存地址,同时另一个变量可能依旧是一个指针变量,又存储着第三个变量的内存地址,这样就形成了级联指针,同时指针可能会悬空,不指向任何内存地址;而在路径分析中当存在类似 p==null&&p!=null 的约束时,指针变量不存在一个合适的取值,即条件是不可能满足的;当一个指针变量被声明或者作为输入域变量被传入时,还没有任何约束添加在该指针之上,可能认为该指针的取值是不确定的。基于上述分析,在不同的场景中,指针有多种取值状态,因此在抽象内存中设计了一个属性 pt 表示指针的取值,pt 的值是另一个抽象内存单元的抽象内存地址;设计了一个属性 state 表示指针变量的状态,它有四种取值:空、非空、矛盾、不确定。

指针变量的另一个特点是可以在程序中先后指向不同的变量地址,也可以多个指针变量指向同一个内存地址,即指针的别名问题。当指针变量指向新的内存地址时,为了保证指针变量最初的指向不丢失(对于全局变量和输入域指针变量,该变量对应的测试用例是使用初始指向的语义和约束生成的),在抽象内存中添加 initPT 和 initState 两个属性,分别表示指针变量最初的值和状态。

指针变量还可以进行加减运算,进行地址的偏移,也可以通过比较运算符比较两个指针地址的先后关系,这些运算包含的语义信息是该指针变量不再是指向单个的内存地址,而是一片内存地址,采用上述的使用 pt 表示指向域的方式无法处理这种情况,但通过分析发现其等价于这种情况:指针指向数组变量中的某个成员,可以为数组抽象内存区分配一个抽象内存单元模拟连续的内存空间,作普通的指针指向。关于数组类型抽象内存区的设计将在下文介绍。

综上所述,指针类型抽象内存区的设计如图 6-3 所示。

| vaddr | scope | name | type | initPT | initState | pt | state |
|---|---|---|---|---|---|---|---|
| $Mp_i$ | | | | | | | |

图 6-3　指针类型抽象内存区 Mp

属性 initPT 用于记录指针第一次被重定义前的指向域,pt 用于记录指针当前的指向域。指针在被重定义之后($p=q$),指向新的内存地址,之后对该指针的使用都是对新内存的操作。在程序分析中,指针第一次被定义之前,所有用到该指针的程序点处所生成的约束是输入域变量相关的。

initState 和 state 分别代表指针域 initPT 和 pt 的取值状态,有四种可取的状态值:矛盾、空、非空、不确定。

3. 结构体类型抽象内存区

结构体变量是一些离散变量的集合,因此结构体变量的值是一个成员变量名到成员变量抽象内存地址映射的集合。结构体类型抽象内存区的设计如图 6-4 所示。

| vaddr | scope | name | type | $mem_1$ | ... | $mem_n$ |
|---|---|---|---|---|---|---|
| $Ms_i$ | | | | | | |

图 6-4　结构体类型抽象内存区 Ms

4. 数组类型抽象内存区

数组表示一段连续的内存地址,通过下标进行地址偏移随机读取连续内存地址中的某个值,它有一个隐含的长度属性。在路径分析中,作为输入域变量或全局变量的数组变量,它的长度属性可能是未知,因此在抽象内存域中显式地设计了一个长度属性,它是符号或者符号表达式(类似于数值类型,但只有取值部分),这样就可以在长度未知时还能记录数组长度与下标或其他变量之间的约束。另外,数组是通过下标进行随机访问的数据结构,因此它的成员是一个下标到成员抽象内存地址的映射的集合。基于上述分析,数组类型抽象内存区的设计如图 6-5 所示。

| vaddr | scope | Name | type | len | $sub_0$ | ... | $sub_n$ |
|-------|-------|------|------|-----|---------|-----|---------|
|       |       |      |      |     | $mem_0$ | ... | $mem_n$ |

图 6-5　数组类型抽象内存区 Ma

len 表示数组的长度,它可能是确定的,也可能是不确定的,它的值是一个符号或者符号表达式,可以与下标或其他变量建立约束。

$sub_n$ : $mem_n$ 表示下标到成员变量抽象内存地址的映射,所有下标到成员变量映射的集合构成数组变量的值。

### 6.2.2　模型的基本操作

抽象内存存储模型是存储变量语义和约束的静态存储介质,当分析程序语义和约束时需要操作抽象内存将它们存储在对应的抽象内存区中。抽象内存建模技术提供了七种基本操作用于支持抽象内存单元的增删改查。

下面是各基本操作的介绍。

create 操作:根据变量的数据类型在相应的抽象内存区中新建一个抽象内存单元。在函数入口处,即路径的首节点,需要为所有的输入域参数在抽象内存中新建一块抽象内存单元,并作相应的初始化操作。在路径的其他节点处,如果第一次访问到一个全局变量、局部变量的声明或者非数值型变量的成员域,也需要新建抽象内存单元。

get 操作:接受一个变量或者抽象内存地址作为参数,用来获取变量或非数值型变量的成员域对应的抽象内存单元。

setPTState 操作:只用于指针抽象内存单元,它的作用是设定指针变量的状态。它接受的参数是指针状态的值,状态值有四种取值,NULL 表明该指针只能取空值;NOT_NULL 表示该指针变量的取值为非空值;NOT_SURE 表示该指针变量的状态还未确定,当指针作为输入域参数的初始化状态时就是 NOT_SURE;CONTRADICT 表示指针的状态需要既为空又不为空,出现矛盾,表示在该路径分析中出现不可能满足的约束,无法生成合适的测试用例。

setPT 操作:只用于指针抽象内存单元。当指针的状态被设定为 NOT_SURE 或者 NOT_NULL 时,需要为指针的指向域 pt 新建抽象内存单元,并将新建的抽象内存单元作为指针的 pt 存入指针抽象内存单元中,它接受的参数为刚刚新建的抽象内存单元。

getMember 操作:用于结构体和数组抽象内存单元,其作用是获取操作的成员对应的抽象内存单元。对于结构体变量,它接受结构体变量和成员名作为参数,返回该成员对应的抽象内存单元;对于数组变量,它接受数组变量和下标值作为参数,返回该下标对应的数组成员的抽象内存单元。

setMember 操作:用于结构体类型和数组类型抽象内存单元,其作用是设置变量的成员值。对于结构体变量,它接受成员名和成员对应的抽象内存地址作为参数;对于数组变量,它接受下标值和下标对应数组成员的抽象内存地址作为参数。

inArray 操作:用于判定一个变量所属的抽象内存单元是否在一个数组抽象内存单元中,以及一个指针是否指向一段连续的内存地址。

## 6.3　语义模拟算法

抽象内存模型解决了变量之间的结构关系和约束关系的静态表示问题;在此基础上,通过为各类型操作符定义相应的语义模拟和约束提取算法,将实际操作语义映射为对抽象内存的操作,便于静态分析不同程序点的上下文状态变化。以 C 语言为例,非数值类型的操作符种类如图 6-6 所示。

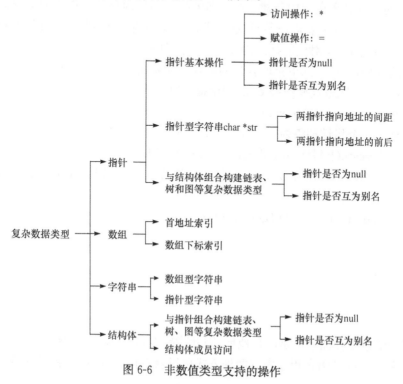

图 6-6　非数值类型支持的操作

　　当提取某条语句中变量的语义和约束信息时,可能会因为它之前状态的不同
而需要不同的处理方式,例如指针判等操作 $p==q$,如果指针 $p$ 和 $q$ 的状态均为
空,那么 $p!=q$ 的约束自然成立;如果 $p$ 的状态为非空,$q$ 的状态为不确定,那么需
要将 $q$ 的状态设置为非空,并将 $q$ 指向 $p$ 所指向的抽象内存单元。因此,约束提取
算法需要根据路径分析中运行到某个程序点前所有变量的语义和约束信息(存储
在抽象内存中),以及分析程序点处的程序语义,确定对抽象内存的操作,以将该程
序点处的语义合并入抽象内存中,更新抽象内存中变量的语义和约束的算法。分
析路径上第 $N$ 条语句后抽象内存的状态,等于分析第 $N-1$ 条语句后的状态与对
第 $N$ 条语句提取的语义和约束的合并。

　　本章接下来会按数据类型分类详细分析各种操作的约束提取算法,并用形式
化的语言进行描述。

### 6.3.1　通用操作符

　　通用操作符可以操作于任意 C 语言数据类型,如取地址操作符 $\&$。

　　取地址操作符 $\&$ 的语义是获取变量的地址,返回变量在内存中的地址。它一
般以右值形式出现,把它赋值给指针,语义上类似于一个隐形的指针。那么如何把
这种操作映射到抽象内存模型中呢? 根据上述描述可以把 $\&\text{var}$ 当做隐形的指
针,这样可以在抽象内存中新建一个匿名的指针抽象内存单元作为取地址操作 $\&$
的返回值。具体的约束提取算法为在指针抽象内存区新建一个抽象内存单元
Pm,建立 Pm 到变量对应的抽象内存单元的指向关系。

　　取地址操作符 $\&$ 约束提取算法的形式化描述如算法 6.1 所示。

**算法 6.1**　取地址操作符 $\&$ 的约束提取算法

addressOper(variable var) {
//新建一个指针抽象内存单元,并将状态设置为非空
1　　　create(PTR).setPTState (NOT_NULL);
　　　　//设定 PTR 值为 var 的抽象内存单元,$\&\text{var}$ 返回 PTR 所在的抽象内存
　　　　单元
2　　　get(PTR).setPT(get (var));
}

### 6.3.2　指针

#### 1. 赋值运算

　　指针变量中存储的值是内存地址,因此指针变量间的赋值操作也就是内存地
址的重指向。在 C 语言程序中有两种方式可以获取内存地址,一种是对变量 $a$ 作

取地址运算 $\&a$,赋值方式为 $p=\&a$;第二种方式是指针变量 $q$ 中存储着某一内存地址,赋值方式为 $p=q$。这两种方式都是左值指针 $p$ 的指向发生改变,如果 $p$ 变量是输入域变量或者全局变量,而此时 $p$ 变量是第一次被赋值,那么指针变量 $p$ 被赋值前的语义和约束将会用来生成测试用例。因此进行约束提取时,应该先保存指针 $p$ 的 pt 和 state 到 initPT 和 initState 中,然后将 $p$ 指向右指针中存储的地址,在该操作后左右指针之间就建立了别名关系,之后对任意指针值的操作也会同步到另一个指针值上。

下面分别分析左右值均是指针及右值是取地址操作的情况。

1) $p=q$

指针间的赋值操作的语义是左指针 $p$ 放弃之前的指向,将指针 $q$ 存储的内存地址赋值给指针 $p$,之后 $p$ 和 $q$ 将会指向相同的内存空间,建立别名关系。具体的约束提取过程是首先清除 $p$ 之前的非数值型约束,如果 $p$ 是第一次被赋值,则将 $p$ 的指向和状态存储到 initPT 和 initState 中,再将 $q$ 的非数值型约束信息赋值给 $p$。

指针赋值操作 $p=q$ 约束提取算法的形式化描述如算法 6.2 所示。

**算法 6.2**　指针赋值操作 $p=q$ 的约束提取算法

```
assignmentOper(pointer p,q) {
1    if (first time assign) {
2        get(p). setPTInitState(get(p). getPTState());
3        get(p). setPTState(get(p). getPT());
         //将右指针 q 的指向信息赋值给左指针 p
4        get(p). setPTState(NOT_SURE);
5        get(p). setPT(get(q). getPT());
     }
}
```

此赋值操作的目的是将变量 $a$ 的内存地址赋值给指针 $p$,之后 $p$ 和 $\&a$ 将会指向变量 $a$ 所在的内存空间,再对指针 $p$ 的值的操作就是对变量 $a$ 的操作。

具体的约束提取过程是用匿名指针存储 $a$ 的地址,执行上面 $p=q$ 的约束提取过程,这是 $\&a$ 约束提取算法和 $p=q$ 约束提取算法的组合。关于 $\&a$ 的约束提取算法的介绍详见 4.1.1 节。

2. 解引用运算

指针的解引用运算符 $*$ 是单目运算符,用来获取指针指向内存地址中的存储值。在 $*$ 运算符之后的变量一定是指针变量,如果指针变量的值为空,那么执行取值运算 $*$ 时就会出现内存访问异常,因此 $*p$ 操作对指针变量 $p$ 添加的一个约束是 $p$ 的状态为非空,且 $p$ 的值有实际的内存地址。

具体的约束提取过程是设置 $p$ 的状态为 NOT_NULL,并判断 $p$ 的值是否已分配抽象内存单元,如果没有,则为 $p$ 的值分配抽象内存单元。

约束提取算法的形式化描述如算法 6.3 所示。

**算法 6.3** 指取解引用操作符 $*$ 的约束提取算法

```
dereferenceOper(pointer p) {
//如果指针 p 的值还未分配抽象内存单元,则为 *p 新建抽象内存单元
1    if (get(p)==NULL) {
2        get(p).setPT(create(*p));
         //设置指针 p 的状态为非空
3        get(p).setPTState(NOT_NULL);
     }
}
```

**3. 与整数的加减运算**

指针变量指向内存中的某一个内存地址,除了可以通过 $*$ 取值操作读取指向内存中的值,还可以通过加减操作进行地址偏移,读取指向内存前后地址单元内的内容。指针变量可以加上或减去一个整数 $n$,包含的语义是把指针指向的当前位置(指向某数组元素)向前或向后移动 $n$ 个单元。对于指针 $p$、$p+n$、$p-n$、$p++$、$++p$、$p--$、$--pa$ 运算都是合法的。

以 $p+n$ 为例分析,程序中出现指针 $p+n$,表明对指针的地址进行了偏移,如果指针 $p$ 为空,则此处会报内存访问错误,因此第一个约束指针 $p$ 不能为空。如果之前没有对指针 $p$ 的操作,或者指针 $p$ 只是进行了取值 $*$ 操作,那么记录的约束里认为指针 $p$ 只是指向了某个内存单元,将只在指针类型抽象内存区分配抽象内存单元。当提取 $p+n$ 的约束时,指针 $p$ 从指向一个内存单元变成指向一片连续的抽象内存单元,处理的方式是在数据抽象内存区新建一单元模拟指针指向的连续内存空间,同时将指针指向数组抽象内存单元中的某下标,这样就可以通过下标的加减操作模拟指针的地址偏移。如果之前的程序代码中指针 $p$ 已经进行过地址偏移,则在抽象内存单元中已经分配一个数组类型抽象内存单元模拟指针 $p$ 指向的连续内存空间,只需把 $p$ 对应的数组索引加上 $n$ 作为新的数组索引,把 $*p$ 的值添加到数组中对应的成员值的位置即可。

具体的约束提取过程:以 $p+n$ 为例(其他运算处理方式相似),首先确定 $p$ 不能为空,然后判断 $*p$ 是否位于一段连续的抽象内存 arr 中(用数组抽象内存单元模拟连续的抽象内存单元)。如果 $*p$ 已经在抽象内存单元中,那么返回 $*p$ 在抽象内存单元 arr 中的索引 $s$;如果 $*p$ 没有位于一段连续的抽象内存中,首先创建一段连续的抽象内存单元 arr,然后将 $*p$ 存储于如 arr 等的索引 $s$ 处。

指针取值操作符 $*$ 约束提取算法的形式化描述如算法 6.4 所示。

**算法 6.4**　指针取值操作符 ∗ 的约束提取算法

addIntOper(pointer $p$, int $n$) {

1　　**if** (get($p$). getPTState==NOT_SURE) {
2　　　　get($p$). setPTState(NOT_NULL);
3　　　　get($p$). setPT(create( ∗$p$));
　　　}
4　　**if** (get($p$). getPTState==NULL) {
5　　　　contradiction;
6　　　　**exit**;
　　　}
7　　**if** (get( ∗$p$). inArray() == NULL)
8　　　　create(arr). addMember(index. get( ∗$p$));
9　　get(arr). addMember(get(arr). getMemberIndex( ∗$p$)＋n,
　　　　create(create ∗($p$＋$n$)));
}

**4. 两指针变量间相减操作**

C 语言中的两个指针变量可以进行相减操作,操作的语义是求取两个指针指向内存地址之间相差的元素个数。如果左右指针中有指针的状态为空,则会出现内存引用错误,因此第一个确定的约束是左右指针的状态均为非空。只有指向内存地址有关系的两个指针才能进行相减操作,这要求左右指针指向相同的连续内存空间,对应到抽象内存中就是一个数组抽象内存单元,如果这个数组抽象内存单元还不存在,则需要执行新建操作。

具体的约束提取算法:以 $p-q$ 为例,确定非空约束,$p$ 和 $q$ 均不为空。判断 $p$ 和 $q$ 是否处于连续的内存单元中,如果 $p$ 和 $q$ 均不在连续内存中,分配新的连续内存单元,并将 ∗$p$ 和 ∗$q$ 加入连续内存中;如果 $p$ 和 $q$ 有且仅有一个在连续抽象内存中,将另一个变量也加入抽象内存中;如果 $p$ 和 $q$ 均在连续的抽象内存中,则合并这两个连续的抽象内存。

两指针变量间相减操作—约束提取算法的形式化描述如算法 6.5 所示。

**算法 6.5**　两指针变量间相减操作—的约束提取算法

subPointerOper(pointer $p$,$q$) {

//确定非空约束,$p$ 和 $q$ 均不为空
1　　**if**(get($p$). getPTState==NOT_SURE);
2　　get($p$). setPTState(NOT_NULL);
3　　get($p$). setPT(create( ∗$p$));

```
4      if (get(q). getPTState==NOT_SURE) {
5          get(q). setPTState(NOT_NULL);
6          get(q). setPT(create( *q));
       }
       //判断 p 和 q 是否处于连续的内存单元中
7      if (get( *p). inArray == NULL && get( *q). inArray == NULL)
8          create(arr);
9      if (get( *p). inArray == NULL && get( *q). inArray ! =NULL)
10         getArray( *q). addMember(s_p, get( *p));
11     if (get( *p). inArray ! =NULL && get( *q). inArray==NULL)
12         getArray( *p). addMember(s_q, get( *q));
13     if (get( *p). inArray ! =NULL && get( *q). inArray ! =NULL)
14         merge(getArray( *p), getArray( *q));
       //p 在连续内存中的索引减去 q 在连续内存中的索引
15     getArray( *p). getMemberIndex( *p)−getArray( *q). getMemberIndex( *q);
       }
```

### 5. 两指针变量的关系运算

C 语言中的两个指针变量可以进行地址先后关系的比较,操作的语义是对关系操作符左右的指针中存储的内存地址,通常是对指向同一数组的两指针变量进行关系运算以求取它们指向的数组元素之间的关系,常见的关系运算有$>$、$>=$、$<$、$<=$、$==$、$!=$ 等。例如,$p1==p2$ 表示左右指针指向相同的内存地址,$p1!=p2$ 表示它们指向不同的内存地址。而其他的关系运算符的左右指针通常是对指向某一个数组(或字符串)的两个指针进行比较,左指针$>$右指针表示左指针指向高地址(即数组中下标大的成员),左指针$<$右指针表示左指针指向低地址(即数组中小标下的成员)。对于大于、大于等于、小于和小于等于操作,如果左右指针中有一个为空,则会报内存访问错误,因此左右指针首先需要满足的约束是左右指针不能为空,对于$==$和$!$操作则没有这个限制。

1) 判等关系运算符

关系运算符 $==$ 和 $!=$ 用于判定两个指针是否存储相同的内存地址。当 $p==q$ 成立时需要为左右指针建立别名约束;当 $p!=q$ 成立时是标记 $p$ 和 $q$ 不能建立别名约束。

根据左右指针的状态的不同,分五种情况讨论(以 $p==q$ 为例,抽象内存地址分别为 $Pm_0$、$Pm_1$)具体的约束提取算法。

(1) $p$ 和 $q$ 的状态均不确定:新建抽象内存单元 $Sm_0$,设置 $Pm_0$、$Pm_1$ 的指向域 pt 为 $Sm_0$。

（2）$p$ 和 $q$ 一个不为空，一个状态不确定：假设 $p$ 不为 null，获取 $p$ 指向域 pt 所在的抽象内存单元 $Sm_0$，设置 $q$ 的指向域 pt 为 $Sm_0$。

（3）$p$ 和 $q$ 均不为空：首先获取 $p$ 和 $q$ 的指向 $Sm_0$ 和 $Sm_1$，合并 $Sm_0$ 和 $Sm_1$；然后释放无用的抽象内存单元 $Sm_1$，将 $p$ 和 $q$ 的指向域 pt 均设置为 $Sm_0$。

（4）$p$ 和 $q$ 均为空：约束已经满足，不需要添加新的约束。

（5）$p$ 和 $q$ 一个不为空，一个为空：矛盾，判定该条路径为不可达路径。

判等关系运算符约束提取算法的形式化描述如算法 6.6 所示。

**算法 6.6**　判定两指针是否相等的操作＝＝、!＝＝的约束提取算法

relaOper1(pointer $p$,$q$) {

1　　**if** (get($p$). getPTState＝＝NOT_NULL && get($q$). getPTState＝＝NOT_NULL) {

2　　　　get($p$,$q$). PTStateSetPTState(NOT_NULL)；

3　　　　get($p$). setPT(create( $*p$))；

4　　　　get($q$). setPT(get( $*p$))；

　　　}

5　　**if** (get($p$). getPTState＝＝NOT_NULL && get($q$). getPTState＝＝NOT_NULL) {

6　　　　get($q$). setPT(get( $*p$))；

7　　　　get($q$). PTStateSetPTState(NOT_NULL)；

　　　}

8　　**if** (get($p$). getPTState＝＝NOT_NULL && get($q$). getPTState＝＝NOT_NULL) {

9　　　　tmp＝combine(get( $*q$),get( $*q$))；

10　　　get($p$). setPT(tmp)；

11　　　get($q$). setPT(tmp)；

　　　}

12　　**if** (get($p$). getPTState＝＝NOT_NULL && get($q$). getPTState＝＝NULL)

13　　　　**contradiction**；

}

2）其他关系运算符

关系运算符＞、＞＝、＜、＜＝用于判定左右指针中存储的内存地址的先后关系，通常是指向数组的两个指针进行比较。以 $p$＜$q$ 为例，首先确定左右指针都不为空，如果当前状态为不确定，则设定指针的状态为非空，并为指针的值分配抽象

内存单元;如果指针的状态为空,则与指针状态必须为非空矛盾,路径分析中存在不能满足的约束,路径分析结束。满足左右指针均不为空的约束后,判断左右指针是否在连续的内存空间中,如果没有,则新建数组类型的抽象内存单元模拟连续的内存空间。如果有一个指针在连续的抽象内存空间中,则将另外一个指针加入;如果两个指针在不同的连续抽象内存空间中,则合并这两个抽象内存空间。

其他关系运算符约束提取算法的形式化描述如算法 6.7 所示。

**算法 6.7**　指针间关系运算符$>$、$>=$、$<$、$<=$的约束提取算法

//以 $p>q$ 为例

//给左右指针添加非空约束,即 $p$ 和 $q$ 均不为空

```
relaOper2(pointer p,q) {
1    if (get(p). getPTState(NOT_NULL)) {
2        get(p). PTStateSetPTState(NOT_NULL);
3        get(p). setPT(Create( *p));
     }
4    if (get(q). getPTState(NOT_NULL)) {
5        get(q). PTStateSetPTState(NOT_NULL);
6        get(q). setPT(Create( *q));
     }
     //判断 p 和 q 是否处于连续的内存单元中
7    if (get( *p). arrayInArray() ! =NULL && get( *q). arrayInArray ==
         NULL)
8        create(arr);
9    if (get( *p). inArray==NULL && get( *q). inArray ! =NULL)
10       getArray( *q). addMember(s_p, get( *p));
11   if (get( *p). inArray ! =NULL && get( *q). inArray==NULL)
12       getArray( *p). addMember(s_q, get( *q));
13   if (get( *p). inArray ! =NULL && get( *q). inArray ! =NULL)
14       merge(getArray( *p), getArray( *q));
     //p 在连续内存中的索引减去 q 在连续内存中的索引
15   getArray( *p). getMemberIndex( *p)−getArray( *q). getMemberIn-
         dex( *q);
}
```

**6. 结构体指针的成员访问运算**

结构体指针的访问成员运算符$-$>用于获取指针指向结构体的成员变量,如

果指针为空,则运行到此处程序会报内存访问错误,因此该操作首先包含的语义是结构体指针的状态是非空,需要设定指针的状态为 NOT_NULL,指针指向的类型是结构体,接下来在结构体区新建一块抽象内存单元作为指针的值。操作符－>右侧的是结构体的一个成员变量,表示用到该成员变量,因此还需要在抽象内存中为该变量新建一个抽象内存单元作为结构体变量的一个成员。

以 $p$－>next 为例,结构体指针成员读操作符含有的语义和约束信息为:指针 $p$ 不为空,需要为结构体 $*p$ 分配抽象内存单元;next 作为结构体 $*p$ 的成员,需要分配抽象内存空间。

其约束提取算法的形式化描述如算法 6.8 所示。

**算法 6.8**　结构体指针的访问成员运算操作符－>的约束提取算法

```
//以 p->next 为例
//设定 p 非空,为 *p 分配抽象内存单元
structPointerOper(pointer p) {
1     if (get(p). getPTState==NOT_NULL) {
2         get(p). setSate(NOT_NULL);
3         get(p). setPT(create( *p));
4         get(p). getPTState==NOT_NULL;
      }
5     if (get(p). getPTState==NULL)
6         contradiction;
      //添加结构体成员 next
7     if (get( *p). getMember(next)==NULL)
8         get( *p). memberSetMember(create(next));
}
```

### 6.3.3　数组

#### 1. 数组成员随机访问操作符

C 语言中的数组变量一般采用下标操作符[]对成员进行随机访问,例如,$a[i]$ 表示读取数组变量的顺序值为 $i$ 的成员,其中包含的约束信息是作为数组下标的 $i$ 的值小于数组的长度,需要为数组成员 $a[i]$ 分配抽象内存单元。

其约束提取算法的形式化描述如算法 6.9 所示。

**算法 6.9**　数组成员访问操作符[]的约束提取算法

```
pseudocode arrayOper(pointer p, array a, int i) {
1     if (get(a). getMember(i)==NULL) {
2         get(a). memberSetMember(i,cCreate(a[i]));
```

```
3        get(a). updateLen(i);
    }
}
```

## 2. 首地址加整数运算

除了使用下标操作符[]进行成员访问,数组变量还可以通过首地址加上整数 $i$ 来读取从数组首地址开始顺序的第 $i$ 个元素的值的地址,其中包含的约束信息是作为数组下标的 $i$ 的值小于数组的长度,需要为数组成员 $a[i]$ 分配抽象内存单元。

其约束提取算法的形式化描述如算法 6.10 所示。

**算法 6.10**　数组首地址加整数运算 $a+i$ 的约束提取算法

```
headOper(pointer p, array a, int i) {
1    if (get(a). getMember(i)==NULL) {
2        get(a). memberSetMember(i,cCreate(a[i]));
3        get(a). updateLen(i);
    }
4    cCreate(PTR). PTStateSetPTState(NOT_NULL);
5    get(PTR). setPT(Get(a). getMember(i));
}
```

### 6.3.4　结构体

结构体的取成员操作符 $s.a$ 用来读取结构体变量 $s$ 的成员变量 $a$。

具体约束提取算法为:以 $s.a$ 为例,首先获取变量 $s$ 的结构体抽象内存单元,判断成员 $a$ 是否已经分配抽象内存空间,如果没有,则根据 $a$ 的类型在对应的抽象内存区分配新的抽象内存单元,建立结构体类型抽象内存单元和成员抽象内存单元的拥有关系。

其约束提取算法的形式化描述如算法 6.11 所示。

**算法 6.11**　结构体取成员操作符 . 的约束提取算法

```
structOper(variable a, struct s) {
1    if (get(s). getMember(a)==NULL)
2        get(s). memberSetMember(cCreate(a));
}
```

### 6.3.5　字符串

程序中关于字符串的操作大多通过库函数调用的形式实现,在此分析常见的十余种 C 语言库函数的语义特征,用以下三个原子操作函数来模拟,其对应的含义介绍如下。

strAtomic$_1$(str,$i$)　　　　　　　　//访问 str 中下标为 $i$ 的一个成员

strAtomic$_2$(str,down,up)　　　　　//访问 str 中下标由 down 至 up 的|up$-$
　　　　　　　　　　　　　　　　　down$+1$|个连续成员

strAtomic$_3$(str,$n$)　　　　　　　　//访问 str 中下标不确定的 $n$ 个离散成员

### 1. strlen

假设存在常数 $c$,strlen(char \*str)$R\ c$,其中 $R\in\{<,>,<=,>=,!=\}$。根据 strlen 函数的语义,使用 strAtomic$_1$(str,$i$)进行模拟。

(1) 提取约束:

str_len R c$\wedge$ str_len$>$ 0$\wedge$ str[str_len] == '\n'

(2) 求解得出 str_len 的值。

(3) 根据 str_len 更新抽象内存,由于求长函数没有针对具体成员的约束,此处只根据求解得到的长度获取字符串结构信息,成员取值可以根据路径中针对具体成员的约束来确定,没有任何约束的成员可以随机赋值或不赋值。

### 2. strchr

假设 char \*$p$=strchr(char \*str,char $c$)。根据 strchr 函数的语义,使用 strAtomic$_1$(str,$i$)和 strAtomic$_2$(str,down,up)进行模拟。

1) $p$==NULL

字符串 str 中不含字符 $c$,即从 0 到 str_len$-1$(str_len 为数组抽象内存中的长度属性,可为具体值或符号值)连续下标对应的成员均不等于字符 $c$。

(1) 提取约束:

uni_i$>=$down$\wedge$ uni_i$<=$up$\wedge$ up==str_len$-1\wedge$ str_len$>0$

$\wedge$ up$>0\wedge$ down==0$\wedge$ down$<=$up$\wedge$ str[uni_i]!=c$\wedge$ str[str_len]=='\n'

(2) 求解 up、str_len,更新约束。

(3) 根据 up、down 等更新抽象内存,生成 up$-$down$+1$ 个数组成员符号 str[uni_i_$x$]($x$ 从 down 到 up),并将新生成符号加入待回退序列(采用基于分支限界的测试用例生成算法,下同)。

(4) 求解 str[uni_i_$x$]。

2) $p$!=NULL

字符串 str 中含有字符 $c$,即存在下标 str_i,使得该下标对应的成员等于 $c$,0 到 str_i$-1$ 下标对应的成员不等于 $c$。

（1）提取约束：

str_len>0∧str_i<str_len∧str_i>=0∧uni_i>=down
∧uni_i<=up∧down<=up∧up==str_i－1∧up>0
∧down==0∧str[uni_i]!=c∧str[str_i]==c∧str[str_len]=='\n'

（2）求解 str_i、up、str_len 等，更新约束及抽象内存。

（3）根据 up、down 更新抽象内存，生成数组成员并加入待回退序列。

（4）求解剩余符号。

### 3. strcmp

假设 int $n$＝strcmp(char ＊str1,char ＊str2)，根据 strcmp 函数的语义使用 strAtomic$_1$(str,$i$)和 strAtomic$_2$(str,down,up)进行模拟。

1）$n==0$

字符串 str1 与 str2 相等，即从 0 到 str_len－1 下标对应的成员均相等。

（1）提取约束：

uni_i<=up∧uni_i>=down∧down<=up∧up==str1_len－1∧up>0∧down==0
∧str1_len>0∧str2_len>0∧str1_len==str2_len∧str1[uni_i]==str2[uni_i]
∧str1[str1_len]=='\n'∧str2[str2_len]=='\n'

（2）求解 up、str1_len、str2_len 等，更新约束。

（3）根据 up、down、str_len 更新抽象内存，生成数组成员符号并加入待回退序列。

（4）求解剩余符号。

2）$n>0$

字符串 str1 中的某一成员大于 str2 中的某一成员，即存在下标 str_i，其对应的 str1 成员大于 str2 成员，0 到 str_i－1 下标对应的成员均相等。

（1）提取约束：

str_i>=0∧up==str_i－1∧down==0∧down<=up
∧str_i<str1_len∧str_i<str2_len∧str1_len>0∧str2_len>0
∧str1[str_i]>str2[str_i]∧str1[uni_i]==str2[uni_i]
∧str1[str1_len]=='\n'∧str2[str2_len]=='\n'

（2）求解 up、str1_len、str2_len 等，更新约束。

（3）根据 up、down、str_len、str_$i$ 更新抽象内存，生成数组成员并加入待回退序列。

（4）求解剩余符号。

3）$n<0$

字符串 str1 中的某一成员小于 str2 中的某一成员，即存在下标 str_i，其对应的 str1 成员小于 str2 成员,0 到 str_i−1 下标对应的成员均相等。

（1）提取约束：

str_i>=0∧up==str_i−1∧down==0∧down<=up

∧str_i<str1_len∧str_i<str2_len∧str1_len>0∧str2_len>0

∧str1[str_i]<str2[str_i]∧str1[uni_i]==str2[uni_i]

∧str1[str1_len]=='\n'∧str2[str2_len]=='\n'

（2）求解 up、str1_len、str2_len 等,更新约束。

（3）根据 up、down、str_len、str_i 更新抽象内存,生成数组成员并加入待回退序列。

（4）求解剩余符号。

#### 4. strcpy

假设存在 char $*p=$strcpy(char $*$str1, char $*$str2),根据 strcmp 函数的语义使用 strAtomic$_2$(str, down, up)进行模拟。将 str2 复制到 str1 中,即将 str2 下标 0 到 str_len 对应的成员复制到 str1 中,包括结束符'\n'。

（1）提取约束：

str1[uni]==str2[uni]∧down==0∧up==str2_len−1

∧str1_len>str2_len∧str1_len>0∧str2_len>0

∧str1[str1_len]=='\n'∧str2[str2_len]=='\n'

（2）求解 up、str1_len、str2_len 等,更新约束。

（3）根据 up、down、str_len、str_i 更新抽象内存,生成数组成员并加入待回退序列。

（4）求解剩余符号。

#### 5. strcat

假设存在 char $*p=$strcat(char $*$str1, char $*$str2),根据 strcmp 函数的语义使用 strAtomic$_1$(str, $i$)和 strAtomic$_2$(str, down, up)进行模拟。将 str2 添加到 str1 中,即将 str2 下标 0 到 str2_len 对应的成员添加到 str1 从 str1_len 开始的空间中,包括 str2 的结束符'\n'。

假设 str2 中有成员 str2[$i$]。str1 的抽象内存长度变为 str1_len+str2_len。

（1）提取约束：

down1==str1_len∧up1==str1_len+str2_len−1

∧down2==0∧up2==str2_len−1

∧str1[i+str1_len]==str2[i]∧str1[uni_1]==str2[uni_2]

∧str1[str1_len+str2_len]=='\n'∧str2[str2_len]=='\n'

(2) 求解 up、str1_len、str2_len 等，更新约束。

(3) 根据 up、down、str_len 更新抽象内存，生成数组成员并加入待回退序列。

(4) 求解剩余符号。

## 6.4　基于抽象内存模型的测试用例生成

基于上述抽象内存模型和抽象操作语义，可以表示出路径各节点入口和出口处的抽象环境，通过数据流分析静态模拟抽象内存状态的变化踪迹，得到路径上的所有符号约束表达式。接下来需要根据这些约束条件构造完整的测试用例。

测试用例通常由两部分组成：变量形状和数值域的取值。对于数值型变量而言，结构是固定的，即内存中连续的 $N$ 个字节；而对于非数值型变量而言，其结构是根据路径上的语义和约束决定的，例如指针变量要根据指针是否为空的约束以及指针值的语义和约束来确定它的形状，数组变量要根据长度约束来确定它的形状。非数值型变量测试用例形状生成算法如算法 6.12 所示，用于从抽象内存存储的信息中构建非数值型变量的形状。对于测试用例的值的部分，则根据抽象内存模型中存储的约束集，调用约束求解器进行求解[17-21]。

**算法 6.12**　非数值型变量测试用例形状生成算法

```
1    buildTestCaseShape (var){
2        switch(var){
3            case pointer :
4                Mp_i = get(var);
5                if (Mp_i. state ! =NOTNULL
                    ||(Mp_i. state==NOTNULL && Mp_i. pt. inputFlag==F))
6                        build (var==null);
7                else {
8                    build (var ! =null);
9                        buildTestCaseShape(get(var). pt);
10                       build( *var=pt);
                    }
11           case struct :
12               Ms_i = get(var);
13               for (mem: Ms_i. mems)
14                   buildTestCaseShape (mem);
15           case array:
16               Ma_i = get(var);
```

```
17              solveConstraint (Ma_i. subs);
18              for (sub: Ma_i. subs)
19                  buildTestCaseShape (array[sub]);
20          case numerical:
21              solveConstraint (var);
22              build(var);
        }
    }
```

## 1. 指针变量形状构建

对抽象内存中指针类型的输入变量构建其形状时,读取对应的抽象内存单元 $Mp_i$,判定指针的状态,如果状态 $Mp_i$. state 为空,那么该指针变量在路径上有变量指向为空的约束,因此指针的形状为空;如果指针的状态为 NOT_NULL,那么在路径上没有任何对指针形状的约束,按最小约束原则,该指针变量的形状为空;如果指针变量的状态为矛盾,那么路径上有同时要求指针为空和非空的约束,这是不可能满足的,因此测试用例形状构建失败;如果指针变量的状态为非空,继续分析指针的指向域 $Mp_i$. pt,此时需要判断 $Mp_i$. pt 的 scope 属性(它的作用是标示该抽象内存单元对应的变量所声明的域),若 scope 的取值为 local 或者 local_annony,则该内存单元是在函数内存分配的,不属于测试用例的一部分,因此指针变量的形状依然为空;如果取值为 input 或 input_annony,那么该抽象内存单元也是测试用例的一部分,指针变量的形状为非空,递归调用 buildTestCaseShape 函数继续分析指针值的形状。

## 2. 结构体变量形状构建

对抽象内存中结构体类型的输入变量构建其形状时,需要分析对应抽象内存单元中出现的成员域集,递归调用 buildTestCaseShape 函数继续分析结构体成员的形状。

## 3. 数组变量形状构建

对抽象内存中数组类型的输入变量构建其形状时,首先需要调用第三方约束求解器求解下标与数组长度之间的约束,生成数组的长度和各个下标的值,数组的形状由数组长度确定;然后逐个为下标对应的元素递归调用 buildTestCaseShape 函数继续分析数组成员的形状。

## 4. 测试用例形状生成算法中各函数的作用

buildTestCaseShape 函数是非数值型变量测试用例形状的顶层函数,这是一个递归函数,以指针为例,调用这个函数构建指针变量的形状,如果指针的形状不为空,则需要递归调用这个函数进一步构建指针值的形状。

solveConstraint 函数的功能是调用第三方约束求解工具对数值变量和数值成员变量之间的约束进行求解。如果求解成功,将会返回一组满足所有约束的值;如果求解失败,则说明路径上有无法满足的约束。

Build 函数的功能是采用系统中设计的表示测试用例的数据结构表示测试用例的形状。

Get 函数的作用是获取变量对应的抽象内存单元的内容。

## 参 考 文 献

[1] Cadar C,Dunbar D,Engler D. KLEE:Unassisted and automatic generation of high-coverage tests for complex systems programs[C]. USENIX Symposium on Operating Systems Design and Implementation,San Diego,2008:209-224.

[2] Clarke P L A. A system to generate test data and symbolically execute programs[J]. IEEE Transactions on Software Engineering,1976,2(3):215-222.

[3] Charreteur F,Botella B,Gotlieb A. Modelling dynamic memory management in constraint-based testing[J]. Testing:Academic and Industrial Conference Practice and Research Techniques—MUTATION,2007,82(11):111-120.

[4] Zhao R L,Lyu M R,Min Y H. Automatic string test data generation for detecting domain errors[J]. Software Testing Verification and Reliability,2010,20(3):209-236.

[5] 严俊. 基于约束求解的自动化软件测试研究[D]. 北京:中国科学院软件研究所,2007.

[6] King J C. Symbolic execution and program testing[J]. Communications of the ACM,1976,19(7):385-394.

[7] Xu Z X,Zhang J. A test data generation tool for unit testing of C programs[C]. Proceedings of the International Conference on Quality Software,Beijing,2006:107-114.

[8] 赵云山. 基于符号分析的静态缺陷检测技术研究[D]. 北京:北京邮电大学,2012.

[9] 周虹伯. 应用数据类型抽象建模提高软件静态测试精度的方法研究[D]. 北京:北京邮电大学,2013.

[10] 周虹伯,金大海,宫云战. 基于域敏感指向分析的区间运算在软件测试中的应用[J]. 计算机研究与发展,2012,49(9):1852-1862.

[11] Zhou H B,Wang Q,Jin D H,et al. A static detecting model for invalid arithmetic operation based on alias analysis[C]. International Symposium on Software Reliability Engineering Workshops,Dallas,2012:183-188.

[12] 董玉坤. 空指针引用缺陷充分性检测技术研究[D]. 北京:北京邮电大学,2014.

[13] Dong Y K,Xing Y,Jin D H,et al. An approach to fully recognizing addressable expression[C]. International Conference on Quality Software,Najing,2013:149-152.

[14] 董玉坤,金大海,宫云战,等. 基于区域内存模型的 C 程序静态分析[J]. 软件学报,2014,

25(2):357-372.

[15] Dong Y K, Jin D H, Gong Y Z. Symbolic procedure summary using region-based symbolic three-valued logic[J]. Journal of Computers, 2014, 9(3):774-780.

[16] 董玉坤, 宫云战, 金大海. 基于区域内存模型的空指针引用缺陷检测[J]. 电子学报, 2014, 42(9):1744-1752.

[17] 李飞宇. 基于内存建模的测试数据自动生成方法研究[D]. 北京:北京邮电大学, 2013.

[18] Li F Y, Gong Y Z. Memory modeling-based automatic test data generation for string-manipulating programs[C]. Asia-Pacific Software Engineering Conference, Hong Kong, 2012:95-104.

[19] 李飞宇, 宫云战, 王雅文. 基于内存建模的复杂结构类型测试数据自动生成方法[J]. 计算机辅助设计与图形学学报, 2012, 24(2):262-270.

[20] 唐容. 支持非数值型测试用例自动生成的抽象内存建模技术研究[D]. 北京:北京邮电大学, 2013.

[21] 唐容, 王雅文, 宫云战. 面向测试用例生成的抽象内存模型[C]. 第七届中国测试学术会议, 杭州, 2012:144-149.

# 第 7 章　上下文分析

精确的静态分析方法都应包括两个部分:用来分析单个函数内部的函数内分析,也称为过程内分析;用来分析不同函数间交互行为的函数间分析,也称为过程间分析。最精确的函数间分析方法是完整程序分析,即将所有被调函数直接展开并插入调用点参与分析。这种方式无疑会需要大量的系统开销和处理时间,在大型程序的分析过程中无法实现。为避免这种将函数完全展开所产生的系统开销,可采用一种替代方法,即函数摘要技术。函数摘要是目前上下文分析技术中普遍采用的方法[1-7],其主要思想是根据对函数的分析结果生成摘要信息,在其调用者的上下文中替代完全展开,实现对相关缺陷进行检测的目的。

## 7.1　问 题 分 析

在静态分析的过程中,被分析的当前函数中出现子函数调用的情况,若不将子函数完全展开,则可能会因其内在特性而影响分析结果的准确性,出现漏报或误报的情况,下面对此进行介绍。

### 7.1.1　函数调用后影响上下文

程序中的变量可分为两类:局部变量和外部变量。局部变量的作用域较小,只在当前函数中被访问,而外部变量的作用域可以超过当前函数的范围,如全局变量、引用型参数和类成员变量等。对于某些函数调用,在函数体内或其子函数中可能会对外部变量、相关参数进行修改以及返回特定信息,这些内容都会影响其调用者的上下文。在静态分析的过程中若将其忽略,则可能导致上下文中相关变量取值状态计算错误,情况如下:

若 $\alpha(v) \xrightarrow{f} \alpha'(v)$,则变量 $v$ 的取值区间 $\alpha(v)$ 经过函数 $f$ 调用后变成 $\alpha'(v)$,若不考虑函数调用对上下文的影响,则 $v$ 的取值不会变化 $\alpha(v) \xrightarrow{f} \alpha(v)$,由此可能导致误报 $\left. \begin{array}{l} \exists v, v \in \alpha(v) \wedge \mathrm{Detect}(S, v) \\ \forall v, v \in \alpha'(v) \wedge \neg \mathrm{Defect}(S, v) \end{array} \right\} \Rightarrow \mathrm{FP}(v)$,或漏报 $\left. \begin{array}{l} \exists v, v \in \alpha'(v) \wedge \mathrm{Defect}(S, v) \\ \forall v, v \in \alpha(v) \wedge \neg \mathrm{Detect}(S, v) \end{array} \right\} \Rightarrow$ $\mathrm{FN}(v)$,其中 $S$ 是函数 $f$ 被调用后的上下文;$\mathrm{Defect}(S, v)$ 表示变量 $v$ 在上下文 $S$ 下实际存在故障,$\neg \mathrm{Defect}(S, v)$ 表示变量 $v$ 在上下文 $S$ 中实际不存在故障;$\mathrm{Detect}(S, v)$ 表示变量 $v$ 在上下文 $S$ 下可检测到故障,$\neg \mathrm{Detect}(S, v)$ 表示变量 $v$

在上下文 $S$ 下不可检测到故障;FP($v$)表示对变量 $v$ 的误报;FN($v$)表示对变量 $v$ 的漏报。

**例 7.1**　函数调用后影响上下文

```
1     char *p, *r;
2     void f(){
3     char *q= new char[1];
4         p=NULL;
5         r=f1(q);
6         *p= *r;
7         *q= *p;
8     }
9     char *f1(char *q){
10        return f2(q);
11    }
12    char *f2(char *q){
13        if(! p)
14          p=new char[1];
15        if(q)
16          delete q;
17        return malloc(1);
18    }
```

例 7.1 是一个包括两级函数调用的 C 程序,函数 $f$ 调用 $f1$,$f1$ 调用 $f2$。若不考虑函数调用对上下文的影响,则在分析函数 $f$ 时会发现问题:第 4 行对指针 $p$ 赋值为空,在第 6 行和第 7 行发现指针 $p$ 的空指针引用故障;第 3 行为指针 $q$ 分配了空间,第 8 行超出其作用域后会发现内存泄漏。而若对函数 $f$ 的子函数展开处理,则实际情况如下:

(1) 当全局变量 $p$ 指向的内存为空时,第 14 行会为其分配空间,当第 5 行的函数 $f1$ 被调用后,第 6 行和第 7 行不会出现 $p$ 的空指针引用故障。

(2) 第 16 行释放了指针 $q$ 指向的内存资源,当第 5 行的 $f1$ 被调用后,第 7 行会引用已经释放的内存 $q$。

(3) 由于在第 5 行调用的 $f1$ 已经释放了 $q$ 指向的内存,在第 8 行不会出现资源泄漏问题。

(4) 函数 $f2$ 在第 17 行返回一个动态分配的内存,如果分配失败则会返回空,它会随 $f1$ 的返回传递给全局指针 $r$,当它为空时,第 6 行会出现 $r$ 的空指针引用问题。

### 7.1.2　函数调用前约束上下文

代码的静态测试从理论上可描述为对问题 $D=(F,M,A)$ 的求解,其中 $F$ 是被测函数,$M$ 是与 $F$ 的开发语言相对应的故障模式,$A$ 是计算 $F$ 抽象语义的算法。$A$ 涉及的内容包括 $\{S,\sigma(F'),\rho(L,X)\}$,其中 $S$ 为 $F$ 中的有效路径,$F'$ 为 $F$ 中调用的子函数,$\sigma(F')$ 为 $F$ 中与 $F'$ 相关的上下文取值信息,$L$ 为在 $S$ 上的执行位置,$\rho$ 为 $L$ 处变量 $X$ 的取值信息。$A$ 在计算时,可能遇到来自 $F$ 外部的信息 $X$,由于它的取值与 $F$ 调用点的上下文直接相关,不能在 $F$ 中对 $\rho(L,X)$ 进行准确计算。这样,若 $A$ 扩大了 $\rho(L,X)$ 的取值范围,则可能会造成误报;若 $A$ 缩小了 $\rho(L,X)$ 的取值范围,则可能会造成漏报。

例 7.2 是一个包含了 3 个函数的 C 程序,$f3$ 调用 $f2$,$f2$ 调用 $f1$。在分析函数 $f1$ 时,由于 serial 和 $b$ 为函数参数,在第 4 行上无法决定判断条件 $b$ 是否为真以及指针 serial 是否为空指针,即无法确认第 4 行是否会发生空指针引用故障;在分析 $f2$ 时,第 9 行虽然能够确定 $f1$ 的第二个参数为 1,但仍然无法决定判断条件 flag 是否为真以及指针 serial 是否为空指针;只有在分析 $f3$ 时,第 15 行位置处 flag 的值为 1,来自 13 行的赋值操作为 1,serial 的值来自 14 行的 malloc 内存分配函数,可能为 NULL。因此,只有依赖 $f3$ 中的上下文信息才能判断出存在的空指针引用问题,否则可能会出现误报。

**例 7.2**　函数调用前约束上下文

```
1   int flag;
2   void f1(struct T *serial,int b){
3       if(b){
4           serial->id =count++;
5       }
6   }
7   void f2(struct T *serial){
8       if(flag){
9           f1(serial,1);
10      }
11  }
12  void f3(struct T *serial){
13      flag =1;
14      struct T *serial = (struct T *)malloc(sizeof(struct T));
15      f2(serial);
16  }
```

当由于缺少上下文信息而难以确定是否为缺陷时,需要将对缺陷的触发条件抽象成约束信息,并将缺陷判别权提交给被测函数的调用者,在遇到包含约束信息的上下文时再进行缺陷判定,否则继续向上提交该约束信息,直到遇到足够的上下文信息。所谓足够的上下文信息并不要求变量的值完全确定,而是对于缺陷判断来说已经具有足够的"证据"。例如,空指针引用缺陷通常约束某个指针变量不能为 NULL,数组越界缺陷通常约束某个整型变量不能超过某个范围,除 0 错缺陷通常约束某个数值型变量不能为 0。

### 7.1.3　函数特征影响上下文

对于基于状态机的缺陷检测来说,缺陷状态机实例的创建触发条件和状态变化触发条件除了与变量取值相关,有时还依赖于更抽象更高级的语义信息。例如,资源泄漏缺陷状态机实例的创建触发条件是资源分配函数,状态变化触发条件之一是资源释放函数。资源分配和资源释放即代表比变量取值更抽象、更高级的语义信息。

**例 7.3　函数特征影响上下文**

```
1  FILE *myopen(char *filename){
2    FILE *p = fopen(filename,"w");
3    return p;
4  }
5  void myclose(FILE *p){
6    if(p! =NULL){
7      fclose(p);
8    }
9  }
10 void f1(){
11   FILE *p =myopen("test.txt");
12 }
13 void f2(){
14   FILE *p =fopen("test.txt","w");
15   myclose(p);
16 }
```

例 7.3 是一个包含 4 个函数的 C 语言程序。其中,myopen 和 myclose 为分别包装了 fopen 和 fclose 的自定义文件分配和释放函数。在静态分析过程中,如果没有捕捉该信息,则会在 11 行忽略需要释放的资源,由此造成对资源泄漏的漏报;而在 15 行忽略释放资源的函数,会造成对资源泄漏的误报。状态特征信息通常是缺陷相关的,不同的缺陷模式关心不同的状态特征信息。例如,资源泄漏缺陷关心的特征为资源分配、资源释放或逃逸(即将资源保存到外部变量中),加解锁匹配缺陷关心的特征为加锁、解锁。

## 7.2　函 数 影 响

### 7.2.1　函数影响描述

函数影响是指函数执行后对其调用者上下文的影响,包括函数体内修改的外部变量、函数体内修改的引用型参数内容以及函数的返回值等,它可以定义为一个三元组 POST=⟨POST_VAR,POST_PARA,POST_RET⟩。其中,POST_VAR 是一个集合,表示函数中直接更改的外部变量及其取值区间。由于函数间存在着嵌套调用的关系,POST_VAR 也包含了嵌套调用的函数直接修改的外部变量。POST_PARA 是一个集合,表示函数的参数列表中具有指针或引用特性的参数及其取值区间。POST_RET 表示函数可能返回值。下面具体描述函数影响的组成。

若函数 $F$ 的某条语句 $S$ 修改了若干外部变量,则这些外部变量及其取值区间构成语句 $S$ 的本地更改集合,记为 $\mathrm{LMOD}(S)=\{[v_1,\mathrm{VAL}(v_1)],[v_2,\mathrm{VAL}(v_2)],\cdots,[v_n,\mathrm{VAL}(v_n)]\}$,其中 $\mathrm{VAL}(v)$ 表示变量 $v$ 的取值区间。函数 $F$ 的本地更改集合为 $\mathrm{LMOD}(F)=\bigcup_{S\in F}\mathrm{LMOD}(S)$。若函数 $F$ 的形参列表中出现指针变量或者引用变量,这些变量及其取值区间构成函数 $F$ 的可更改参数集合,记为 $\mathrm{PARA}(F)=\{[v_1,\mathrm{VAL}(v_1)],[v_2,\mathrm{VAL}(v_2)],\cdots,[v_n,\mathrm{VAL}(v_n)]\}$。若函数 $F$ 及其子函数中更改了若干外部变量,则这些变量及其取值区间构成函数 $F$ 的全局更改集合,记为

$$
\mathrm{GMOD}(F)=
\begin{cases}
\mathrm{LMOD}(F)\cup\mathrm{PARA}(F)\cup\mathrm{RET}(F), & F\in\mathrm{BOTTOM}(\mathrm{FCG}(P))\\
\mathrm{LMOD}(F)\cup\mathrm{PARA}(F)\cup\mathrm{RET}(F)\cup\\
\quad[\bigcup_{F'\in\mathrm{CHILDRENS}(F)}\{\mathrm{GMOD}(F')-\mathrm{PARA}(F')-\mathrm{RET}(F')\}], & F\notin\mathrm{BOTTOM}(\mathrm{FCG}(P))
\end{cases}
$$

$$(7\text{-}1)$$

式中,$\mathrm{RET}(F)$ 表示函数 $F$ 的返回值取值区间;$\mathrm{FCG}(P)$ 表示被测程序 $P$ 的函数调用关系图;$\mathrm{BOTTOM}(\mathrm{FCG}(P))$ 表示函数调用关系图中叶子节点构成的集合;$\mathrm{CHILDRENS}(F)$ 表示函数调用关系图中 $F$ 的后继节点构成的集合。

根据前面描述的内容,函数 $F$ 的影响表示为 $\mathrm{POST}(F)=\mathrm{GMOD}(F)$,程序 $P$ 中所有函数的后置信息可表示为

$$
\mathrm{POST}(P)=\bigcup_{F\in P}\mathrm{GMOD}(F) \tag{7-2}
$$

### 7.2.2　函数影响生成

在现有的一些故障分析系统中,采用的故障查找及区间计算的算法大都是基

于路径的,即首先产生一条路径,然后针对该路径的控制流进行分析,此类算法的复杂度至少是 $O(P)$($P$ 为路径数目)。采用对控制流图进行迭代的方法可以计算后置信息,即在控制流图上对当前节点包含变量的可能取值区间进行迭代。函数影响生成算法如算法 7.1 所示。

**算法 7.1** 函数影响生成

输入:被测程序的函数间调用关系图和函数内控制流图

输出:程序中所有的函数影响

```
1   begin
2      for 每个库函数 f do init(POST(f));
3      for 每个函数调用关系图节点 f∈FCG(p) do          //拓扑逆序
4         POST(f)=∅;
5         for 每个 f 的控制流节点 n do
6            in[n]=out[n]=∅;
7         init(out[Entry]);
8         change=true;
9         while change do
10               change=false;
11               for 除 Entry 外的每个节点 n do
12                  in[n]= ⋃  out(p);
                        p∈PRED(n)
13                  oldout=out[n];
14                  out[n]=LMOD(n)⋃PARA(n)⋃GMOD(n)
15                          ⋃(in[n]−kill[n]);
16                  if out[n]≠oldout then
17                     change=true;
18                     if n 是返回节点 then add(f,POST_RET);
19                  end if
20               end for
21         end while
22         for 每个 out[Exit]中的变量 v do
23            if v∈LMOD(f) then add(f,POST_VAR);
24            if v∈PARA(f) then add(f,POST_PARA);
25            if v∈GMOD(f) then add(f,POST_VAR);
26         end for
27      end for
28   end
```

　　由于被测程序无法提供部分库函数的代码,为了提高检测精度,需要预先定制相关库函数的后置信息,init(POST($f$))可完成该项工作。由于函数影响信息依赖于其子函数的信息,为了提高分析效率,需要按拓扑逆序生成所有函数的后置信息。在函数的控制流节点迭代过程中,in[$n$]表示到达控制流节点 $n$ 之前的所有相关变量区间集合,out[$n$]表示到达节点 $n$ 之后的所有相关变量区间集合,gen[$n$]表示节点 $n$ 中新产生或改变得到的新变量区间集合,kill[$n$]表示节点 $n$ 中注销或被改变的变量区间集合,pred[$n$]表示控制流中节点 $n$ 的所有前驱节点集合。gen[$n$]和 kill[$n$]一旦确定,即可通过迭代的方法求出控制流图中每个节点的 in[$n$]和 out[$n$]集合,in[$n$]和 out[$n$]存放所有相关变量经计算后的取值区间。LMOD($n$)中存放节点 $n$ 中直接修改的外部变量及其取值区间,PARA($n$)中存放节点 $n$ 中包含函数的指针型和引用型变量。当节点 $n$ 包含函数调用时,GMOD($n$)中存放其调用函数所修改的相关变量。在迭代过程中如果遇到返回节点,add($f$,POST_RET)将返回信息加入到函数影响的 POST_RET 中。在每个函数的所有控制流节点全部迭代完成后,add($f$,POST_VAR)将本地和全局修改的变量及其区间集合加入到后置信息的 POST_VAR 中,add($f$,POST_PARA)将函数中修改的参数变量加入到 POST_PARA 中。

　　对于算法中函数内的数据流迭代部分,无论以何种次序进行迭代,最终一定会在一次 while 循环中,对于每个节点 $n$ 都满足 oldout=out[$n$],从而计算出当前函数的后置信息。在最坏情况下,算法的时间复杂度是 $O(n^4)$,但如果按照深度优先顺序安排节点的计算顺序,则在实际程序上迭代的平均数将小于 5,这样算法的效率实际上是比较高的,在平均的情况下此类算法的复杂度为 $O((N+E)N)$。

### 7.2.3　函数影响应用

　　下面以例 7.3 的被测程序为例来说明函数影响信息在迭代过程中的计算以及对缺陷检测的作用。算法首先初始化相关库函数的后置信息,在本例中需要对库函数 malloc()进行初始化,结果为 POST(malloc)={RET={null|not_null}}。然后按照拓扑逆序的顺序,遍历迭代函数 $f2$ 的后置信息,其控制流图及迭代过程中相关变量的信息如图 7-1 所示,迭代完成后计算函数 $f2$ 的后置信息为 POST($f2$)={VAR={$p$:[not_null]},PARA={1:[null|delete]},RET={[null|not_null]}}。处理完函数 $f2$ 后,接下来处理它的前驱节点 $f1$ 的后置信息,迭代过程中用到函数 $f2$ 的后置信息,迭代信息为 In[$n1$]={$q$:[unknow]},Out[$n1$]={$p$:[not_null],$q$:[null|delete]},最终得到函数 $f1$ 的后置信息为 POST($f1$)={VAR={$p$:[not_null]},PARA={1:[null|delete]},RET={[null|not_null]}}。

　　得到函数 $f1$ 的函数影响后,便可将其应用于对函数 $f$ 的缺陷检测。由于函数影响的引入,函数 $f1$ 将全局变量 $p$ 的值修改为非空,参数变量 $q$ 的值修改为空

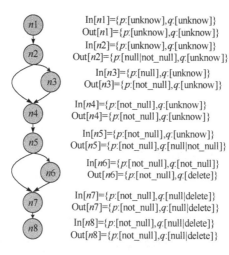

$$\text{In}[n1]=\{p:[\text{unknown}],q:[\text{unknown}]\}$$
$$\text{Out}[n1]=\{p:[\text{unknown}],q:[\text{unknown}]\}$$
$$\text{In}[n2]=\{p:[\text{unknown}],q:[\text{unknown}]\}$$
$$\text{Out}[n2]=\{p:[\text{null}|\text{not\_null}],q:[\text{unknown}]\}$$
$$\text{In}[n3]=\{p:[\text{null}],q:[\text{unknown}]\}$$
$$\text{Out}[n3]=\{p:[\text{not\_null}],q:[\text{unknown}]\}$$
$$\text{In}[n4]=\{p:[\text{not\_null}],q:[\text{unknown}]\}$$
$$\text{Out}[n4]=\{p:[\text{not\_null}],q:[\text{unknown}]\}$$
$$\text{In}[n5]=\{p:[\text{not\_null}],q:[\text{unknown}]\}$$
$$\text{Out}[n5]=\{p:[\text{not\_null}],q:[\text{null}|\text{not\_null}]\}$$
$$\text{In}[n6]=\{p:[\text{not\_null}],q:[\text{not\_null}]\}$$
$$\text{Out}[n6]=\{p:[\text{not\_null}],q:[\text{delete}]\}$$
$$\text{In}[n7]=\{p:[\text{not\_null}],q:[\text{null}|\text{delete}]\}$$
$$\text{Out}[n7]=\{p:[\text{not\_null}],q:[\text{null}|\text{delete}]\}$$
$$\text{In}[n8]=\{p:[\text{not\_null}],q:[\text{null}|\text{delete}]\}$$
$$\text{Out}[n8]=\{p:[\text{not\_null}],q:[\text{null}|\text{delete}]\}$$

图 7-1　结合函数影响的测试过程

或已删除,返回值 $r$ 为空或非空,因此可以有效避免前面提到的几种误报和漏报情况。

### 7.2.4　函数影响实验

本实验以 10 个开源的 Java 程序为例,对比分析两种方法的检测结果。其中,DTS(A)为未使用函数影响的测试技术,DTS(B)为使用函数影响的改进技术。对比结果如表 7-1 所示,DTS(A)的平均故障误报率为 61.49%,而 DTS(B)的平均误报率为 35.53%,较前者降低了 25.95%。另外,DTS(B)的故障增报率平均为 DTS(A)的 4.811 倍。

表 7-1　DTS(A)和 DTS(B)的测试结果对比

| 软件名称 | 代码行 | DTS(A) 误报率/% | DTS(B) 误报率/% | DTS(B)/DTS(A) 增报率 |
|---|---|---|---|---|
| cobra | 69537 | 47.3 | 55.56 | 1.2 |
| aTunes | 52603 | 66.67 | 13.89 | 6.2 |
| Freecol | 114838 | 55.41 | 25.73 | 4.636 |
| SweetHome | 37112 | 57.15 | 27.78 | 4.333 |
| MegaMek | 209376 | 55.12 | 45.61 | 5.649 |
| robocode | 53408 | 66.67 | 35.96 | 14.25 |
| datacrow | 78614 | 60.47 | 23.88 | 6 |
| jedit | 139201 | 62.5 | 45.91 | 1.375 |
| zk | 133200 | 67.4 | 52.18 | 1.467 |
| client | 80806 | 76.32 | 28.95 | 3 |

# 7.3 函 数 约 束

### 7.3.1 函数约束描述

为了将约束信息与软件静态测试相结合,在现有故障模式状态机的基础上,约束模式状态机可描述为一个三元组 $M=\langle N,T,C\rangle$,每个状态机对应一种类型的故障。$N$ 为状态集合,包括状态机中所有可能达到的状态,$N=\{N_{start},N_{fault},N_{unkonw},N_{cons},N_{end}\}\bigcup N_{other}$;$T=\{\langle N_i,N_j\rangle\mid N_i,N_j\in N\}$ 是状态转换集合,表示状态机可能从状态 $N_i$ 转换到状态 $N_j$;$C$ 是状态转换条件集合,$T:N\times C\rightarrow N$。

$N_{start}$ 是状态机唯一的入口,状态机被创建后自动进入该状态;$N_{end}$ 是状态机唯一的出口,状态机进入该状态后自动结束;$N_{fault}$ 是状态机唯一的故障状态,达到该状态表示检测到相应的故障类型;$N_{unkonw}$ 是状态机唯一的未知状态,达到该状态表示遇到无法确定取值的情况;$N_{cons}$ 是状态机唯一的约束状态,达到该状态表示遇到无法确定故障的情况,需要进一步产生约束信息。以上几种状态是所有约束模式状态机的共有状态,$N_{other}$ 表示除以上几种状态外的其他状态集合,随故障类型的不同而各异。

图 7-2 是一个关于空指针故障的约束模式状态机描述,除了每个状态机共有的 $N_{start}$、$N_{end}$、$N_{fault}$、$N_{unknow}$ 和 $N_{cons}$ 状态,还包括非空的 $N_{not}$ 状态和可能为空的 $N_{may}$ 状态。$C$ 中包括的内容有 $C_1$(判定对象可能为空)、$C_2$(判定对象为非空)、$C_3$(直接引用对象成员)、$C_4$(超出对象作用域)、$C_5$(自动转换)、$C_6$(其他)和 $C_7$(判定对象来自过程外部)。约束模式状态机在原故障模式状态机的基础上增加了两个节点和一个状态转换条件,分别为表示约束状态的节点 $N_{cons}$、表示未知状态的节点 $N_{unkonw}$

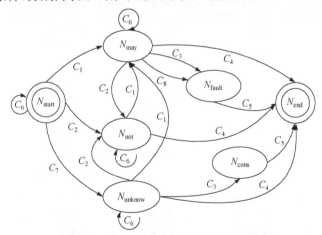

图 7-2 空指针故障对应的约束模式状态机

和判定过程外部对象的条件 $C_7$。对其他故障类型的约束模式状态机可根据其自身特点创建，这里不再赘述。

为了在状态机执行过程中达到约束状态，需要结合程序的抽象语义及状态转换条件来实现。在约束模式状态机的基础上，针对变量 $X$ 建立的约束模式状态机 $M$ 称为 $X$ 的约束模式状态机实例，用 $M(X)$ 表示。$M(X)$ 确定了状态机的创建对象为 $X$，结合它在程序 $L$ 处的抽象语义 $\{S, \rho(L, X)\}$，通过 $C$ 可将 $M(X)$ 的当前状态 $N_j$ 转换为状态 $N_i$，即 $M(X). N_i = \{M(X). N_j \times C | \{S, \rho(L, X)\}\}$。

由于无法确定 $F$ 中外部变量 $X$ 的取值，导致与 $X$ 相关的故障模式难以判定，需要对 $X$ 的取值及其在 $F$ 中的相对位置进行约束，过程中无法确定取值的外部变量 $X$ 以及它在参数列表中的相对位置 $P$ 构成 $X$ 对应的外部向量，表示为 $\overrightarrow{XP}$。在面向对象程序中，$X$ 由过程外部传入，它可以是类成员或过程参数。当 $P$ 等于 0 时，$X$ 是类成员变量；当 $P$ 等于 $i$，$i \in N$（$N$ 为自然数集）时，$X$ 是过程参数列表中的第 $i$ 个参数。向量的模 $|\overrightarrow{XP}|$ 表示 $X$ 的取值区间。对于两个外部向量 $a = \overrightarrow{X_a P_a}$ 和 $b = \overrightarrow{X_b P_b}$，它们之间的加法操作可表示为 $a + b = \overrightarrow{X_a P_a} + \overrightarrow{X_b P_b} = \overrightarrow{X_{ab} P_{ab}}$，其中 $X_{ab} = X_a \bigcup X_b$，$P_{ab} = P_a \bigcup P_b$，且 $X_i$ 和 $P_i$ 之间存在一一对应的关系。外部向量间的加法操作符合如下运算规律。

（1）交换律：
$$\left. \begin{array}{l} \overrightarrow{X_a P_a} + \overrightarrow{X_b P_b} = \overrightarrow{X_{ab} P_{ab}} = \overrightarrow{\{X_a \bigcup X_b\}\{P_a \bigcup P_b\}} \\ \overrightarrow{X_b P_b} + \overrightarrow{X_a P_a} = \overrightarrow{X_{ba} P_{ba}} = \overrightarrow{\{X_b \bigcup X_a\}\{P_b \bigcup P_a\}} \end{array} \right\} \Rightarrow a + b = b + a \quad (7\text{-}3)$$

（2）结合律：
$$\left. \begin{array}{l} (\overrightarrow{X_a P_a} + \overrightarrow{X_b P_b}) + \overrightarrow{X_c P_c} = \overrightarrow{\{X_{ab} \bigcup X_c\}\{P_{ab} \bigcup P_c\}} = \overrightarrow{X_{abc} P_{abc}} \\ \overrightarrow{X_a P_a} + (\overrightarrow{X_b P_b} + \overrightarrow{X_c P_c}) = \overrightarrow{\{X_a \bigcup X_{bc}\}\{P_a \bigcup P_{bc}\}} = \overrightarrow{X_{abc} P_{abc}} \end{array} \right\} \Rightarrow$$
$$(a + b) + c = a + (b + c) = a + b + c \quad (7\text{-}4)$$

若在 $F$ 内部将本地变量赋值给外部变量，或者通过条件或逻辑表达式推导出外部变量的取值，则该外部变量的取值将不再受 $F$ 调用点的上下文影响，即该外部向量被转变为内部变量，这个转换过程由内部变量和外部向量间的乘法操作实现，表示为 $X_i \cdot \overrightarrow{X_j P_j} \rightarrow X_i$ 或 $X_j \cdot \overrightarrow{X_j P_j} \rightarrow X_j$。若在 $F$ 内部将外部向量赋值给内部变量，则该内部变量的取值将受 $F$ 的上下文影响，即该内部变量被转变为外部向量，这个转换过程由外部向量和内部变量间的乘法操作实现，表示为 $\overrightarrow{X_i P_i} \cdot X_j \rightarrow \overrightarrow{X_j P_i}$。

通过外部向量间的加法操作，$F$ 的所有初始外部向量表示为 $\overrightarrow{F_{init}}$，被转换为内部变量的外部向量表示为 $\overrightarrow{F_{in}}$，由内部变量转换成的外部向量表示为 $\overrightarrow{F_{out}}$，$F$ 的外部向量表示为 $\vec{F} = \overrightarrow{F_{init}} - \overrightarrow{F_{in}} + \overrightarrow{F_{out}}$。对于使状态机实例 $M(X)$ 达到约束状态 $N_{cons}$ 的外部向量 $\overrightarrow{XP}$，需要创建一个与其对应的过程约束信息，称为约束向量，记作 $\overrightarrow{XPS}$。

当 $M(X)$ 在运行过程中出现 $N_{cons}$ 状态时，结合相关语义 $\{S, \rho(L, X)\}$ 为 $\overrightarrow{XP}$ 所

对应的 $M$ 创建一个路径敏感的约束信息,即 $M(X)\times\overrightarrow{XP}\rightarrow\overrightarrow{XPS'}$。若程序可通过 $S$ 执行到 $L$,则 $S$ 上的谓词和赋值操作对 $L$ 处约束向量 $\overrightarrow{XPS'}$ 的有效性进行了限定,将 $S$ 在 $L$ 处限定的变量取值范围集合中与外部向量相关的部分标记为 $S'$,$\forall X\in S',X\in\overrightarrow{F_{in}}$。约束向量的模表示 $M$ 对 $\overrightarrow{XP}$ 的约束值,该值随故障模式的不同而各异,如空指针故障的约束值为"非空",非法计算故障的约束值为"非零",数组越界故障的约束值为"指定区间"等。若在 $M(X)$ 的运行过程中未出现 $N_{cons}$,则不需要为 $\overrightarrow{XP}$ 创建约束信息,即 $\overrightarrow{XPS'}=\varnothing$。

对应 $M$ 的两个约束向量 $a=\overrightarrow{X_aP_aS_a'}$ 和 $b=\overrightarrow{X_bP_bS_b'}$,它们之间的加法操作可表示为 $a+b=\overrightarrow{X_aP_aS_a'}+\overrightarrow{X_bP_bS_b'}=\overrightarrow{(X_aP_a+X_bP_b)(S_a'\cup S_b')}=\overrightarrow{X_{ab}P_{ab}S_{ab}}$,其中 $\overrightarrow{X_iP_i}$ 和 $S_i'$ 之间存在一一对应的关系。与外部向量类似,约束向量间的加法操作符合如下运算规律。

(1) 交换律:

$$\left.\begin{array}{l}\overrightarrow{X_aP_aS_a'}+\overrightarrow{X_bP_bS_b'}=\overrightarrow{X_{ab}P_{ab}S_{ab}'}=\overrightarrow{\{X_a\cup X_b\}\{P_a\cup P_b\}\{S_a'\cup S_b'\}}\\[2mm]\overrightarrow{X_bP_bS_b'}+\overrightarrow{X_aP_aS_a'}=\overrightarrow{X_{ba}P_{ba}S_{ba}'}=\overrightarrow{\{X_b\cup X_a\}\{P_b\cup P_a\}\{S_b'\cup S_a'\}}\end{array}\right\}\Rightarrow a+b=b+a$$

$$(7-5)$$

(2) 结合律:

$$\left.\begin{array}{l}(\overrightarrow{X_aP_aS_a'}+\overrightarrow{X_bP_bS_b'})+\overrightarrow{X_cP_cS_c'}=\overrightarrow{X_{ab}P_{ab}S_{ab}'}+\overrightarrow{X_cP_cS_c'}=\overrightarrow{X_{abc}P_{abc}S_{abc}'}\\[2mm]\overrightarrow{X_aP_aS_a'}+(\overrightarrow{X_bP_bS_b'}+\overrightarrow{X_cP_cS_c'})=\overrightarrow{X_aP_aS_a'}+\overrightarrow{X_{bc}P_{bc}S_{bc}'}=\overrightarrow{X_{abc}P_{abc}S_{abc}'}\end{array}\right\}\Rightarrow(a+b)+c$$

$$=a+(b+c)$$
$$=a+b+c$$

$$(7-6)$$

下面给出对应被测过程的约束信息。假设对 $F$ 应用 $n$ 种既定的约束模式 $\{M_1,M_2,\cdots,M_n\}$,每种约束模式 $M_i$ 最多有 $m$ 个与其对应的状态机实例 $\{M_i(X_1),M_i(X_2),\cdots,M_i(X_m)\}$,则 $F$ 对应的约束向量表示为

$$\overrightarrow{F'}=\begin{bmatrix}M_1(X_1) & M_1(X_2) & \cdots & M_1(X_m)\\ M_2(X_1) & M_2(X_2) & \cdots & M_2(X_m)\\ \vdots & \vdots & & \vdots\\ M_n(X_1) & M_n(X_2) & \cdots & M_n(X_m)\end{bmatrix}\times\begin{bmatrix}\overrightarrow{X_1P_1}\\ \overrightarrow{X_2P_2}\\ \vdots\\ \overrightarrow{X_mP_m}\end{bmatrix}$$

$$=M_1\left(\sum_{i=1}^{m}\overrightarrow{X_iP_iS_i'}\right)+M_2\left(\sum_{i=1}^{m}\overrightarrow{X_iP_iS_i'}\right)+\cdots+M_n\left(\sum_{i=1}^{m}\overrightarrow{X_iP_iS_i'}\right)$$

$$(7-7)$$

在 $M_i(X_j)$ 中,当 $X_j$ 与 $M_i$ 无关时,不需要为 $X_j$ 创建该类状态机实例,$M_i(X_j)=\varnothing$,相应地,$\overrightarrow{X_jP_jS_j'}=\varnothing$;$M_i(X_j)\neq\varnothing$,若其在运行过程中未出现 $N_{cons}$ 状态,则不需要

为 $\overrightarrow{X_jP_j}$ 创建约束信息,相应地,$\overrightarrow{X_jP_jS_j'}=\varnothing$。

对于 $\overrightarrow{X_jP_jS_j'}\neq\varnothing$ 的情况,在 $F$ 中由于缺少 $X_j$ 的上下文信息而导致 $M_i$ 中出现 $N_{cons}$ 状态,需要提取对 $X_j$ 的约束信息并将故障判定时机提交到 $F$ 的调用点处,以此类推,直到在 $F$ 的某个直接或间接调用者中得到与 $X_j$ 相关的上下文后,再进行故障的判定工作。

### 7.3.2　函数约束生成

前面通过对过程外部向量和约束向量的定义,实现了对其约束信息的描述,接下来将结合具体算法来说明过程约束向量在静态测试中的应用。

#### 1. 外部向量生成

在面向对象程序中,被测过程的外部变量包括类成员变量和参数变量,它们在 $\overrightarrow{XP}$ 中的位置分别为 0 和参数列表中的相对位置。生成过程外部向量的算法以如下数据流方程为基础:

$$\text{IN}_v(B)=\sum_{\forall n\in \text{pre}(B)}\text{OUT}_v(n) \tag{7-8}$$
$$\text{OUT}_v(B)=\text{GEN}_v(B)+(\text{IN}_v(B)-\text{KILL}_v(B))$$

式中,$B$ 表示控制流 $\text{CFG}(F)$ 中的节点;$\text{IN}_v(B)$ 表示到达 $B$ 之前过程外部向量的取值情况;$\text{OUT}_v(B)$ 表示经过 $B$ 后过程外部向量的取值情况;$\text{pre}(B)$ 表示在 $\text{CFG}(F)$ 中 $B$ 的所有前驱节点;$\text{KILL}_v(B)$ 是一个外部向量,经过 $B$ 上的相关操作后,由可被转换为内部变量的外部向量构成 $\text{KILL}_v(B)=\sum_{\forall X\in B}\{\overrightarrow{XP}\mid(X_i\cdot\overrightarrow{XP}\to X\mid X\cdot\overrightarrow{XP}\to X)\}$;$\text{GEN}_v(B)$ 是一个外部向量,经过 $B$ 上的相关操作后,由内部变量转换成的外部向量构成:

$$\text{GEN}_v(B)=\sum_{\forall X\in B}\{\overrightarrow{XP_i}\mid \overrightarrow{X_iP_i}\times X\to\overrightarrow{XP_i}\} \tag{7-9}$$

**算法 7.2　外部向量生成**
输入:$\text{CFG}(F)$ 和包含 $F$ 中所有符号属性的符号表 $\text{SYM}(F)$
输出:$F$ 的外部向量 $\vec{F}$

```
1  begin
2    for each B in CFG[F] do
3      IN_v(B)=OUT_v(B)=GEN_v(B)=KILL_v(B)=∅;
4    end for
5    for each X in SYM(F) do
6      OUT_v(B_0)=OUT_v(B_0)+XP;
7    end for
```

```
8        change=true;
9    while change do
10       change=false;
11       for each B exclude B₀ in CFG(F) do
```

$$12 \qquad \mathrm{IN}_v(B) = \sum_{\forall\, p\in \mathrm{pre}(B)} \mathrm{OUT}_v(p);$$

$$13 \qquad \mathrm{old}=\mathrm{OUT}_v(B);$$

$$14 \qquad \mathrm{GEN}_v(B) = \sum_{\forall\, X\in B} \{\overrightarrow{XP_i} \mid \overrightarrow{X_iP_i} \cdot X \to \overrightarrow{XP_i}\};$$

$$15 \qquad \mathrm{KILL}_v(B) = \sum_{\forall\, X\in B} \{\overrightarrow{XP} \mid (X_i \cdot \overrightarrow{XP} \to X \mid X \cdot \overrightarrow{XP} \to X)\};$$

$$16 \qquad \mathrm{OUT}_v(B)=\mathrm{GEN}_v(B)+(\mathrm{IN}_v(B)-\mathrm{KILL}_v(B));$$

```
17       if old≠OUTᵥ(B) then change=true;
18       end for
19   end while
```

$$20 \qquad \vec{F}=\mathrm{OUT}_v(B_n);$$

```
21   end
```

算法第 2～7 行首先进行初始化工作,其中第 2～4 行初始化所有控制流节点对应的外部向量;然后将符号表中的所有外部变量转换成外部向量,加入到入口节点 $B_0$ 所对应的外部向量 $\mathrm{OUT}_v(B_0)$ 中。

第 11～18 行对控制流上的所有节点进行遍历,通过 $\mathrm{GEN}_v(B)$ 将当前节点中由内部变量转换来的外部向量加入当前外部向量 $\mathrm{OUT}_v(B)$,通过 $\mathrm{KILL}_v(B)$ 将当前节点中转换为内部变量的外部向量从 $\mathrm{OUT}_v(B)$ 去除。while 循环用来控制总循环次数,当控制流中每个节点的 $\mathrm{OUT}_v(B)$ 不再发生变化时,循环结束且通过控制流的最后一个节点 $B_n$ 返回过程外部向量 $\vec{F}=\mathrm{OUT}_v(B_n)$。

2. 约束向量生成

$M(X)$ 在运行过程中若出现了 $N_{\mathrm{cons}}$ 状态,则需要为 $\overrightarrow{XP}$ 创建对应的 $\overrightarrow{XPS'}$;若出现了 $N_{\mathrm{fault}}$ 状态,则需要根据 $M$ 的类型对 $\overrightarrow{XP}$ 报告故障。过程中所有约束模式对应的约束向量构成过程的约束向量,即 $M_1(\sum_{i=1}^{m} \overrightarrow{X_iP_iS_i'})+M_2(\sum_{i=1}^{m} \overrightarrow{X_iP_iS_i'})+\cdots+M_n(\sum_{i=1}^{m} \overrightarrow{X_iP_iS_i'})$,其生成算法以如下数据流方程为基础:

$$\mathrm{IN}_s(B) = \bigcup_{\forall\, n\in \mathrm{pre}(B)} \mathrm{OUT}_s(n)$$

$$\mathrm{OUT}_s(B)=\mathrm{GEN}_s(B)\bigcup(\mathrm{IN}_s(B)-\mathrm{KILL}_s(B)) \tag{7-10}$$

式中,$B$ 表示控制流中的节点,应用 $B$ 处的抽象语义 $\{S,\rho(B,X)\}$ 可计算状态机实例在控制流节点上的状态,应用状态转换条件结合区间运算技术可计算状态机实例状态在控制流节点间的转换;$\mathrm{IN}_s(B)$表示到达 $B$ 之前不同状态机实例中所有可能的状态集合;$\mathrm{OUT}_s(B)$表示经过 $B$ 后,不同状态机实例中所有可能的状态集合;$\mathrm{pre}(B)$表示 $B$ 的前驱节点;$\mathrm{KILL}_s(B)$表示对 $B$ 上的所有状态机实例进行状态转换后实例中发生转换的状态以及一些矛盾状态集合;$\mathrm{GEN}_s(B)$表示对 $B$ 上的所有状态机实例进行状态转换后实例所到达的状态集合,即实例新产生的状态集合。

**算法 7.3**　约束向量生成

输入:$\mathrm{CFG}(F)$、$F$ 所对应的初始外部向量$\overrightarrow{F_{\mathrm{init}}}$以及与状态转换相关的 $\mathrm{GEN}_s(B)$ 和 $\mathrm{KILL}_s(B)$计算方法

输出:$F$ 的约束向量$\overrightarrow{F'}$

```
1   begin
2       F' = ∅;
3       for each B in CFG[F] do
4           INs(B) = OUTs(B) = GENs(B) = KILLs(B) = ∅;
5       end for
6       for each XP ∈ Finit do
7           OUTs(B0) = OUTs(B0) ∪ ⋃(i=1 to n) Mi(X).Nstart;
8       end for
9       change = true;
10      while change do
11          change = false;
12          for each B exclude B0 in CFG(F) do
13              INs(B) = ⋃(∀ p∈pre(B)) OUTs(p)
14              old = OUTs(B);
15              for each XP ∈ Finit do
16                  for each Mi(X) for X do
17                      GENs(B) = GENs(B) ∪ GENs(Mi(X),B);
18                      KILLs(B) = KILLs(B) ∪ KILLs(Mi(X),B);
19                      if Ncons ∈ GENs(Mi(X),B) then
20                          F' = F' + Mi:XPS';
21                      end if
22                      if Nfault ∈ GENs(Mi(X),B) then
23                          error(Mi:XPS'); Mi(X) = ∅;
24                      end if
```

```
25              end for
26              end for
27              OUTₛ(B)=GENₛ(B)∪(INₛ(B)−KILLₛ(B));
28              if old≠OUTₛ(B) then change=true;
29          end for
30      end while
31  end
```

算法首先进行初始化的工作,第 2～5 行将过程约束向量、控制流所有节点所对应的相关状态集置空。第 6～8 行对控制流入口节点 $B_0$ 所对应的 $\text{OUT}_s$ 集合进行初始化,将 $\vec{F}$ 中 $\overline{XP}$ 所对应的所有状态机实例的初始状态 $N_{\text{start}}$ 加入其中,作为迭代方程的初始数据。

第 12～29 行逐一遍历控制流的所有节点,计算进入 $B$ 前的状态集合 $\text{IN}_s(B)$ 和经过该节点后的状态集合 $\text{OUT}_s(B)$。当 $\overline{XP}$ 所对应的 $M_i(X)$ 中出现 $N_{\text{cons}}$ 时,将 $\overline{XP}$ 转换为 $M_i:\overrightarrow{XPS'}$,并添加到 $\vec{F'}$ 中;当出现 $N_{\text{fault}}$ 时,报告 $M_i:\overrightarrow{XPS'}$ 对应的故障信息,并通过 $M_i(X)=\varnothing$ 终止相应实例。

将外部向量转换为约束向量的过程中,约束值的确定直接与约束模式相关。其中,部分模式不需要上下文信息即可直接确定约束值,例如,对空指针模式的约束为“非空”,对未初始化模式的约束为“已初始化”,对非法计算模式的约束为“非零”,以及对悬挂指针模式的约束为“未释放”等。另外,有些模式约束值的确定需要上下文相关信息,例如,数组越界模式需要知道数组的有效范围,缓冲区溢出模式需要知道缓冲区的大小等,当然这些内容在计算状态转换的过程中可以获得。对于约束条件 $S'$ 的确定,需要获取达到 $B$ 的路径信息。

### 3. 约束向量传播

过程约束向量生成后,将过程内部无法判定故障的情况提交给其调用者,若其调用者中具备判定相应故障的上下文,即使用约束向量进行故障判断,否则需要继续将约束向量按照调用关系的逆序向上传播。这个对约束向量传播和使用的过程以如下数据流方程为基础:

$$\text{IN}_i(B)=\bigcup_{\forall n\in\text{pre}(B)}\text{OUT}_i(n)$$
$$\text{OUT}_i(B)=\text{GEN}_i(B)\bigcup(\text{IN}_i(B)-\text{KILL}_i(B))$$

(7-11)

式中,$B$ 表示 CFG($F$) 中的节点;$\text{IN}_i(B)$ 表示到达 $B$ 之前 $F$ 中相关变量的取值区间集合;$\text{OUT}_i(B)$ 表示经过 $B$ 后 $F$ 中相关变量的取值区间集合;$\text{pre}(B)$ 表示 $B$ 的前驱节点;$\text{KILL}_i(B)$ 表示经过 $B$ 后取值区间发生变化的变量集合;$\text{GEN}_i(B)$ 表示经过 $B$ 后新得到的变量及其取值区间集合,或对应 $\text{KILL}_i(B)$ 中变量变化后的取值区间集合。

**算法 7.4**　约束向量传播

输入:CFG($F$)、$F$ 中所有子过程所对应的 $\overrightarrow{F_{sub}}$ 以及与区间运算相关的 $\mathrm{GEN}_i(B)$ 和 $\mathrm{KILL}_i(B)$ 计算方法

输出:经由所有子过程传出的 $\overrightarrow{F'}$,以及通过 $\overrightarrow{F_{sub}}$ 所检测到的故障

```
1   begin
2      for each B in CFG[F] do
3         INᵢ(B)=OUTᵢ(B)=∅;
4      end for
5      for each X∈SYM(F) do
6         OUTᵢ(B₀)=OUTᵢ(B₀)∪ρ(L₀,X);
7      end for
8      change=true;
9      while change do
10        change=false;
11        for each B exclude B₀ in CFG(F) do
12           INᵢ(B)= ⋃     OUTᵢ(p)
                    ∀p∈pre(B)
13           if Fsub∈B then
14              for each XPS' in Fsub do
15                 if X∉SYM(F) then XPS'→F';
16                 else if ρ(B,X)=unknow then XPS'→F';
17                 else if |XPS'|∈ρ(B,X) then error(XPS');
18              end for
19           end if
20           old=OUTᵢ(B);
21           OUTᵢ(B)=GENᵢ(B)∪(INᵢ(B)−KILLᵢ(B));
22           if old≠OUTᵢ(B) then change=true;
23        end for
24     end while
25  end
```

算法首先进行初始化工作,第 2~4 行将所有控制流节点对应的 $\mathrm{IN}_i(B)$ 和 $\mathrm{OUT}_i(B)$ 集合置空;第 5~7 行将当前函数符号表中相关变量 $X$ 的初始值 $\rho(L_0,$ $X)$ 写到入口节点对应的集合 $\mathrm{OUT}_i(B_0)$。第 11~23 行在控制流中除入口节点外的其他节点 $B$ 上得到相应的 $\mathrm{IN}_i(B)$ 和 $\mathrm{OUT}_i(B)$ 集合。在得到 $\mathrm{IN}_i(B)$ 后,根据以

下情况对 $B$ 中调用的子过程约束向量进行传递和使用。

当子过程约束向量 $\overrightarrow{F'_{\text{sub}}}$ 中的变量 $X$ 不在当前过程 $F$ 的符号表中时,需要将 $X$ 的约束向量传递给当前过程,即 $\overrightarrow{XPS'} \to \overrightarrow{F'}$;当子过程约束向量 $\overrightarrow{F'_{\text{sub}}}$ 中的 $X$ 存在于当前过程的符号表中,但在 $B$ 处无法确定其取值时,也需要将 $X$ 的约束向量传递给当前过程,即 $\overrightarrow{XPS'} \to \overrightarrow{F'}$;若在 $B$ 处可确定 $\overrightarrow{F'_{\text{sub}}}$ 中 $X$ 的取值,则需要应用该取值对 $\overrightarrow{XPS'}$ 进行判断,判断其约束值是否存在于上下文中,即 $|\overrightarrow{XPS'}| \subset_{\rho}(B, X)$,若成立则表明发现故障,否则未发现故障。

### 7.3.3　函数约束应用

下面以例 7.3 的程序片段来说明约束信息的生成及使用过程。该程序片段中过程调用关系为 $f3 \longrightarrow f2 \longrightarrow f1$,为了能够充分应用约束信息,分析次序确定为过程调用关系的逆序。在分析 $f1$ 时,首先应用算法 7.3 计算 $f1$ 对应的约束向量。为了便于表示,这里用向量的下标表示具体的变量或位置,如 $f1$ 的初始外部向量 $\overrightarrow{F_{\text{init}}}$ 表示为 $\{\overrightarrow{X_pP_1}, \overrightarrow{X_{\text{flag}}P_0}\}$。本例对空指针故障 NPE(null pointer exception)模式 $M_{\text{NPE}}$ 进行分析,由于 flag 与 $M_{\text{NPE}}$ 无关,所以 $M_{\text{NPE}}(X_{\text{flag}}) = \varnothing$,而 $M_{\text{NPE}}(X_p)$ 的状态初始化为 $N_{\text{start}}$。在遍历控制流节点的过程中,$M_{\text{NPE}}(X_p)$ 的状态首先通过转换条件 $C_7$ 从 $N_{\text{start}}$ 转变为 $N_{\text{unknow}}$,然后经过第 8 行代码对应的节点后通过转换条件 $C_3$ 从 $N_{\text{unknow}}$ 转变为 $N_{\text{cons}}$。由于得到约束状态 $N_{\text{cons}}$,可创建 $\overrightarrow{X_pP_1}$ 对应的约束向量 $\{\text{NPE}: \overrightarrow{X_pP_1S'_{\text{flag}}}\}$,并将其加入到 $f1$ 的约束向量 $\overrightarrow{F_{f1}}$ 中。$f1$ 的所有节点都遍历完成后,得到其约束向量 $\overrightarrow{F_{f1}} = \{\text{NPE}: \overrightarrow{X_pP_1S'_{\text{flag}}}\}$。由于 $f1$ 没有调用任何子过程,算法执行后没有发现问题。

接下来分析 $f2$,其初始外部向量为 $\{\overrightarrow{X_pP_1}, \overrightarrow{X_bP_2}\}$,因为 $b$ 与 $M_{\text{NPE}}$ 模式无关,所以 $M_{\text{NPE}}(X_b) = \varnothing$,而 $M_{\text{NPE}}(X_p)$ 的状态初始化为 $N_{\text{start}}$。在遍历控制流节点的过程中,$M_{\text{NPE}}(X_p)$ 的状态首先通过转换条件 $C_7$ 从 $N_{\text{start}}$ 转变为 $N_{\text{unknow}}$,然后一直保持该状态直到 $N_{\text{end}}$ 状态。算法执行完成后,没有为 $f2$ 生成约束向量。$f2$ 调用了 $f1$,由于与 $\overrightarrow{F_{f1}} = \{\text{NPE}: \overrightarrow{X_pP_1S'_{\text{flag}}}\}$ 中对应的变量 $p$ 的取值是不确定的,在 $\overrightarrow{F_{f1}}$ 的基础上创建 $\overrightarrow{X_pP_1}$ 对应的约束向量 $\{\text{NPE}: \overrightarrow{X_pP_1S'_{\text{flag} \wedge (b>0)}}\}$,并将其加入到 $f2$ 的约束向量 $\overrightarrow{F_{f2}}$ 中,在 $f2$ 的所有节点都遍历完成后,得到其约束向量为 $\overrightarrow{F_{f2}} = \{\text{NPE}: \overrightarrow{X_pP_1S'_{\text{flag} \wedge (b>0)}}\}$,实现 $f1$ 的约束向量向 $f2$ 的传播。

继续分析 $f3$,其初始外部向量为 $\{\overrightarrow{X_{\text{flag}}P_0}\}$,因为 flag 与 $M_{\text{NPE}}$ 模式无关,所以 $M_{\text{NPE}}(X_{\text{flag}}) = \varnothing$。算法执行完成后,没有为 $f3$ 生成约束向量。首先在代码的第 17 行出现对 $f2$ 的调用,由于此处可以确定 $\overrightarrow{F_{f2}}$ 中约束变量对应变量 $p$ 的取值,需要进一步判断此处是否会出错。虽然 $p$ 的取值可能为空,但 $\overrightarrow{F_{f2}}$ 中规定了该约束的

生效条件为 $S'_{\text{flag}\wedge(b>0)}$，即 flag 为真，且 $b$ 大于 0。由于 $b$ 对应的值为 0，$\overrightarrow{F_{f2}}$ 不生效。同理在代码第 19 行出现对 $f2$ 的调用，由于 flag 的值为假，$\overrightarrow{F_{f2}}$ 也不生效。而在第 20 行出现的 $f2$ 调用，满足约束的生效条件 $S'_{\text{flag}\wedge(b>0)}$，即应该在此处报错。

### 7.3.4　函数约束实验

在现有 DTS 的测试架构上，通过两个实验来说明过程约束信息技术的作用：①对比 DTS 不同版本间的测试结果；②对比 DTS 与主流测试工具的测试结果。两个实验的测试对象均为 6 个开源 Java 程序，总计 2458 个文件、538244 行代码。

第一个实验观察应用过程约束信息前后对 DTS 测试效果的影响，DTS(A) 为不采用过程约束信息技术的测试版本，DTS(B) 为采用过程约束信息技术的测试版本，分别对比两个版本的误报率及有效故障的报告情况。对比测试结果如表 7-2 所示，其中 IP 表示检测到的可能故障点，经人工确认后确实为故障的表示为 Defect，FPR 表示误报率，GD 表示 DTS(B) 较 DTS(A) 增加的报告的故障数量。本实验中检测的故障类型包括空指针故障、资源泄漏故障、非法计算故障和数组越界故障，DTS(A) 对以上类型故障的平均误报率为 $\left(\sum_{i=1}^{6} \dfrac{\text{IP}_i - \text{Defect}_i}{\text{IP}_i} \times 100\%\right)/6 = 39.87\%$，而 DTS(B) 的平均误报率为 19.41%，降低 20.46% 误报主要是因为 DTS(B) 中约束了外部变量的取值信息，等价于缩小了它们的有效取值范围，从而避免了这部分误报。增报的 492 个故障是因为 DTS(B) 在被调方法的上下文中应用了约束信息，等价于增加了对可能出错相关变量的判定点，从而避免了这部分故障的遗漏。

**表 7-2　DTS 不同版本间的对比测试结果**

| 项目名称 | 文件数 | 行数 | DTS(A) | | DTS(B) | | GD |
|---|---|---|---|---|---|---|---|
| | | | IP/Defect | FPR/% | IP/Defect | FPR/% | |
| Areca | 426 | 68090 | 139/75 | 46.04 | 186/165 | 11.29 | 90 |
| aTunes | 306 | 52603 | 50/45 | 10.00 | 138/113 | 18.12 | 68 |
| Cobra | 449 | 70062 | 45/17 | 62.22 | 47/22 | 53.19 | 5 |
| Freemind | 509 | 102112 | 213/152 | 28.64 | 256/237 | 7.42 | 85 |
| Megamek | 535 | 191969 | 365/255 | 30.14 | 409/373 | 8.80 | 118 |
| Robocode | 233 | 53408 | 74/28 | 62.16 | 187/154 | 17.65 | 126 |
| 合计 | 2458 | 538244 | 886/572 | 39.87 | 1224/1064 | 19.41 | 492 |

第二个实验通过观察应用过程约束信息技术的 DTS 与应用传统上下文分析技术的测试工具 Klocwork 对以上 6 个开源程序的对比测试结果，比较两个工具的误报率和相对漏报率。对比测试结果如表 7-3 所示，其中 SD 表示 DTS 与 Klocwork 报告的相同故障数量，由于两者都存在不同程度的漏报，用 FNR 表示相对漏报率。FPC 表示因扩大了外部变量取值范围而误报的 IP 数，FNC 表示忽略对方法上下文的约束而引起漏报的 IP 数。本实验中检测的故障类型与第一个实验一致，DTS 的平均故障误报率为 19.41%，而 Klocwork 的平均误报率为 28.02%。对 Klocwork 误报的分析结果表明，在误报的故障中，$\left(\sum_{i=1}^{6}\dfrac{\text{FPC}_i}{\text{IP(K8)}_i - \text{Defect(K8)}_i} \times 100\%\right)/6 = 8.7\%$ 是由放大了外部变量区间所造成。DTS 的平均相对漏报率为 $\left(\sum_{i=1}^{6}\dfrac{\text{Defect(K8)}_i}{\text{Defect(DTS)}_i + \text{Defect(K8)}_i - \text{SD}_i} \times 100\%\right)/6 = 32.52\%$，而 Klocwork 的平均相对漏报率为 $\left(\sum_{i=1}^{6}\dfrac{\text{Defect(DTS)}_i}{\text{Defect(DTS)}_i + \text{Defect(K8)}_i - \text{SD}_i} \times 100\%\right)/6 = 38.45\%$。对 Klocwork 漏掉故障的分析结果表明，在相对 DTS 漏报的故障中，$\left(\sum_{i=1}^{6}\dfrac{\text{FNC}_i}{\text{Defect(DTS)}_i - \text{SD}_i} \times 100\%\right)/6 = 10.95\%$ 是因为忽略了方法上下文约束。

表 7-3  DTS 与 Klocwork 的对比测试结果

| 项目名称 | DTS | | | Klocwork | | | | | SD |
|---|---|---|---|---|---|---|---|---|---|
| | IP/Defect | FPR/% | FNR/% | IP/Defect | FP | | FN | | |
| | | | | | FPR/% | FPC | FNR/% | FNC | |
| Areca | 186/165 | 11.29 | 28.57 | 170/138 | 18.82 | 4 | 40.26 | 12 | 72 |
| aTunes | 138/113 | 18.12 | 18.71 | 101/67 | 33.66 | 3 | 51.79 | 6 | 41 |
| Cobra | 47/22 | 53.19 | 42.12 | 56/35 | 37.50 | 2 | 7.89 | 0 | 19 |
| Freemind | 256/237 | 7.42 | 37.3 | 332/275 | 17.17 | 6 | 27.25 | 17 | 134 |
| Megamek | 409/373 | 8.80 | 50.79 | 708/537 | 24.15 | 12 | 29.16 | 22 | 152 |
| Robocode | 187/154 | 17.65 | 17.65 | 76/48 | 36.84 | 1 | 74.33 | 25 | 15 |
| 合计 | 1224/1064 | 19.41 | 32.52 | 1443/1100 | 28.02 | 28 | 38.45 | 82 | 433 |

# 7.4  函数特征

## 7.4.1  函数特征描述

Features=$\{\langle m, f, C_{sc}\rangle\}$ 代表可能引起缺陷状态机状态变迁的特征信息集合，$\langle m, f, C_{sc}\rangle$ 代表如果 $C_{sc}$ 可满足，则函数 $m$ 具有特征 $f$。Features 集合的计算可化为一个正向可能数据流问题。数据流框架 $\langle D, L, \wedge, G, F\rangle$ 中各元素对应的具体含

义如下：

（1）Features 计算是一个正向数据流，$D=$FORWARD。

（2）$L$ 为状态特征信息集合的幂集，$l_{\text{entry}}=\{\}$ 为边界条件。

（3）聚合操作 $\wedge$ 为状态特征信息集合的并运算 $\bigcup_{\text{fea}}$。

（4）$G=(N,E,\text{entry},\text{exit})$ 为控制流图。

（5）$F$ 中的函数代表语句对状态特征信息集合的影响。

建立状态特征信息集合计算的数据流方程如下：

$$\text{OUT}[n]=\text{gen}_n\bigcup_{\text{fea}}(\text{IN}[n]-\text{kill}_n) \tag{7-12}$$

$$\text{IN}[n]=\bigcup_{n'\in\text{pred}(n)}{}_{\text{fea}}\text{OUT}[n']$$

式中，$\text{gen}_n=\{\langle m,f,C_{sc}\rangle\,|\,\text{Has}(f)\}$，谓词 $\text{Has}(v)$ 代表节点 $n$ 上调用了具有特征 $f$ 的子函数；$\text{kill}_n=\varnothing$，$C_{sc}=\{\langle v,t\rangle\,|\,v\in\text{V\_ex}\wedge\langle v,t\rangle\in C_n\wedge\neg\text{Def}(v)\}$。

状态特征信息集合的并运算 $\bigcup_{\text{fea}}$ 定义为

$$\{\langle m,f_1,C_{sc1}\rangle\}\bigcup_{\text{fea}}\{\langle m,f_2,C_{sc2}\rangle\}=\begin{cases}\{\langle m,f_1,C_{sc1}\bigcup C_{sc2}\rangle\}, & f_1=f_2\\ \{\langle m,f_1,C_{sc1}\rangle,\langle m,f_2,C_{sc2}\rangle\}, & f_1\neq f_2\end{cases} \tag{7-13}$$

即当状态特征信息中的特征相同时合并状态特征信息，其摘要条件取并。

### 7.4.2　函数特征生成

库函数的函数摘要通过人工分析得到，在缺陷检测之前作为配置文件读入。自定义函数摘要在分析过程中动态生成，其包含的内容与具体缺陷模式相关。例如，对于资源泄漏缺陷来说，需要的信息包括：

（1）分配特征信息 AllocateFeature$=\langle m,f,C_{sc}\rangle$，表示当 $C_{sc}$ 可满足时，$f$ 表示函数 $m$ 将分配一个资源并存放在某个变量 $n$ 中。

（2）释放或逃逸特征信息 RleaseFeature$=\langle m,f,C_{sc}\rangle$，表示当 $C_{sc}$ 可满足时，函数 $m$ 将释放变量 $n$ 对应的资源或将变量 $n$ 对应的资源传递给全局变量，这个特征表示为 $f$。

考虑例 7.3 的 C 语言程序，针对资源泄漏和空指针引用缺陷模式，生成函数 myopen 的上下文敏感函数摘要如例 7.4 所示。

**例 7.4**　myopen 的函数摘要

```
Summary of myopen {
  Preconditions{
    NPDPrecondition:⟨myopen,filename,notnull,{flag:[−∞,−1]∪[1,∞]}⟩
  }
  Features{
```

```
AllocateFeature:⟨myopen,return_param is allocated,{flag:
    [-∞,-1]∪[1,∞]}⟩
}
Postconditons{
  ⟨myopen,return_param,null_or_notnull,{flag:[-∞,-1]∪[1,∞]}⟩,
  ⟨myopen,return_param,null,{flag:[0,0]}⟩
  }
}
```

当参数 flag 的取值满足[-∞,-1]∪[1,∞]时,要求参数 filename 取值为 not-
null,否则会造成一个空指针引用缺陷;当参数 flag 的取值满足[-∞,-1]∪[1,∞]
时,将分配一个文件资源存放于函数返回值中;当参数 flag 的取值满足[-∞,-1]
∪[1,∞]时,函数返回值的取值为 null_or_notnull;当参数 flag 的取值满足[0,0]
时,函数返回值的取值为 null。

生成函数 myclose 的上下文敏感函数摘要如例 7.5 所示。

**例 7.5**　myclose 的函数摘要

```
Summary of myclose{
  Preconditions{
    NPDPrecondition:⟨myclose,p,notnull,{flag:[-∞,-1]∪[1,∞]}⟩
  }
  Features{
    RelaseFeature:⟨myclose,p is released,{flag:[-∞,-1]∪[1,∞]}⟩
  }
}
```

当参数 flag 的取值满足[-∞,-1]∪[1,∞]时,要求参数 $p$ 取值为 notnull,否
则会造成一个空指针引用缺陷;当参数 flag 的取值满足[-∞,-1]∪[1,∞]时,将
释放参数 $p$ 中的文件资源。

分析至函数 $f1$ 的第 15 行时,逐项应用函数 myopen 的摘要信息,由于 flag 取
值为 0,myopen 返回 null。分析至函数 $f2$ 的第 18 行时,由于 flag 取值为 1,
myopen 返回 null_or_notnull,并分配一个文件资源。分析至函数 $f2$ 的第 20 行
时,由于 flag 取值为 0,函数 myclose 中的摘要条件都不满足,在第 22 行当局部变
量 $p$ 超出其作用域时报告一个文件资源泄露缺陷。函数 $f1$ 和 $f2$ 由于不涉及外
部变量操作也无返回值,其函数摘要为空集∅。

### 7.4.3　函数特征实验

为分析基于函数特征信息对缺陷检测效果的影响,这里进行了缺陷检测对比
实验。实验过程中使用两种不同的分析方法。方法 1:路径敏感,不使用函数特

征;方法 2:路径敏感且使用函数特征。被分析的 10 个开源软件均来自
sourceforge,选取标准为 sourceforge 排名靠前且能独立编译通过。实验所使用计
算机的基本配置为 Intel E2160 1.8GHz CPU、1GB 内存、Windows XP 操作系统。
扫描的缺陷模式为 DTS 的故障类缺陷,对静态自动检测结果进行人工确认 (IP 代
表自动检测得到的检查点,Defect 代表人工确认后得到的缺陷),实验结果如表 7-4
所示。

**表 7-4　对比实验结果**

| 软件名称 | 文件数 | 行数 | 函数个数 | 函数调用点个数 | 方法 1 | | 方法 2 | |
|---|---|---|---|---|---|---|---|---|
| | | | | | 分析时间/s | Defect/IP | 分析时间/s | Defect/IP |
| areca-7.1.1 | 426 | 68090 | 4183 | 9803 | 115 | 46/66 | 206 | 97/186 |
| aTunes-1.8.2 | 306 | 52603 | 3304 | 8396 | 68 | 23/37 | 120 | 93/138 |
| Azureus_3.0.5.2 | 2720 | 575220 | 29115 | 56235 | 956 | 138/314 | 7338 | 223/676 |
| cobra-0.98.1 | 450 | 71385 | 5382 | 5413 | 142 | 12/25 | 215 | 17/47 |
| freecol-0.7.3 | 343 | 110822 | 4532 | 16563 | 192 | 53/69 | 875 | 292/357 |
| freemind-0.8.1 | 509 | 102112 | 6090 | 12577 | 304 | 58/84 | 470 | 246/256 |
| jstock-1.0.4 | 165 | 38139 | 2005 | 3565 | 144 | 29/32 | 187 | 54/57 |
| megamek-0.32.2 | 535 | 212453 | 9242 | 47428 | 999 | 129/223 | 3140 | 383/409 |
| robocode-1.6 | 233 | 53408 | 3020 | 5263 | 77 | 34/35 | 147 | 154/187 |
| SweetHome3D-1.8 | 154 | 59943 | 3526 | 8081 | 158 | 43/63 | 215 | 106/117 |
| 合计 | 5841 | 1344175 | 4183 | 173324 | 3155 | 565/948 | 12913 | 1665/2430 |

经人工确认后,表中的缺陷呈现包含关系:方法 1⊂方法 2。从实验结果中可
以看到:在分析时间上,方法 2 是方法 1 的 4.09 倍;在分析结果上,方法 1 的误报
率为 40.40%,方法 2 的误报率为 31.48%,方法 2 最终报告的缺陷是方法 1 的
2.95 倍。采用函数摘要进行上下文敏感的过程间分析相比没有函数特征而言,既
可以减少误报又可以减少漏报。

**例 7.6　缺陷类型:资源泄漏**

...

```
52    public static void close(Closeable closable) {
53      if (closable ! = null) {
54            try {
55                closable. close();
56            } catch (IOException e) {
57                logger. error(LogCategories. INTERNAL_ERROR, e);
58            }
59        }
60    }
```

```
...
...
222    public static Object readObjectFromFile(String filename)
       throws IOException {
223        InputStreaminputStream = null;
224        try {
225            inputStream = new BufferedInputStream(new
               FileInputStream(filename));
226            return xStream.fromXML(inputStream);
227        } finally {
228            ClosingUtils.close(inputStream);
229        }
230    }
```

　　例 7.6 中,方法 1 会在文件 XMLUtils. java 的第 230 行报告一个资源泄漏故障,这是一个误报。因为在文件 ClosingUtils. java 的第 52 行定义的函数 Closin-gUtils. close 实际上是用户自定义的一个专门用于释放资源的函数。方法 2 会在函数 ClosingUtils. close 的函数摘要中生成该函数的资源释放特征,从而避免该误报的产生。

## 参 考 文 献

[1] John P B. An efficient way to find the side effects of procedure calls and the aliases of varia-bles[C]. Proceedings of the 6th Annual ACM Symposium on Principles of Programming Languages, San Antonio, 1979: 29-41.

[2] Cooper K D, Kennedy K. Interprocedural side-effect analysis in linear time[J]. ACM SIGPLAN Notice,1988, 23(7):57-66.

[3] Cooper K D, Kennedy K. Efficient computation of flow-insensitive interprocedural summary information—A correction[J]. ACM SIGPLAN Notice,1988, 23(4):35-42.

[4] William L, Barbara G R, Sean Z. Interprocedural modification side effect analysis with pointer aliasing[J]. ACM SIGPLAN Notices, 1993, 28(6):56-67.

[5] Cousot P,Cousot R, Feret J, et al. The astreeanalyser[C]. 14th European Symposium on Programming, Edinburgh, 2005:21-30.

[6] Cousot P,Cousot R,Feret J, et al. Varieties of static analyzers: A comparison with ASTREE[C]. International Symposium on Theoretical Aspects of Software Engineering, Shanghai,2007: 3-17.

[7] Flanagan C, Leino K R M,Lillibridge M. Extended static checking for Java[C]. Proceedings of the ACM SIGPLAN Conference on Programming Language Design and Implementation, Berlin, 2002:234-245.

# 第 8 章  程 序 切 片

程序切片技术是一种分析和理解程序的技术,它以切片标准为准则,从被测程序中抽取出满足切片标准要求的有关语句,忽略与此无关的语句,实际上是对程序进行分割与简化。在过去 30 多年中,众多研究人员对程序切片技术进行深入探讨,促进了程序切片技术的快速发展,目前已广泛应用于程序理解、分解、验证,软件调试、测试、维护、度量、重用,以及逆向工程等。

本章主要介绍程序切片的基本概念、种类和计算方法,以及程序切片技术在软件质量保证、软件维护和软件度量中的应用。

## 8.1  基 本 概 念

程序切片最初由 Weiser 提出,定义为一个可执行的程序部分,由可能影响程序某个兴趣点处变量值的所有语句和谓词组成,并认为程序切片应与人们在调试一个程序时所做的智力抽象相对应,即程序切片和源程序对程序某个兴趣点处变量的影响是一样的。

### 8.1.1  程序切片的定义

程序切片技术实际上是一种按照某种规则对源程序进行约简的分析技术。Weiser[1] 给出的程序切片定义如下:

给定一个程序 $P$,假设 $s$ 是 $P$ 的一条语句,$V$ 是 $P$ 中变量的一个集合,那么程序 $P$ 关于语句 $s$ 和变量 $V$ 的切片是 $P$ 中位于 $s$ 语句之前对 $V$ 中变量有影响的所有语句组成的集合,记为 $\text{Slice}(s, V)$ 或 $S_P$。

非形式地说,程序切片满足下列两个条件[2]:

(1) 一个程序切片与一个特定的切片标准 $C = (s, V)$ 相对应,其中 $s$ 是程序的某个兴趣点(一般是某条语句),$V$ 是语句 $s$ 所定义/使用变量的集合。

(2) 程序 $P$ 的切片 $S_P$ 可通过从 $P$ 中删除 0 条或多条语句得到,但是应保证程序 $P$ 和切片 $S_P$ 相对于切片标准 $(s, V)$ 而言,其行为相同。

也就是说,Weiser 定义的程序切片是程序 $P$ 的一个可执行部分,对于某个兴趣点 $s$ 处的变量 $V$ 而言,这个可执行部分相对于程序 $P$,在功能上是等效的。

程序切片依据一定的准则计算而来。关于切片标准 $C = (s, V)$ 的程序切片是源程序语句的一个子集 $S_P$,它满足以下两个特性:

(1) $S_P$ 是一个有效的程序。

(2) 对于一个给定的输入,当程序 $P$ 发生中断时,切片 $S_P$ 也发生中断。当与 $s$ 相关的语句被执行时,程序 $P$ 和切片 $S_P$ 计算出的 $V$ 中变量的值相同[3]。

例如,对于图 8-1(a)所示的程序 $P$,假设切片标准为$(8, \text{sum})$,切片后可得到图 8-1(b)所示的程序切片 $S_P$,切片 $S_P$ 是根据切片标准从 $P$ 中删除与第 8 行语句 sum 变量无关的语句得到的。由图中可以看出,对所有的初始输入,源程序 $P$ 和切片 $S_P$ 的第 8 行 sum 变量都拥有相同的值。

```
1   int i ;
2   int sum = 0 ;
3   int product = 1 ;
4   for(i = 1 ; i < N ; + + i) {
5     sum = sum + i ;
6     product = product * i ;
7   }
8   write (sum) ;
9   write (product) ;
```

```
1   int i ;
2   int sum = 0 ;
3
4   for(i = 1 ; i < N ; + + i) {
5     sum = sum + i ;
6
7   }
8   write (sum) ;
9
```

　　　　(a) 源程序 $P$　　　　　　　　　　　　　(b) 程序切片 $S_P$

图 8-1　程序切片实例

显然,对于一个程序,程序 $P$ 的一个切片可以是任何一个对 $s$ 处 $V$ 中变量的影响与 $P$ 相同的程序。

**公理 8.1**　对于任何一个切片标准,至少存在一个切片,即程序本身。

Weiser 定义的程序切片是一种可执行的程序。Howritz 等[4]对程序切片的定义进行了扩展,定义一个程序切片为由程序中一些语句和判定表达式组成的集合,这些语句和判定表达式可能会影响程序某个位置 $s$ 上所定义/使用变量 $V$ 的值。这种扩展后的程序切片可以是一个不可执行的程序。

如果对于同一个切片标准,没有比切片 $S_{\min}$ 包含更少语句的切片,则称 $S_{\min}$ 为最小切片。

对于给定的程序和切片标准,最小切片一定是唯一的,但如何确定所得切片是最小切片,这是不可判定的,因为还找不到一个算法能够判定两个程序代码具有相同的行为。

自程序切片概念提出以来,许多学者对程序切片进行了深入研究,给出了许多略有不同的切片定义以及用于切片计算的算法。总体来说,程序切片技术的发展经历了从静态到动态、从前向到后向、从单一过程内到多个过程间、从过程型程序到面向对象程序等阶段。

### 8.1.2 程序切片标准

程序切片由切片标准决定。同一程序因切片标准不同,其计算出的程序切片也会不同。常用的程序切片标准有静态切片标准和动态切片标准[2,5,6]。

#### 1. 静态切片标准

静态切片标准是一个二元组 $C=(s,V)$,其中 $s$ 是程序 $P$ 的某个兴趣点(对应于 $P$ 中的一条语句),$V$ 是 $P$ 中变量集合的一个子集,一般为 $s$ 处定义或使用变量的集合。

给定静态标准 $C$,程序切片由可能影响 $s$ 处 $V$ 中变量的所有语句和谓词组成,即程序 $P$ 的一个切片可以是任何一个对 $s$ 处 $V$ 中变量的影响与 $P$ 相同的程序。

#### 2. 动态切片标准

动态切片标准是一个三元组 $C=(x,s,V)$,其中 $x$ 为程序输入,$s$ 是程序 $P$ 的某个兴趣点(对应于 $P$ 中的一条语句),$V$ 是 $P$ 中变量集合的一个子集,一般为 $s$ 处定义或使用变量的集合。

给定动态标准 $C$,程序切片由路径上(输入 $x$ 的执行路径)影响或间接影响 $s$ 处 $V$ 中变量的所有语句和谓词组成,即当输入 $x$ 时,程序切片在位置 $s$ 处关于 $V$ 中变量的行为与程序 $P$ 相同。

本章若无特别说明,程序 $P$ 中的变量集合 $V$ 均指兴趣点处定义或使用变量的集合。

除了上面两种切片标准,还有几种常见的切片标准,例如,后向切片标准是一个二元组 $C=(s,V)$,其中 $s$ 是程序 $P$ 中的一个兴趣点,$V$ 是 $P$ 中变量的一个集合,其程序切片 $S_P$ 由一些语句和谓词组成,这些语句和谓词影响 $s$ 处变量 $V$ 的值;前向切片标准是一个二元组 $C=(V,s)$,其中 $s$ 是程序 $P$ 中的一个兴趣点,$V$ 是 $P$ 中变量的一个集合,其程序切片 $S_P$ 由一些语句和谓词组成,这些语句和谓词受 $V$ 中变量在 $s$ 处的值的影响;多点切片标准是一个二元组 $C=(V,N)$,其中 $N$ 是程序 $P$ 中节点的集合,$V$ 是 $P$ 中变量的集合。当在 $N$ 中任何一点执行一条语句时,对于 $V$ 中的所有变量而言,切片 $S_P$ 和程序 $P$ 具有同样的效果。

程序切片计算需要程序的控制依赖和数据依赖等信息,通常涉及控制流图、程序依赖图和系统依赖图等[7-10]。关于控制流图、程序依赖图和系统依赖图的含义,可参见 1.3 节。

## 8.2　常见程序切片种类

多年来,许多学者相继给出了各种程序切片及其变体,如静态切片、动态切片、后向切片、前向切片、准静态切片、同步切片、条件切片、无定型切片、混合切片和程序砍片等。

### 8.2.1　静态切片

　　静态是指只用可获得的静态信息进行切片计算,即切片是静态分析的结果。Weiser 最初提出的程序切片属于静态切片(static program slicing)范畴,通过分析源程序代码,获得程序的静态数据流和控制流相关信息,依据静态切片标准计算其程序切片。

　　程序静态切片依据静态切片标准计算而来。对于一个给定的静态切片标准 $C=(s,V)$,其静态切片与源程序在语句 $s$ 处关于变量 $v$ 的计算结果完全相同[11,12]。例如,图 8-2(a)是一个输入整数求和的程序,假设静态切片标准 $C=(12,\text{sum})$,则程序切片 $S_P$ 如图 8-2(b)所示,这些语句将影响变量 sum 的值。

```
1   void main (void) {
2     int current ;
3     int sum =  0 ;
4     int i =  0 ;
5     do {
6       printf ("\nEnter an integer: ") ;
7       scanf ("% d" , &current) ;
8       if (current >  0) {
9         sum =  sum + current ;
10        i =  i + 1 ; } }
11    } while (current >  0) ;
12    printf ("\nThe sum of % d numbers is % d\n" , i , sum) ;
13  }
```

(a) 输入整数和程序

```
1
2     int current ;
3     int sum =  0 ;
4
5     do {
6
7       scanf ("% d", &current) ;
8       if (current >  0) {
9         sum =  sum + current ;}
10
11    } while (current >  0) ;
12    printf ("\nThe sum of % d numbers is % d\n", i , sum) ;
13
```

(b) 静态程序切片 $S_P$

图 8-2　静态切片实例

静态切片采用静态分析技术,直接对变量或函数调用关系进行分析,这种切片方法可以将源程序中所有与切片标准相关的语句都作为切片结果抽取出来,不会出现遗漏部分切片结果的情况[13]。但静态切片不考虑程序的输入值,其切片结果是不精确的。因为程序常含有多个选择分支结构,执行哪条分支是由选择条件决定的,追根溯源是由程序输入值决定的,不考虑输入值的静态切片并不能对分支进行选择,只能将分支结构全部作为切片的结果,实际上,静态切片考虑了程序所有可能的执行路径。对于程序的某个变量而言,静态切片计算出的该变量值与源程序计算出的该变量值在任何输入下都是相同的。因此,静态切片的工作量较大,一般只用于程序理解和软件维护方面。

### 8.2.2 动态切片

Korel 和 Laski[14]将静态切片扩展为动态切片(dynamic program slicing),依据动态数据流和控制流信息计算切片,即动态切片依赖于程序中某个变量的具体输入,而不是所有输入的集合。也就是说,对于同一个程序,在语句 $s$ 中变量 $V$ 的不同输入会导致不同的动态切片结果。因此,动态切片标准是一个三元组 $\langle x, s, V \rangle$,由它计算的动态切片表示程序在输入为 $x$ 时影响语句 $s$ 中变量 $V$ 的所有语句的集合[15]。

例如,图 8-3 为图 8-2(a)所示程序在切片标准为 $\langle 0, 12, sum \rangle$ 时计算的动态程序切片,即在输入为 0 时影响第 12 条语句中变量 sum 值的语句集合。

```
1

2

3    int sum = 0 ;

4

5

6

7

8

9

10

11

12    printf ("\nThe sum of % d numbers is % d\n", i , sum) ;

13
```

图 8-3　输入为 0 时的动态切片 $S_P'$

动态切片只考虑某个具体输入下程序的执行路径,由路径上影响或间接影响程序某个兴趣点处变量值的所有语句和谓词组成。根据实际输入执行时产生的精确数据流信息,即在特定执行过程中产生的数据依赖,计算程序的动态切片。因此,对于程序的某个变量,动态切片和源程序计算出的该变量值在某个特定的输入下是相同的。

动态切片考虑了输入值,可以确定程序到底执行哪条分支结构并作为切片结果,同时增加了对数组和指针变量在运行时的处理,因此动态切片能够得到比静态切片更精准的结果。将程序的执行作为考虑因素使得动态切片明显减小,且每次计算的工作量也较小。但每一次的计算都不尽相同,提供更多的程序动态信息,多用于软件调试、测试等方面,在程序错误定位与分析上也有着广泛的应用。

### 8.2.3　后向切片

一个程序切片对应一个特定的切片标准$\langle s, V \rangle$。后向切片(backward slicing)是指构造一个集合 affect($V/s$),使得这个集合由所有影响语句 $s$ 处变量 $V$ 的语句和谓词组成,即后向切片包含了所有对 $V$ 中变量有直接或间接影响的语句和控制条件[16]。

Weiser 最初给出的切片便是后向切片,即提取的可执行的子程序由与语句 $s$ 处变量 $V$ 的计算有关的语句构成。

例如,对图 8-4(a)所示的示例程序,根据切片标准$\langle 7, D \rangle$进行后向切片,其计算的后向切片如图 8-4(b)所示。

后向切片在软件错误定位中有着广泛的应用。例如,测试时发现程序的某个错误,可能需要知道是前面哪些语句或谓词表达式引起的,这时就需要计算程序的后向切片。

```
1    void func()
2    {
3      A = 10 ;
4      B = 20 ;
5      B = A + 10 ;
6      C = A + 15 ;
7      D = B + 2 ;
8      C = D ;
9      B = C ;
10   }
```

```
1    void func()
2    {
3      A = 10 ;
4      B = 20 ;
5      B = A + 10 ;
6
7
8
9
10   }
```

　　　　(a) 示例程序　　　　　　　　　　　(b) 后向切片

图 8-4　后向切片实例

### 8.2.4　前向切片

对于一个切片标准$\langle s, V \rangle$,前向切片(forward slicing)是指构造一个集合

affect_by($V/s$),使得这个集合由受到语句 $s$ 处变量 $V$ 的值影响的所有语句和谓词构成[17]。

例如,对如图 8-5(a)所示程序根据切片标准$\langle 7, D \rangle$进行前向切片,其计算的前向切片如图 8-5(b)所示。

前向切片也有广泛的应用,对程序 bug 修改以后想知道修改影响了后面的哪些语句以及是否会带来其他副作用,就需要计算程序的前向切片。

```
1    void func()
2    {
3       A =  10 ;
4       B =  20 ;
5       B =  A +  10 ;
6       C =  A +  15 ;
7       D =  B +  2 ;
8       C =  D ;
9       B =  C ;
10   }
```

```
1    void func()
2    {
3
4
5
6
7
8       C =  D ;
9       B =  C ;
10   }
```

(a) 示例程序　　　　　　　　　　　　　　(b) 前向切片

图 8-5　前向切片实例

## 8.2.5　准静态切片

静态切片考虑所有可能的程序输入,导致得到的切片语句较多,尺寸较大;而动态切片只考虑程序的某一次特定输入,虽然得到的切片尺寸比静态切片小很多,但局限于对单一特殊执行路径的分析,因此,静态切片和动态切片各有利弊。基于这样的事实,Venkatesh[18]提出一种混合使用静态切片和动态切片理念的切片方法——准静态切片(quasi static slicing)。一个准静态切片由程序输入参数序列的一个初始化前缀构成,用于分析一些输入值确定而另外一些输入不断变化的程序。也就是说,当程序的某些输入变量值确定后,还需通过分析那些不确定的输入变量来确定程序的表现行为时,可利用准静态切片法进行程序切片。

例如,对图 8-6(a)所示程序,语句第 14 行中变量 sum 的静态切片为整个程序。当输入为$\langle \text{false}, 10, 3, 4, 5, 0 \rangle$时,第 14 行中变量 sum 的动态切片结果如图 8-6(b)所示。在变量 debug 输入值固定为 false 而其他输入变量不确定,即输入流为$\langle \text{false}, \cdots \rangle$时,可得到如图 8-6(c)所示的准静态切片。

显然,当所有变量取值均不受约束时,准静态切片变为静态切片;当所有输入变量均设定为具体值时,准静态切片变为动态切片。

```
1   bool debug ; int n ;
2   read (debug) ; read (n) ;
3   int i = 0 , sum = 0 ;
4   do {
5       read (data) ;
6       i = i+ 1 ;
7       if (data >  0)
8         sum =  sum +  data ;
9       if (debug)
10        { write (i , data); sum =  0 ;}
11      } while ((i < =  n)&&(data ! =  0) ;
12      if (i >  n)
13        { write ("error"); sum =  0 ;}
14      write (sum) ;
```
(a) 示例程序

```
1    int n ;
2
3    int i = 0 , sum = 0;
4    do {
5        read (data) ;
6        i =  i+ 1;
7        if (data >  0)
8          sum =  sum +  data;
9
10
11       } while ((i < =  n)&&(data ! =  0) ;
12
13
14       write (sum) ;
```
(b) 动态切片

```
1    int n ;
2
3    int i = 0 , sum = 0;
4    do {
5        read (data);
6        i =  i+ 1;
7        if (data >  0)
8          sum =  sum +  data;
9
10
11       } while ((i < =  n)&&(data ! =  0);
12       if (i >  n)
13         { write ("error"); sum =  0;}
14       write (sum) ;
```
(c) 准静态切片

图 8-6　准静态切片实例

### 8.2.6　同步切片

Danicic 和 Harman[19] 提出了同步切片（simultaneous slicing）的概念，与传统切片的不同之处在于：同步切片标准是一个由多个切片标准构成的集合，即同步切片标准用 $\langle\langle s_1,v_1\rangle,\cdots,\langle s_n,v_n\rangle\rangle$ 来表示，其中 $\langle s_i,v_i\rangle$，$i\leqslant n$ 是一个静态切片标准，可见同步切片由多个静态切片联合计算得到。

例如，对于图 8-2（a）所示程序，假定其同步切片标准 $C=\{\langle 12,i\rangle,\langle 12,$ sum$\rangle\}$，即对第 12 行语句中的变量集 $\{i,\mathrm{sum}\}$ 进行同步切片计算，其切片结果如图 8-7 所示。

```
1
2     int current;
3     int sum = 0;
4     int i = 0;
5     do {
6
7       scanf ("% d", &current);
8       if (current > 0) {
9         sum = sum + current;
10        i = i + 1; }
11    } while (current > 0);
12    printf ("\nThe sum of % d numbers is % d\n", i , sum) ;
13
```

图 8-7 切片依据是变量集⟨i, sum⟩的同步切片示例

分解切片(decomposition slicing)是一种特殊的同步切片,其标准源于程序中的同一变量,即分解切片标准的表示形式为$\{\langle s_1, v \rangle, \cdots, \langle s_n, v \rangle\}$,因此分解切片由一组关注同一变量的程序切片组成,可以捕获程序中对某一变量的所有计算。

显然,从切片定义的严格意义上来讲,多个切片的组合不是切片。然而,严格意义上的切片只有在纯理论研究中才有意义,对于大多数切片应用来说,其目标是将多个切片结合起来组成一个子程序来完成更高层次的要求,而不是为保留原始程序语义一致的最小化切片。目前,同步切片已作为一种一般化的程序切片方法,在程序理解、软件测试方面得到较好的应用。

### 8.2.7 条件切片

Canfora 等[20]给出了另一种基于删除语句的程序切片框架——条件切片(conditioned slicing)。条件切片将给定的执行条件作为切片准则进行子程序提取,这些给定的条件是指输入变量在一阶逻辑式中的一系列初始状态。假设$V_{in}$是程序 $P$ 的输入变量的一个子集,$F(V_{in})$是关于 $V_{in}$ 中变量的一个一阶逻辑公式,它将程序输入变量的子集$V_{in}$映射到程序初始状态的集合上。那么,条件切片的三要素为语句 $s$、变量 $V$ 和条件 $F(V_{in})$,其形式可用一个三元组 $C = (F(V_{in}), s, V)$ 表示,其中$(s, V)$是静态切片标准的两个成分,即 $s$ 是程序 $P$ 中的一条语句,$V$ 是 $P$ 的一个变量集合。

程序 $P$ 关于条件切片标准 $C = (F(V_{in}), s, V)$ 的一个条件切片是任何语法正确且可执行的程序 $P'$ 满足:

(1) $P'$ 是从 $P$ 中删除 0 或多条语句得到的。

(2) 任何时候,当 $P$ 在输入 $I$ 上终止于执行轨迹 $T$ 时,$P'$ 也在输入 $I$ 上停止于执行轨迹 $T'$,且执行轨迹 $T$ 与 $T'$ 在切片标准$(s, V)$上是相等的。

例如,图 8-8(a)所示代码为一个根据输入的学生成绩计算学生考试结果(fail/pass)的简单程序。该程序在条件 $F = (\text{mark} \geqslant 35 \wedge \text{mark} < 40)$ 下关于变量

grade 的条件切片如图 8-8(b)所示。

```
1    void main() {
2        int mark;
3        char grade , *result;
4        scanf ("%d", &mark);
5        if (mark <  35) {
6          result = "fail";grade =  'F' ;}
7        else { result = "pass";
8            if (mark <  40) grade = 'E' ;
9            else { if (mark <  50) grade = 'D' ;
10               else { if (mark <  60) grade = 'C' ;
11                   else { if (mark <  70) grade = 'B' ;
12                       else { grade = 'A' ;}}}}
```

(a) 计算考试结果(fail/pass)的示例程序

```
1~7
8          grade = 'E' ;
9~12
```

(b) $F=($mark$\geqslant35\wedge$mark$<40)$下关于变量 grade 的条件切片

图 8-8　同步切片实例

条件切片使人们能通过不同的角度分解程序,Harman 等[21]给出的前向和后向条件切片为条件切片提供了一个统一的框架,可以根据前向和后向条件对程序进行进一步分析。

### 8.2.8　无定型切片

传统切片都是语句保持(syntax-preserving)的,即通过从原始程序中移除与兴趣点不相关的语句或谓词得到,是原始程序语句集合的一个子集。但在程序理解和逆向工程等领域,并不要求满足语句保持,不需要为语句保持而耗费代价。

Harman 等[22]给出了一种无定型切片(amorphous slicing),在这类切片中,舍弃了语句方面的一致性要求,保留语义的一致性要求。即当对变量 $V$ 在语句 $s$ 处进行切片时,无定型切片保留了原始程序在 $s$ 处对变量 $V$ 的计算效果,但没有对切片强加语法上的限制,可以得到更小的切片结果。

例如,图 8-9(a)是一个示例程序,对于切片标准 $C=(6, \text{slice})$,其传统语法保持切片如图 8-9(b)所示,而无定型切片则如图 8-9(c)所示。

```
1   D = 2 * r ;
2   FaceArea = pi * r * r ;
3   C = pi * D ;
4   TempArea = pi * FaceArea ;
5   SArea = 2 * FaceArea + h * C ;
6   slice = SArea ;
```
(a) 示例程序

```
1   D = 2 * r ;
2   FaceArea = pi * r * r ;
3   C = pi * D ;
4
5   SArea = 2 * FaceArea + h * C ;
6   slice = SArea ;
```
(b) 语法保持切片

```
Slice = 2 * pi * r * r + h * pi * 2 * r
```

(c) 无定型切片

图 8-9 无定型切片实例

无定型切片不仅继承了传统切片技术在简化原始程序时保留原始程序语义的功能,还充分利用了保留语义映射的简化技术,尽可能地简化原始程序。它可以看成切片技术与程序转化技术相结合的产物,可以使用任何程序转换来简化程序,并按切片准则保持与原始程序相对应的结果。这种语句上的自由,使无定型切片能得到比传统语句保持切片更小的结果。

### 8.2.9 混合切片

由于静态切片不精确而动态切片只针对一次特定的执行,Gupta 等[23]提出一种混合切片(hybrid slicing)技术。混合切片是将一些动态信息融入静态切片分析中,通过提高计算的准确性来提升静态切片的精度和质量,或将静态信息融入动态切片分析中,利用静态信息来提高执行时间性能,同时又保留了动态切片的精确性。目前,已有一些同时使用静态和动态信息混合切片技术的理论和算法问世。

### 8.2.10 程序砍片

Jackson 和 Rollins[24]提出了另一种切片类型——程序砍片(chopping)。程序砍片的标准可以被定义为一对数据$(s,t)$,其中 $s$ 是源语句点,$t$ 是目标语句点。程序砍片能够提取所有涉及从 $s$ 到 $t$ 转换所依赖的语句。根据 Chopping 准则$(s,t)$得到的砍片是一个 $t$ 的后向切片 $S(t)$ 和一个 $s$ 的前向切片 $S(s)$ 的交集,即 $S(t)\bigcap S(s)$。因此,程序砍片回答了这样一个问题:目标语句 $t$ 如何影响给定的源语句 $s$。

例如,对于图 8-2(a)所示程序,在标准(current,sum)下其砍片结果如图 8-10 所示。

```
1
2
3
4
5    do {
6
7      scanf ("% d", &current);
8      if (current >  0) {
9        sum =  sum + current ;}
10
11     } while (current > 0);
12     printf ("\n The sum of % d numbers is % d\n", i , sum);
13   }
```

图 8-10 关于变量(current,sum)的程序砍片

上述这些切片本质上是一致的,都是对源程序进行的简化,只是随切片标准的不同而存在差异。但无定型切片在简化源程序的同时舍弃了语句保持性,只保持与源程序语义的一致性,可见无定型切片不一定是源程序的语句子集,但一定是源程序的语义子集。

# 8.3 程序切片计算方法

目前,计算程序切片的方法较多,大体可分为三类:基于数据流方程的切片计算方法、基于程序依赖图可达性的切片计算方法和基于信息流关系的切片计算方法,可用于过程内、过程间和面向对象程序的切片计算。

## 8.3.1 过程内切片计算方法

### 1. 基于数据流方程的切片计算方法

Weiser[1]提出的原始切片方法是一种基于数据流方程的循环迭代切片计算方法,其基本思想是:首先找出所有与兴趣点直接相关的变量和语句,然后利用数据依赖、控制依赖关系的传递性,计算与兴趣点间接相关的变量和语句,从而得到其程序切片,即通过循环迭代地对 CFG 每个节点计算直接/间接相关变量和语句集合来计算切片,其算法主要分为两步:

(1) 分析源程序中各种结构的控制流和数据流,在此基础上建立源程序的控制流图和数据流集合。

(2) 对源程序的控制流图进行分析,建立源程序的数据流方程,根据切片标准对控制流图中的数据流进行迭代计算,逐步得到源程序的程序切片。

具体而言,对于切片标准 $C=(n,V)$,其中 $n$ 是程序 $P$ 控制流图中的一个节点,$V$ 是程序 $P$ 变量集的一个子集,$i \to_{CFG} j$ 表示在程序 $P$ 控制流图中存在一条由节点 $i$ 到节点 $j$ 的边,计算其程序切片则需要 4 个数据流集合信息,即集合 $D_{EF}(i)$、$R_{EF}(i)$、$C_{CONTROL}(i)$ 和 $R_C(i)$,其中 $D_{EF}(i)$ 和 $R_{EF}(i)$ 分别表示 CFG 中节点 $i$ 所定义和引用的变量集合;$C_{CONTROL}(i)$ 表示那些直接决定节点 $i$ 能否被执行的语句集合;$R_C(i)$ 表示与节点 $i$ 相关的变量集合,这些变量直接或间接影响 $i$ 处变量 $V$ 值的计算,$R_C^k(i)$ 表示第 $k$ 次迭代计算所得的与节点 $i$ 间接相关的变量集,当 $k=0$ 时,为直接相关变量集,从 $R_C(i)$ 中可以得到一系列语句 $S_C$,这些语句便构成了目标程序切片;$S_C^k$ 表示第 $k$ 次迭代计算所得的间接相关语句集合,当 $k=0$ 时,为直接相关语句集。

切片 $S_P$ 可通过以下四个步骤计算得到:

(1) $R_C^0(n)=V$,节点 $n$ 的相关变量集初始值为变量集 $V$。

（2）$R_C^0(m)=\varnothing$，所有其他节点的相关变量集为空集。

（3）对 CFG 进行后向操作，对于每条边 $i\rightarrow_{CFG}j$，计算节点 $i$ 的直接相关变量和语句：

$$R_C^0(i)=\{v\mid i=n\}\bigcup\{v\mid v\in R_C(j),v\notin D_{EF}(i)\}\bigcup\{v\mid v\in R_{EF}(i),D_{EF}(i)\bigcap R_C(j)\neq\varnothing\}$$

$$S_C^0=\{i\mid(D_{EF}(i)\bigcap R_C(j))\neq\varnothing,i\rightarrow_{CFG}j\} \tag{8-1}$$

（4）计算节点 $i$ 的间接相关变量和语句，即对于每个 $B_C^k=\{b\mid\exists i\in S_C^k(i),i\in C_{CONTROL}(b)\}$，进行第 $k+1$ 次迭代计算：

$$R_C^{k+1}(i)=R_C^k(i)\bigcup\bigcup_{b\in B_C^k}R_{(b,R_{EF}(b))}(i)$$

$$S_C^{k+1}=B_C^k\bigcup\{i\mid(D_{EF}(i)\bigcap R_C^{k+1}(j))\neq\varnothing,i\rightarrow_{CFG}j\} \tag{8-2}$$

式中，$B_C^k$ 为节点 $i$ 第 $k$ 次间接影响的语句集中与 $i$ 存在控制依赖关系的节点集。

例如，对于图 8-2(a)所示程序，依据切片标准 $C=(13,\{sum\})$ 对其进行切片。表 8-1 给出了每个节点相应的 $D_{EF}$、$R_{EF}$、$C_{CONTROL}$ 集合和通过数据流方程算法计算得到的相关变量集合 $R_C$。遍历所有的 $i\rightarrow_{CFG}j$ 关系，找到所有满足 $(D_{EF}(i)\bigcap R_C(j))\neq\varnothing$ 的节点 $i$，由表 8-1 可知，$D_{EF}(2)=\{current\}$ 和 $R_C(5)=\{sum,current\}$，则节点 $2\in S_C^0$；若 $D_{EF}(7)=\{current\}$ 且 $R_C(8)=\{sum,current\}$，则节点 $7\in S_C^0$，以此类推，最终得到 $S_C^0=\{2,3,7,9,12\}$。从表 8-1 的 $C_{CONTROL}$ 列可以看出，在 $S_C^0$ 所包含的所有节点中，语句 7 控制依赖于节点 5 和 11，语句 9 控制依赖于节点 8，因此 $B_C^0=\{5,8,11\}$。根据步骤（4），可计算出 $S_C^1=\{2,3,5,7,8,9,11,12\}$，最终结果与图 8-2(b)所示切片结果完全一致。

表 8-1　图 8-2 程序切片计算的相关集合数据

| 节点 | $D_{EF}$ | $R_{EF}$ | $C_{CONTROL}$ | $R_C$ |
|---|---|---|---|---|
| 1 | $\varnothing$ | $\varnothing$ | — | $\varnothing$ |
| 2 | $\{current\}$ | $\varnothing$ | — | $\varnothing$ |
| 3 | $\{sum\}$ | $\varnothing$ | — | $\{current\}$ |
| 4 | $\{i\}$ | $\varnothing$ | — | $\{sum,current\}$ |
| 5 | $\varnothing$ | $\varnothing$ | — | $\{sum,current\}$ |
| 6 | $\varnothing$ | $\varnothing$ | $\{5,11\}$ | $\{sum,current\}$ |
| 7 | $\{current\}$ | $\{current\}$ | $\{5,11\}$ | $\{sum,current\}$ |
| 8 | $\varnothing$ | $\{current\}$ | $\{5,11\}$ | $\{sum,current\}$ |
| 9 | $\{sum\}$ | $\{sum,current\}$ | $\{8\}$ | $\{sum,current\}$ |
| 10 | $\{i\}$ | $\{i\}$ | $\{8\}$ | $\{sum\}$ |
| 11 | $\varnothing$ | $\{current\}$ | — | $\{sum\}$ |
| 12 | $\varnothing$ | $\{i,sum\}$ | — | $\{sum\}$ |
| 13 | $\varnothing$ | $\varnothing$ | — | $\varnothing$ |

2. 基于程序依赖图可达性的切片计算方法

Ottenstein 等[25]将切片问题定义为程序依赖图的可达性问题,在程序依赖图上利用图的可达性分析来计算单一过程的程序切片,使切片计算过程更直观、更易于被软件开发人员理解。目前,基于程序依赖图的可达性分析计算方法已成为一种流行的切片计算方法[26]。

基于依赖图的程序切片计算方法具体如下:

(1) 构造源程序的程序依赖图或系统依赖图。

(2) 对于一个具体的切片标准,在程序依赖图或系统依赖图上运用图的可达性分析算法,计算与切片标准相关的节点和边。

(3) 将这些节点映射到源程序,便可得到关于该切片标准的程序语句和谓词,即程序切片。

对于单一过程程序,假定切片标准为节点 $v$,则基于程序依赖图可达性的切片计算算法如算法 8.1 所示。

**算法 8.1** 基于依赖图可达性的切片计算算法

1    function MarkVerticesOfSlice (PDG $G$, Vertex $v$)

2    返回节点集合;

3    **let** WorkList $W = \{v\}$;

4    mark($v$) = true;

5    **while** WorkList$\neq\varnothing$

6    **let** $w$ = RemoveElement($W$);    //取出 $W$ 中的一个元素 $W$;

7    **foreach** edge $v \rightarrow w \in E(G)$    //在程序依赖图中找出所有
                                              与 $W$ 有边关联的节点

8        **if** not mark($v$)

9            $W = W \bigcup \{v\}$;

10           mark($v$) = true;

11   返回标记的节点集合;

该算法的输入为程序依赖图和切片准则节点,输出为相关的节点集合,具体做法是根据切片准则节点 $v$,在程序依赖图中找到能够到达节点 $v$ 的所有节点,再根据这些节点与源程序语句的映射关系,得到由源程序语句组成的程序切片。

下面以图 1-10 所示程序及相应的程序依赖图为例,说明如何利用图的可达性分析进行基于依赖图的程序切片计算。假设切片准则为节点 $v$=return sum,集合 $W$ 初始为{return sum}并将节点 $v$ 标记为 true,这时 $W$ 集合不为空,取出 $W$ 中的一个节点,记为 $w$,此时 $W$ 中只有一个节点 $v$,故 $w$=(return sum)。在程序依赖图中找出所有与节点 $w$ 关联的边,由图 1-10(b)可知共有两条这样的边,即(Entry)→$w$ 和(sum=sum+$i$)→$w$。分别判断每条边的起始节点是否标记为 true,若未被标记,则将该节点放入集合 $W$ 并标记为 true,第一轮循环后 $W$ 有两个节点,即{Entry,sum=sum+$i$};第二轮循环中,先取出 $W$ 中的一个节点,如令 $w$=(sum=sum+$i$),在程序依赖图中寻找所有与 $w$ 关联的边,重复上述过程,直到 $W$ 为空为止。这时,图 1-10(b)所示的程序依赖图中所有节点均被标记为 true,这些被标记节点对应的源代码语句即组成了最终的程序切片。

## 8.3.2 过程间切片计算方法

过程内切片的计算只需考虑过程内的数据依赖和控制依赖,切片计算相对比较简单。如果将过程或函数调用返回所引起的数据依赖和控制依赖关系,以及与此相关的变量和语句考虑进去,将切片标准在调用过程和被调用过程间进行相应转换和传递,那么也可以用上面的过程内切片计算方法,对过程间切片进行计算。但转化和切片标准在过程间的切换,将导致过程间切片计算复杂性的增大,难以适合规模较大的程序。因此,对于过程间切片,许多研究人员进行了深入研究,给出了一些实用的过程间切片计算方法。

### 1. 基于数据流方程的过程间切片计算方法

对于过程间切片的计算,Weiser 也给出了一种基于数据流方程的过程间切片计算方法。假设过程 $P$ 及其切片标准 $C$=($s$,$V$),过程 $P$ 调用过程 $Q$,那么过程间切片的计算步骤如下:

(1) 依据切片标准 $C$,对过程 $P$ 计算其切片 $S_P$,期间可能会用到过程 $Q$ 产生的数据流信息。

(2) 若被调用过程 $Q$ 对 $S_P$ 的计算有影响,则对过程 $Q$ 创建切片标准,对其进行切片计算;若过程 $Q$ 调用了新的过程并对 $Q$ 的切片计算有影响,则再次创建新的切片标准。重复此过程,直到没有新的切片标准产生为止。

事实上,程序切片能够跨越过程边界的情况只有两种:

(1) 过程 $P$ 计算的切片 $S_P$ 中包含了调用过程 $Q$ 的语句,这时需要将切片标准 $C$ 进行调整,以对被调用过程 $Q$ 进行切片计算。

(2) 过程 $P$ 用到的实参或全局数据,要依赖于它的调用者或调用者的调用者,这时需要将切片标准调整后传递到它的调用者,再对其进行切片。

对于任意一个过程 $P$ 及其切片标准 $C$,会衍生出许多切片标准,其中一部分来自调用 $P$ 的过程,另一部分来自被 $P$ 调用的过程,分别记为 $U_P(C)$ 和 $D_{OWN}(C)$。计算 $U_P$ 和 $D_{OWN}$ 的传递闭包 $(U_P \bigcup D_{OWN})^*$,可以得到切片标准 $C$ 的所有调用和被调用关系所产生的切片标准的集合。

因此,对于一个初始标准 $C$,可以先计算其所有切片标准的集合 $(U_P \bigcup D_{OWN})^*$

∪{C}，然后根据切片标准集合计算各个过程的程序切片，最后组合成过程间的程序切片。

利用 Weiser 的过程间切片计算方法可以得到程序的切片，但这种方法没有考虑调用的上下文。例如，当过程 P 调用过程 Q 使得计算"下降"到过程 Q 时，这个计算会"上升"到所有调用 Q 的过程，而不仅仅是过程 P，这可能会包括一些从 P 到 Q 和从 Q 到其他过程的不可执行路径，进而导致切片计算不准确，并增加切片的大小[10]。

### 2. 基于依赖图可达性的过程间切片计算

Weiser 利用数据流方程计算过程间切片的主要问题是没有记录调用过程的上下文机制，导致切片计算不准确。Horwitz 等提出了一种基于系统依赖图的过程间切片算法，是目前常用的一种过程间切片计算方法，简称为 HRB（Horwitz-Reps-Binkley）算法[27]。

在系统依赖图上，利用图的可达性进行过程间切片计算时，由于缺乏相应的启发信息，原始基于系统依赖图可达性的过程间切片计算并不准确。因此，Horwitz[27] 等对系统依赖图进行了补充，增加了从实参输入节点到实参输出节点之间的边，称为概括边（summary edge），表示由于过程调用而产生的数据依赖，即调用后某个变量的值依赖于调用前某个变量的值。如果在被调用过程中有从形参输入节点到形参输出节点的路径，则增加一条从实参输入节点到实参输出节点之间的概括边，这些概括边表示过程间调用导致的传递依赖。

对于增加概括边的系统依赖图，HRB 算法计算过程间程序切片步骤如下：

(1) 构造程序的 SDG。

(2) 计算过程间的概括边。

(3) 对 SDG 进行两次遍历生成切片。

假设切片计算开始于过程 P 的某个节点 $v$，第一次遍历沿 SDG 中节点 $v$ 的数据依赖边、控制依赖边、调用边、概括边和参数输入边等逆向进行，识别那些能够到达 $v$ 的节点，这些节点要么在过程 P 中，要么在直接或间接调用 P 的过程中。第二次遍历从第一次遍历所到达的所有实参输出节点 $v'$ 开始，沿数据依赖边、控制依赖边、概括边和参数输出边逆向进行，识别那些 P 调用的过程或 P 的调用者调用的过程中能够到达 $v'$ 的节点。

因为 HRB 算法不沿 SDG 图的调用边和参数输入边遍历，所以遍历不会"上升"到调用过程。此外，SDG 概括边的利用使得其能够处理上下文调用问题，因此该切片算法是比较有效的。

目前，已有许多算法对 HRB 算法进行了改进扩展。Lakhotia[28] 将格理论引入程序间切片，并给出一种基于扩充型 SDG 的切片计算算法。其中每个节点都包含了一个标签,只需一次遍历 SDG 便可计算程序切片,提高了计算效率。Binkley[29] 将 HRB 算法进行扩充后,可计算得出可执行的过程间程序切片;此外,他还先将参数别名引入过程间切片的计算中,每个过程都用一系列的别名来参数化,然后在不同"等级"上创建流依赖边,根据不同的别名区分流依赖边,最后通过遍历 SDG 中的等级混合的所有流依赖边,得到过程间切片。Forgacs 和 Gyimothy[30] 用划分理念来解决概括边的计算问题,将调用关系图进行划分,在每个被划分出的类中对过程进行拓扑排序,明显提高过程间切片的计算效率。

### 8.3.3　面向对象的程序切片计算方法

程序切片概念的提出,很好地解决了面向过程的程序切片问题。面向对象语言具有良好的解决实际问题的能力,但由于面向对象程序的复杂性,以往面向过程的程序切片计算技术已不再适用。因此,面向对象的程序切片技术应运而生。

目前,面向对象切片技术的研究还不太多,主要有两种方法:一是先对传统过程型程序的系统依赖图进行面向对象扩充,使其能够较好地表示面向对象程序的依赖关系,然后利用两步遍历图可达性算法,在系统依赖图上标记遍历过的所有节点,将这些节点映射到源程序中的语句和谓词表达式,则得到所要计算的程序切片。典型代表有 Loren 等[31] 提出的类依赖图,Anand[32] 提出的面向对象程序依赖图,Jianjun[33] 提出的动态面向对象依赖图,Liang 等[34] 提出的对象级依赖图和面向对象的系统依赖图等。另一种是采用分层切片计算方法,将面向对象源程序按逻辑结构分层,例如可分为类、方法和语句三个层次,对源程序进行分层切片计算。本章主要介绍分层切片计算方法。

对于面向对象程序,假设切片标准为 $C(s,V)$,其中 $s$ 是程序 $P$ 的一条语句,$V$ 是 $P$ 的一个变量或变量集合,按面向对象程序类、方法和语句三层逻辑结构,切片标准 $C$ 可以分解为 $(Class,V)$、$(Method,V)$ 和 $(Line,V)$ 三个层次,这里 Line 表示变量 $V$ 所在语句行,Method 表示变量 $V$ 所在的方法名,Class 表示变量 $V$ 所在的类名。相应地,程序依赖图也有三个层次,即类层依赖图、方法层依赖图和语句层依赖图。在每个层次依赖图上,都可采用传统的基于图可达性分析的算法,计算其切片。在相邻两个层次之间,都可采用逐步求精的方法来获得更准确的切片。

程序 $P$ 关于切片标准 $C=(s,V)$ 的面向对象程序切片计算步骤如下[5]。

(1) 考虑类层切片:确定所有包含 $V$ 和 $s$ 的类及与这些类存在依赖关系的类,去除那些与上述类无关的类,得到源程序关于切片标准 $C$ 的朴素切片版本 $s'(P)$。

(2) 考虑方法层切片:计算包含在 $s'(P)$ 中的单个类中影响切片标准或受切片标准影响的成员方法和成员变量,去除那些与切片标准 $C$ 无关的方法和变量,得到源程序关于切片标准 $C$ 的进化切片版本 $s''(P)$。

(3) 考虑语句层切片:计算包含在 $s''(P)$ 中的单个方法中与切片标准 $C$ 有关的

变量、语句和控制谓词,去除那些与切片标准 $C$ 无关的变量、语句和控制谓词等,得到面向对象程序 $P$ 关于切片标准 $C$ 的最终切片版本 $s(P)$。

具体计算过程如下:

(1) 构造 $P$ 的类层依赖图,依据切片标准 $C$,确定变量 $V$ 所在的类 Class,得到类级切片标准(Class,$V$);对类层依赖图依据类级切片标准(Class,$V$)进行切片,得到程序 $P$ 关于标准 $C$ 的类层切片。类层切片由多个类构成,剔除那些与切片标准 $C$ 中变量所在类无关的类。

(2) 构造类层切片中每个类的方法层依赖图,依据方法层切片标准(Method,$V$),计算程序 $P$ 关于切片标准 $C$ 的方法层切片,这里 Method 是包含切片标准 $C$ 中变量 $V$ 的方法名。

(3) 构造方法层切片中各个方法的语句层依赖图,依据语句层切片标准(Line,$V$),计算程序 $P$ 关于切片标准 $C$ 的语句层切片,即为最终面向对象的程序切片。Line 为变量 $V$ 所在语句行。

下面是面向对象程序切片计算涉及的主要概念。

(1) 类层依赖图:是一个二元组 $(N,E)$,用来表示类节点之间的各种依赖关系。其中,节点 $n \in N$ 表示类,边 $e \in E$ 表示类间的各种依赖关系。

(2) 类层切片标准:是一个二元组(Class,$V$),其中 Class 是一个类的名字,$V$ 是在该类中定义或使用的变量集合。

(3) 类层切片:面向对象程序关于切片标准(Class,$V$)的切片由一些类构成,这些类包括变量 $V$ 所在的类 Class 以及与类 Class 存在依赖关系的其他类。

(4) 方法层依赖图:是一个二元组 $(N,E)$,其中节点集合 $N$ 表示类入口、成员变量和成员方法,边集合 $E$ 表示节点之间的各种依赖或关联关系。

成员方法与成员变量之间可以通过该成员方法使用该成员变量相关联。如果两个成员方法使用一些相同的成员变量,则它们之间通过这些变量相关联。

(5) 方法层切片标准:是一个二元组(Method,$V$),其中 Method 是方法名,$V$ 是该方法中定义或使用的变量集合。

(6) 方法层切片:由类层切片中所有影响 $V$ 的值(后向切片)或受 $V$ 的值影响(前向切片)的成员变量和成员方法组成。

(7) 语句层依赖图:是一个二元组 $(N,E)$,其中节点集 $N$ 表示类入口、方法入口和语句,边集 $E$ 表示语句节点之间的各种依赖关系。

(8) 语句层切片标准:是一个二元组 $(n,V)$,其中 $n$ 是程序第 $n$ 行的语句,$V$ 为在 $n$ 处定义或使用变量的集合。

(9) 语句层切片:为最终要得到的程序切片。一个程序 $P$ 关于切片标准 $(n,V)$ 的程序切片由程序 $P$ 中影响 $n$ 处变量 $V$ 值的所有语句和谓词组成的集合(后向切片),或由所有受 $n$ 处变量 $V$ 值影响的所有语句组成的集合(前向切片)。

# 8.4　程序切片的应用

经过 30 多年的发展,程序切片技术的研究取得了较好的进展,目前已广泛应用于软件质量保证、软件维护和软件度量等方面。

## 8.4.1　软件质量保证

测试和调试是软件质量保证过程中的重要环节。程序调试尤其大型程序的调试,是一件非常困难的事,程序切片的初衷就是在调试过程中辅助进行故障定位,当发现某个变量的值出现错误时,只有针对该变量计算的程序切片才可能含有导致这个错误的语句,即故障可能发生在切片的某些语句中,将故障定位在切片中可以迅速排除大量语句。

程序调试中,我们常常关注于使软件表现出异常行为的一次具体执行,因此,动态切片常应用于程序调试中,它仅依赖于一次特定的执行,并能够产生比静态切片更小的切片,在调试中非常有效。利用静态和动态切片技术,可以对程序进行半自动化调试,逐渐缩小定位故障的范围。

软件测试常常占据整个软件开发一半以上的资源消耗。将程序切片技术引入软件测试数据生成中,可以提高测试数据的生成效率,其效率的提高从以下两个方面体现。

(1) 在测试数据生成过程中,可以先以任意初始值执行被测程序,得到一条程序的实际执行路径,再以该实际执行路径上某个不符合指定路径要求的分支点作为兴趣点,计算对应的动态程序切片。这样,调整输入数据时,不再需要执行源程序,只需执行相应的程序切片即可,这个程序切片是源程序的一个子集,这样就减少了反复执行原始程序花费的时间,提高了测试数据的生成效率。

(2) 动态程序切片保持了程序执行的动态行为,可以根据这些动态行为确定相应分支函数的当前值,调整测试数据的生成方向,使其能向分支函数下降的方向进行。这样,可以消除调整的盲目性,减少调整次数,提高测试数据的生成效率。

回归测试是指在程序被修改后对修改可能影响的部分程序进行再次测试,以保证修改没有引入新的错误。如何利用程序切片降低回归测试成本是一个值得研究的课题,Gupta 等[35]提出一种将切片技术应用于回归测试的方法,通过后向和前向静态切片可以得到修改所影响的程序代码,回归测试只需对这些切片进行再次测试,也只有与这些切片相关的测试用例需要再次被执行。

## 8.4.2　软件维护

软件维护所面临的关键问题之一是如何判断程序某处的变化是否会影响其他

部分程序的执行结果。从 20 世纪 90 年代开始，一些学者尝试把程序切片的思想引入软件维护过程，建立基于程序切片技术的软件维护模型。Gallagher 和 Lyle 等提出分解切片的概念并讨论其在软件维护中的应用，他们利用分解切片对程序代码进行划分，把程序分解成不同的模块，可以明确指出程序中哪些部分的修改影响程序的其他部分，哪些部分的修改不会影响程序的其他部分[36]。维护人员可以直观地判断出一个模块中哪些语句和变量可以被安全地修改，这种修改不会扩散到其他模块中。静态切片适用于将程序分解成一系列的组件，每个组件表现原始程序的一部分属性。Arpad 等[37]则将动态切片用于 C 程序维护，并给出一种基于联合切片进行软件维护的方法，为软件维护提供技术支持。

除了在软件维护中的应用，程序切片也可应用于逆向工程中。Beck 和 Eichmann[38]将程序切片应用于大型软件理解及逆向工程领域，具体做法是在语句层面使用传统切片技术，而在模块层面使用接口切片技术。Jackson 和 Rollins[39]给出一个改进的程序依赖关系图，在保留原始 PDG 图的基础上，可以对程序过程进行模块化表示，而且还能区分不同变量引发的数据依赖关系。

### 8.4.3  软件度量

在软件度量中，耦合性和聚合性是两个重要的指标。

(1) 耦合性：用来度量模块间的关联程度。Longworth[40]最早将程序切片作为软件耦合性的度量指标，之后 Bieman 和 Ott[41]通过数据切片抽象对过程的功能性内聚性进行评估；Harman 等[42]针对 Ott 评估准则，用评估表达式复杂性的表达式准则替代原准则中的代码行使用准则；Ott 和 Thuss[43]提出用语法保留静态切片方法来度量程序的耦合性，提高了耦合性度量的准确度。

(2) 聚合性：用来度量一个模块依赖或影响其他模块的程度。Harman 等[44]提出用程序切片来度量软件的聚合性，并给出一套基于程序切片的软件聚合性评估准则。与基于信息流的准则相比，能够得到更精确的结果。

### 参 考 文 献

[1] Weiser M. Program slicing[J]. IEEE Transactions on Software Engineering, 1984, 10(4): 352-357.

[2] 李必信. 程序切片技术及其应用[M]. 北京：科学出版社，2006.

[3] 王雪莲，赵瑞莲，李立健. 一种用于测试数据生成的动态程序切片算法[J]. 计算机应用，2005, (6):1445-1450.

[4] Howritz S, Reps T, Binkley D W. Interprocedural slicing using dependence graphs[C]. ACM SIGPLAN Conference on Programming Language Design and Implementation, Atlanta, 1988.

[5] 王智学. 程序切片技术理论与应用研究[D]. 长春：吉林大学，2012.

[6] 赵瑞莲，闵应骅. 基于谓词切片的字符串测试数据自动生成[J]. 计算机研究与发展，

2002, (4):473-481.

[7] Li Z. Identifying high-level dependence structures using slice-based dependence analysis[D]. London: King's College London, 2010.

[8] 陈振强. 基于依赖性分析的程序切片技术研究[D]. 南京：东南大学，2003.

[9] Horwitz S, Reps T. The use of program dependence graphs in software engineering[C]. Proceedings of the 14th International Conference on Software Engineering, Melbourne, 1992.

[10] Binkley D W. Precise executable interprocedural slices[J]. ACM Letters on Programming Languages and Systems, 1993, 2(1/2/3/4):31-45.

[11] Binkley D, Gold N, Harman M. An empirical study of static program slice size[J]. ACM Transactions on Software Engineering & Methodology, 2007, 16(2):1-32.

[12] Alomari H W, Collard M L, Maletic J I, et al. SrcSlice: Very efficient and scalable forward Static Slicing[J]. Journal of Software: Evolution and Process, 2014, 26 (11): 931-961.

[13] Zhang Y J, Santelices R. Prioritized static slicing and its application to fault localization[J]. Journal of Systems and Software, 2016, 114(C):38-53.

[14] Korel B, Laski J. Dynamic program slicing[J]. Information Processing Letters, 1988, 29(3): 155-163.

[15] Treffer A, Uflacker M. Dynamic slicing with soot[C]. Proceedings of the 3rd ACM SIGPLAN International Workshop on the State of the Art in Java Program Analysis, Edinburgh, 2014.

[16] Jaffar J, Murali V, Navas J A, et al. Path-sensitive backward slicing[J]. International Conference on Static Analysis, 2012, 7460(1):231-247.

[17] Sahu M, Mohapatra D P. Forward dynamic slicing of web applications[J]. ACM SIGSOFT Software Engineering Notes, 2016, 41(3):1-7.

[18] Venkatesh G A. The semantic approach to program slicing[C]. Proceedings of the ACM SIGPLAN Conference on Programming Language Design and Implementation, Toronto, 1991.

[19] Danicic S, Harman M. A simultaneous slicing theory and derived program slicer[C]. Proceedings of the 4th Research Institute for Mathematical Sciences (RIMS) Workshop in Computing, Kyoto, 1996.

[20] Canfora G, Cimitile A, Lucia A D. Conditioned program slicing[J]. Information and Software Technology, 1998, 40(11/12):595-607.

[21] Harman M, Hierons R M, Danicic S, et al. Pre/post conditioned slicing[C]. Proceedings of the IEEE International Conference on Software Maintenance, Los Alamitos, 2001.

[22] Harman M, Binkley D W, Danicic S. Amorphous program slicing[J]. Journal of Systems and Software, 2003, 68(1):45-64.

[23] Gupta R, Soffa M L, Howard J. Hybrid slicing: Integrating dynamic information with static

analysis[J]. ACM Transactions on Software Engineering & Methodology, 1997, 6 (4):
370-397.

[24] Jackson D, Rollins E J. A new model of program dependences for reverse engineering[C].
Proceedings of the ACM SIGSOFT Symposium on the Foundations of Software Engineer-
ing, New Orleans, 1994.

[25] Ottenstein K J, Ottenstein L M. The program dependence graph in software development
environments[C]. Proceedings of the ACM SIGSOFT/SIGPLAN Software Engineering
Symposium on Practical Software Development Environmt, Pittsburgh, 1984.

[26] Singh J, Panda S, Khilar P M, et al. A graph-based dynamic slicing of distributed aspect-
oriented software[J]. ACM SIGSOFT Software Engineering Notes, 2016, 41(2): 1-8.

[27] Reps T, Horwitz S, Sagiv M. Precise interprocedural dataflow analysis via graph reach-
ability[C]. Proceedings of the 22nd ACM SIGPLAN-SIGACT Symposium on Principles of
Programming Languages, San Francisco, 1995.

[28] Lakhotia A. Improved interprocedural slicing algorithm[R]. Lafayette: University of Southwest-
ern Louisiana, 1992.

[29] Binkley D W. Precise executable interprocedural slices[J]. ACM Letters on Programming
Languages and Systems, 1993, 2(1/2/3/4):31-45.

[30] Forgács I, Gyimothy T. An efficient interprocedural slicing method for large programs[C].
Proceedings of the 9th International Conference on Software Engineering & Knowledge
Engineering, Madrid, 1997.

[31] Loren L, Mary J H. Slicing object-oriented software[C]. Proceedings of International Con-
ference on Software Engineering, Berlin,1996.

[32] Anand K. Program slicing: An application of object-oriented program dependence graphs[R].
Clemson: Clemson University,1994.

[33] Jianjun Z. Dynamic slicing of object-oriented programs[R]. Tokyo: Information Processing
Society of Japan, 1998.

[34] Liang D, Harrold M J. Slicing objects using system dependence graphs[C]. Proceedings of
International Conference on Software Maintanence, Bethesda, 1998.

[35] Gupta R, Harrold M J, Soffa M L. An approach to regression testing using slicing[C].
Proceedings of the IEEE Conference on Software Maintenance, Los Alamitos, 1992.

[36] Gallagher K B, Lyle J R. Using program slicing in software maintenance[J]. IEEE Trans-
actions on Software Engineering, 1991, 17(8):751-761.

[37] Arpad B, Csaba F, Szabo Z M, et al. Union slices for program maintenance[C]. Proceed-
ings of International Conference on Software Maintenance, Montreal, 2002.

[38] Beck J, Eichmann D. Program and interface slicing for reverse engineering[C]. Proceed-
ings of the 15th IEEE/ACM Conference on Software Engineering, Los Alamitos, 1993.

[39] Jackson D, Rollins E J. Chopping: A generalization of slicing[R]. Pittsburgh: Carnegie
Mellon University, 1994.

[40] Longworth H D. Slice-based program metrics[D]. Houghton: Michigan Technological University, 1985.

[41] Bieman J M, Ott L M. Measuring functional cohesion[J]. IEEE Transactions on Software Engineering, 1994, 20(8):644-657.

[42] Harman M, Danicic S, Sivagurunathan B, et al. Cohesion metrics[C]. Proceedings of the 8th International Quality Week, San Francisco, 1995.

[43] Ott L M, Thuss J J. The relationship between slices and module cohesion[C]. Proceedings of the 11th ACM Conference on Software Engineering, Pittsburgh, 1989.

[44] Harman M, Okunlawon M, Sivagurunathan B, et al. Slice-based measurement of coupling[C]. Proceedings of the 19th ICSE Workshop on Process Modelling and Empirical Studies of Software Evolution, Boston, 1997.

# 第9章  路 径 计 算

## 9.1  路 径 生 成

本章将重点介绍路径的生成策略,考虑到生成测试用例的前提是尽量确保路径可达,还将介绍一些路径可达性判定策略。本节主要关注覆盖测试中的一个重要步骤——根据目标覆盖元素生成一条包含目标覆盖元素的尽量可达的路径[1-3]。循环结构是最重要的一种控制结构,本章将专门对其进行介绍,下面先来关注不包含循环结构的路径生成。

### 9.1.1  不包含循环结构的路径生成

1. 基本概念和性质

1) 控制关系

对于控制流图上的两个节点 $u$ 和 $v$,如果每条从入口节点 entry 到 $v$ 的路径都要经过 $u$,那么称 $u$ 控制 $v$,$u$ 为 $v$ 的一个控制。如果 $w$ 是 $v$ 的一个控制,且 $v$ 的所有其他控制都是 $w$ 的控制,那么称 $w$ 为 $v$ 的直接控制,记为 $w=idom(v)$。

控制关系具有如下性质。

**性质 9.1**  控制流图中除了 entry 节点,其他每个节点都有一个直接控制。边集 $\{(idom(v),v)\,|\,v\in N-\{entry\}\}$ 构成一棵以 entry 为根节点的树,称为控制树。在树中若覆盖了某个节点,必定也覆盖其祖先节点。

**性质 9.2**  在控制流图中,如果覆盖了控制树上所有的叶子节点,那么就覆盖了所有的节点。

2) 蕴含关系

对于控制流图上的两个节点 $u$ 和 $v$,如果每条从 $v$ 到出口节点 exit 的路径都要经过 $u$,那么称 $u$ 蕴含 $v$,$u$ 为 $v$ 的一个蕴含。如果 $w$ 是 $v$ 的一个蕴含,且 $v$ 的所有其他蕴含都是 $w$ 的蕴含,那么称 $w$ 为 $v$ 的直接蕴含,记为 $w=iimp(v)$。

蕴含关系具有如下性质。

**性质 9.3**  控制流图中除 exit 节点,其他每个节点都有一个直接蕴含。边集 $\{(iimp(v),v)\,|\,v\in N-\{exit\}\}$ 构成一棵以 exit 为根节点的树,称为蕴含树。在树中若覆盖了某个节点,则必定也覆盖其祖先节点。

**性质 9.4** 在控制流图中,如果覆盖了蕴含树上所有的叶子节点,那么就覆盖了所有的节点。

为了便于说明,虽然上述控制和蕴含关系都定义在节点上,但是对于边来说控制和蕴含关系都是一样的。

3) DD 图

在生成分支覆盖路径时,控制流图中的某些节点只处于程序的同一个分支上,这种节点在分支覆盖时并无特殊用处,因此可以将控制流图进一步简化。得到一种除入口和出口节点外节点度数都大于 2 的图,称为 DD 图。

4) 非约束边

在 DD 图中,如果边 ei 既没有控制也没有蕴含其他边,则称 ei 为非约束边。

**性质 9.5** 在 DD 图 $G$ 中,如果覆盖了所有的非约束边,则必定覆盖所有的边,且所有非约束边的集合是满足上述性质的最小集合。特别要注意的是,只有在 DD 圈中才有这种性质,在普通的控制流圈中则没有。

记所有非约束边的集合为 UE($G$),记控制树的所有树叶集为 DTL($G$),记蕴含树的所有树叶集为 ITL($G$)。由非约束边的定义,显然有 UE($G$)=DTL($G$)$\bigcap$ ITL($G$)。在产生路径的过程中,为了以较少的测试用例覆盖尽量多的边或者用较少的路径覆盖更多的边,可对非约束边进行排序,排序的基准为该边在控制树和蕴含树中的不同祖先和。

### 2. 路径生成算法

以某一条边为覆盖目标来产生路径,通过控制树和蕴含树进行。先把路径分为两段:从目标向前到 entry 的子路径和从目标向后到 exit 的子路径。产生子路径的过程是不断选取当前边 ei 在控制树(或蕴含树)上的父亲 idom(ei)(或 iimp(ei))并连接 ei 和 idom(ei)(或 iimp(ei))的过程。而连接它们的问题递归为在以 idom(ei)为 entry、ei 为 exit 的子图上寻找路径的问题。不同的连接策略,会产生不同的路径。为了提高首次产生路径的可达性,可以采用最少谓词法策略(即经过的节点最少)。具体描述如算法 9.1 所示。

**算法 9.1** 路径生成算法 FindAPath(ei)

```
1   P. Add(ei);                          //P 为路径
2   //在控制树中找一条子路径
3   ek=ei;
4   while(ek! =entry)
5       { ep=Dt. Parent(ek);             //ep 控制树中 ek 的父亲
6         if(DD. IsConnect(ep,ek))        //在图中两条边是否相连
7             P. Add(ep);
```

```
8        else
9          { SubDD=DD. SubGraph(ep,ek);
10          SubP=SubDD. FindAPath(subDD SelectAnArc());
11          //在 ep 和 ek 决定的子图中生成一条子路径
12          P. Add(SubP);
13          }
14   ek=ep;}
15   //在蕴含树中寻找一条子路径,与上面方法类似
```

值得注意的是,以某条边为目标来产生路径时,目标边并不一定为非约束边。在目标边的选择上,除 entry 和 exit 外,所有的边都可以作为目标边。在SubDD. SelectAnArc()的选择上,不同的策略决定了不同的路径。因此,这种路径产生方法对于路径覆盖来说也是可行的。虽然路径覆盖会产生路径数的爆炸式增长,但是可以采用程序分段产生路径集、各路径集之间再进行组合的方法得到总的路径。

### 9.1.2   循环结构路径生成

循环结构是构成现代程序的基本结构之一,也是使用十分广泛的程序结构。在白盒测试中,需要对程序的所有覆盖元素执行测试以验证程序的正确性。循环结构导致程序的路径数量呈现爆炸趋势,对所有的程序路径进行测试不仅无法在有限代价内完成,而且是低效的。因此在覆盖测试中,需要对循环结构进行建模,采用恰当的处理方法。

覆盖测试是一个在输入空间中找到满足目标条件的解的过程。一条指定的程序路径能为搜索提供有效的约束条件。当对循环结构内的程序元素进行覆盖测试时,由于循环结构在控制流结构中体现为环,可能的程序路径数量变得非常巨大。为了对包含循环结构的程序进行覆盖测试,需要对循环结构进行建模处理。传统的 0-1 模型和 0-$k$ 模型[4]更多地是从效率的角度考虑,机械地将循环展开次数进行限定,并不考虑其内部可能存在的控制流关联和数据流依赖,因此在实际应用中的效果并不好。近年来,有许多关于循环结构在覆盖测试中处理的科研成果,这里介绍一种动静结合的 $k+1$ 循环处理模型。

假设循环体中的子路径数目为 $m$,迭代次数限定为 $k$,循环内有一个目标覆盖元素,包含目标覆盖元素的子路径为目标子路径,以“$m=4,k=3$”为例进行说明,设子路径分别为 $P1$、$P2$、$P3$ 和 $P4$,目标子路径为 $P1$。循环的控制流图如图 9-1 所示。

根据上面的讨论,循环结构会导致程序的路径数量爆炸,一个循环结构所对应的程序路径的搜索空间可以用搜索树来表示:搜索树的每一个节点都是控制流图的节点,从搜索树的根节点到叶子节点的轨迹就是一条程序路径。可以看到,在循环结构中搜索得到一条可达路径的过程,需要先对循环进行展开,判定其可达性,然后继续进行路径搜索,直到得到循环内的一条完整路径,如图 9-2 所示。

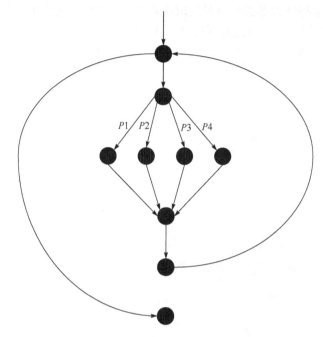

图 9-1　循环的控制流图

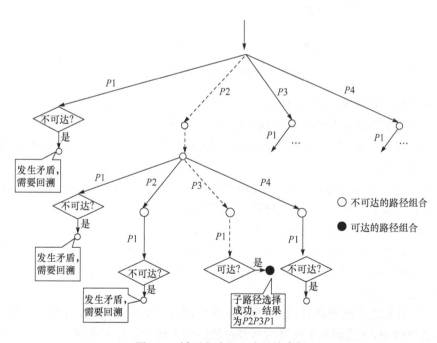

图 9-2　循环内路径生成的搜索树

为了减少在循环内部进行路径生成所花费的代价,在此给出一种动静结合的 $k+1$ 循环处理模型,即先静态展开循环 $k$ 次,得到一条循环内的部分可达路径,然后利用这条可达路径所对应的测试用例进行 1 次动态执行,得到循环内的完整路径。其整体流程如图 9-3 所示。

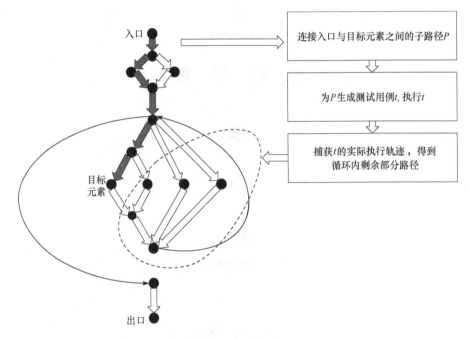

图 9-3　动静结合的 $k+1$ 模型

在实际的程序中,循环结构往往会以组合方式出现,根据不同的组合情况,可以将程序中包含的循环结构分为简单循环、嵌套循环和串联循环三类[5]。

以重复执行直到条件不被满足的单个循环结构为例,三类循环结构的控制流图如图 9-4 所示。

为了将动静结合的 $k+1$ 循环处理模型应用于以上三种循环结构,根据循环相对于目标的位置,将循环分为三种情况,如图 9-5 所示。

(1) 包含目标的循环:目标元素在循环内部。

(2) 目标之前的循环:目标元素不在循环内且以某种方式遍历控制流图得到路径的过程中,在遇到某个循环时所经过的路径上不包含目标元素,此时这个循环是目标之前的循环。

(3) 目标之后的循环:目标元素不在循环内且以某种方式遍历控制流图得到路径的过程中,在遇到某个循环时所经过的路径上包含目标元素,此时这个循环是目标之后的循环。

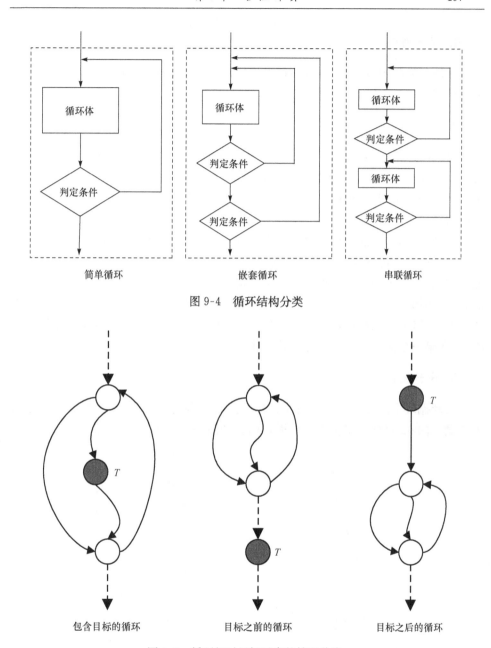

图 9-4　循环结构分类

图 9-5　循环相对目标元素的情况分类

利用三个循环情况的定义,动静结合的 $k+1$ 模型可以适用于现实程序中出现的三种循环结构,具体处理流程如下。

### 1. 简单循环

当被测程序中包含简单循环时，可将目标元素设定在简单循环内，此时对于简单循环，利用 $k+1$ 模型可直接处理。

### 2. 串联循环

串联循环指由两个或多个循环串联组成的循环结构，目标元素可能位于其中某一个循环中。如图 9-4 中的串联循环所示，当目标元素位于第一个循环中时，对于第一个循环采用 $k+1$ 模型处理，此时第二个循环相对于目标元素来说是"目标之后的循环"，由于已经利用 $k+1$ 模型对第一个循环进行了处理，得到包含目标的路径，所以目标之后的循环的路径可直接利用包含目标的路径捕获得到。

当目标元素位于第二个循环中时，第一个循环是"目标之前的循环"，对于目标之前的循环，由于很难确定循环内的路径选取对于目标元素的影响，使用动态执行的方法，在第一个循环内得到一条可达的循环内路径。具体过程是利用第一个循环的前置条件，生成测试用例且动态执行，捕获动态执行的结果作为第一个循环的路径，在第一个循环之后继续进行路径生成。

### 3. 嵌套循环

嵌套循环中的循环结构相对于目标元素有两种可能情况：①目标元素位于最内层循环内；②目标元素位于外层循环内。如图 9-6 所示。

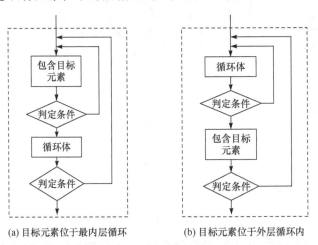

(a) 目标元素位于最内层循环　　　　(b) 目标元素位于外层循环内

图 9-6　两种嵌套循环的情况

当目标元素位于最内层循环时，这两个循环都是"包含目标元素的循环"，均使用 $k+1$ 模型进行处理。

当目标元素位于外层循环内时,最内层循环不包含目标元素。对于外层循环,使用 $k+1$ 模型进行处理,当静态展开外层循环遇到内层循环时,内层循环不包含目标元素,且静态展开的路径中不包含目标元素,因此内层循环是"目标之前的循环"。利用循环前置条件的动态执行结果可得到此循环内的路径,再继续进行静态展开,当得到包含目标的可达部分路径时进行动态执行,得到一条完整的包含目标元素的路径。

## 9.2　路径可达性计算

不可达路径是无法通过任何用例得到执行的路径,约束求解模块无法对不可达路径生成测试用例。如果能提前判定出不可达路径,可极大地减轻约束求解模块的工作量从而提高效率[6-10]。下面介绍几种不可达路径检测技术。

### 9.2.1　基于矛盾片段模式的路径可达性计算

矛盾片段模式是一种基于语句相关性的不可达路径检测方法。对路径上存在关联的语句进行判断,一旦发生矛盾,则导致不可达,将发生矛盾的语句组合称为矛盾片段。如图 9-7 所示,如果 $A$ 和 $B$ 矛盾,则所有同时经过 $A$ 和 $B$ 的路径都是不可达路径,$A$ 和 $B$ 构成矛盾片段。下面列举了四种矛盾片段模式。

1. if 谓词一致/互斥

（1）一致：

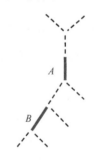

```
...
if(file= = null){...}
if(file= = null){...}
...
```

第一个 if 的真分支和第二个 if 的假分支构成不可达片段,第一个 if 的假分支和第二个 if 的真分支也构成不可达片段。

图 9-7　矛盾片段示意图

（2）互斥：

```
...
if(file= = null){...}
if(file! = null){...}
...
```

两个 if 的真分支构成不可达片段,两个 if 的假分支也构成不可达片段。

### 2. if 谓词常量模式

if 的谓词变量在 if 语句之前被设置为常量：

```
...
int copy_patch_value = 0;
if (copy_patch_value) { ... }
...
```

由于在 if 语句之前将 if 条件的谓词变量设置为 0,这个赋值语句导致 if 的真分支不可达,构成不可达路径片段。

### 3. while 循环受限模式

while 的谓词变量在 while 之前被设置为常量：

```
...
int x = 0;
while (x > 0)
{ ... }
```

由于在 while 语句之前将 while 的谓词变量设置为 0,这个赋值语句导致 while 循环无法进入,构成不可达路径片段。

### 4. for 循环受限模式

for 之前的语句导致循环头的条件表达式无法满足：

```
...
int x = 0;
for(i = 0;i < x; i++ )
{ ... }
```

由于在 for 循环之前将与循环控制变量相关的变量 $x$ 赋值为 0,这个赋值语句导致循环头的条件表达式 $i<x$ 无法满足,因而构成不可达路径片段。

## 9.2.2　基于优化区间运算的路径可达性计算

### 1. 区间运算的局限性

区间运算是用区间集合代替具体数值的数学方法,可以更保守地描述一种可能性取值。区间(interval)是一片形如[min, max]的连续取值区域,其中 min 和 max 分别是其上下界。而区间集(domain)是区间的集合。一个确定值可以表示成 min 和 max 相等的区间,如[5,5]。区间运算在区间上定义了一系列运算规则,它从程序的入口开始,分析和计算每个变量的可能取值范围,并为下一步的程序分析提供可靠的区间信息。令两个区间分别为 $X=[\underline{x},\overline{x}],Y=[\underline{y},\overline{y}]$,以下列举了一些区间运算规则:

$$X+Y=[\underline{x}+\underline{y},\overline{x}+\overline{y}] \tag{9-1}$$

$$X-Y=[\underline{x}-\overline{y},\overline{x}-\underline{y}] \tag{9-2}$$

$$mX=[m\underline{x},m\overline{x}],nY=[n\underline{y},n\overline{y}], \quad m、n \text{ 为非零常量} \tag{9-3}$$

**例 9.1** 按照上述规则,令两个变量 $x$ 和 $y$ 的区间都为 $[-1,1]$,则可以得到下述两个表达式的区间:

$$x-x=[-1-1,1-(-1)]=[-2,2] \tag{9-4}$$

$$(2x+y)-x=([-2,2]+[-1,1])-[-1,1]=[-3,3]-[-1,1]$$

$$=[-3-1,3-(-1)]=[-4,4] \tag{9-5}$$

基于区间运算判定路径 $W$ 是否为不可达路径,可按照节点在路径上的前后顺序依次遍历节点,计算节点中各变量的取值范围。如果某个节点 $N$ 的某个变量的取值区间出现空的情况,说明节点 $N$ 与之前的某个节点相互矛盾,则路径 $W$ 被判定为不可达路径;如果节点 $N$ 的入边为控制流图上的一条真假分支 $E$,则边 $E$ 被称为路径 $W$ 的矛盾边。下面以一个示例程序 test1 来说明区间运算判断不可达路径的过程。

**例 9.2** 图 9-8 为 test1 程序及其对应的控制流图。表 9-1 所示为区间运算计算的过程。

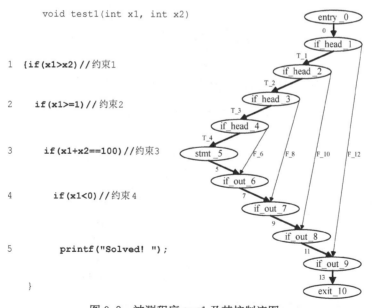

图 9-8 被测程序 test1 及其控制流图

表 9-1　test1 区间运算判断待覆盖路径节点上变量取值范围的结果

| 当前访问节点 | 经过的边 | 约束 | 计算出 $x1$ 的区间 | 计算出 $x2$ 的区间 |
|---|---|---|---|---|
| if_head_1 | 0 | 无 | $(-\infty, +\infty)$ | $[-\infty, +\infty]$ |
| if_head_2 | T_1 | $x1 > x2$ | $[-\infty, +\infty]$ | $[-\infty, +\infty]$ |
| if_head_3 | T_2 | $x1 \geqslant 1$ | $[1, +\infty]$ | $[-\infty, +\infty]$ |
| if_head_4 | T_3 | $x1 + x2 = 100$ | $[1, +\infty]$ | $[-\infty, +\infty]$ |
| stmt_5 | T_4 | $x1 < 0$ | $\varnothing$ | $[-\infty, +\infty]$ |

在这个示例中,遍历前四个 if 节点后,计算出的变量取值区间为 $x1$:$[1, +\infty]$,$x2$:$[-\infty, +\infty]$,而接着遍历 stmt_5 时,其对应的约束为 $x1 < 0$,可知 $x1$ 的区间 $[1, +\infty]$ 中没有任何数值可以满足这个约束。因此,在这个节点处 $x1$ 的区间为空,stmt_5 为矛盾节点,判定出不可达路径,从而将之前的分支 T_4 标识为矛盾分支,如图 9-9 所示(虚线为不可达分支和不可达节点)。

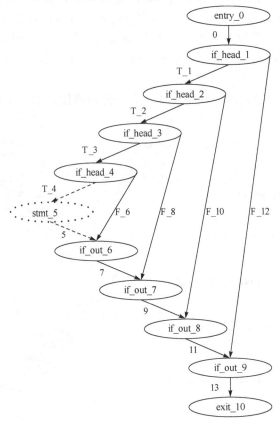

图 9-9　标识矛盾分支和矛盾节点后的控制流图

在实际实现中,节点 $N$ 和分支 $E$ 会被作为矛盾元素记录在保存路径 $W$ 的数据结构中。因为区间运算时对不确定的区间采取放大区间的方法(如表 9-1 中的区间 $(-\infty, +\infty)$),这样直接导致路径上各变量的实际区间大于等于实际的区间,所以被判定为不可达的路径一定是不可达路径,没有被判定为不可达路径的路径不一定是可达路径。因此,有必要对区间运算进行一些优化,如迭代的区间运算和基于库函数语义分析的区间运算等。

### 2. 基于迭代区间运算的路径可达性计算

下面结合约束求解和区间运算的特点来考虑算法优化的策略(基于约束求解的分支限界算法将在第 10 章详细介绍)。由于搜索树上的每个状态都对应一个所有变量的稳定区间集,这个稳定区间集是通过区间运算判定包含有效解的。从一个状态到下一个状态,即从一个稳定区间集到下一个稳定区间集,可以进行多次迭代,每一次迭代生成的中间结果是两次稳定区间集之间的临时区间集。临时区间集中有可能出现区间为空的变量从而导致路径不可达。

从区间运算的角度来说,每一次运算的初始条件作为上一次迭代的结果,符合前一次顺序处理的结果,因此在此次运算中,初始条件作为包含上一次顺序处理的约束而存在。如果其中某一步的区间运算给出的结果超出初始条件的范围,即为不满足上一次的约束,此结果就会被"剪枝"。迭代达到稳定即到达两次状态之间的不动点[11]。同时,迭代的区间运算策略可以在算法执行前进行路径可达性的预判,对于不可达路径可以避免后续测试用例生成的无用功。

$(D_1, D_2, \cdots, D_n)_0$ 是在分支限界中所有变量赋值前预处理得到的各变量的区间集,$(D_1, D_2, \cdots, D_n)_1$ 是在分支限界中第 1 个变量回退前各变量对应的区间集。

如果迭代达到稳定,那么将得到的稳定的区间进行初始化后得到的 $(D_1, D_2, \cdots, D_n)_1$ 作为测试用例生成算法的输入,从而削减一部分不可达区间。

**例 9.3** 有不等式组 $A: \begin{cases} b < a \\ b > 0 \end{cases}$ $a, b \in \mathbb{Z}$ 和 $B: \begin{cases} b > 0 \\ b < a \end{cases}$ $a, b \in \mathbb{Z}$,以 $A$ 为例,预处理得到的初始区间 $(D_a, D_b)_0$ 是 $\{a: (-\text{inf}, +\text{inf}), b: [1, +\text{inf}]\}$,将此区间代入路径进行计算。

第 1 次迭代。

开始:$\{a: (-\text{inf}, +\text{inf}), b: [1, +\text{inf}]\}$

处理:$b < a$       结果:$\{a: [\mathbf{2}, +\text{inf}], b: [1, +\text{inf}]\}$

处理:$b > 0$       结果:$\{a: [2, +\text{inf}], b: [1, +\text{inf}]\}$

注:加粗字体为处理一条语句后区间发生变化的情况。

此次迭代的结果为 $\{a: [2, +\text{inf}], b: [1, +\text{inf}]\}$,与输入 $\{a: (-\text{inf}, +\text{inf}), b: [1, +\text{inf}]\}$ 不同,将此次结果作为下一次的输入继续迭代。

第 2 次迭代。

开始：$\{a:[2,+\inf],b:[1,+\inf]\}$

处理：$b<a$　　　　结果：$\{a:[2,+\inf],b:[1,+\inf]\}$

处理：$b>0$　　　　结果：$\{a:[2,+\inf],b:[1,+\inf]\}$

此次迭代的结果为$\{a:[2,+\inf],b:[1,+\inf]\}$，与输入$\{a:[2,+\inf],b:[1,$ $+\inf]\}$相同，返回此次的结果。

可见此结果与约束条件 $B:\begin{cases} b>0 \\ b<a \end{cases}$ $(a,b\in\mathbb{Z})$的解空间$\{a:[2,+\inf],b:[1,$ $+\inf]\}$一致，消除了区间运算顺序处理的不足。

如果经过迭代发生矛盾，则说明给定的路径区间存在问题，在预处理阶段就判断路径为不可达路径，无法生成测试用例。例 9.4 给出了通过迭代区间运算判断不可达的过程和解释。

**例 9.4** void $f$(int $a$, int $b$){

　　　　　**if**($b>a$)

　　　　　　**if**($b<-4$)

　　　　　　　**if**($a>0$)

　　　　　　　　…;　}

对所有 if 真分支生成测试用例。

第 1 次迭代。

开始：$\{a:[-\inf,+\inf],b:[-\inf,+\inf]\}$

处理：$b>a$　　　　结果：$\{a:[-\inf,+\inf],b:[-\inf,+\inf]\}$

处理：$b<-4$　　　结果：$\{a:[-\inf,+\inf],b:[-\inf,\mathbf{-5}]\}$

处理：$a>0$　　　　结果：$\{a:[\mathbf{1},+\inf],b:[-\inf,-5]\}$

改进前的区间运算，会将结果$\{a:[\mathbf{1},+\inf],b:[-\inf,-5]\}$作为$(D_a,D_b)_1$给出，作为变量的取值范围进行测试用例生成。但是可以明显看到，$\{a:[\mathbf{1},+\inf],$ $b:[-\inf,-5]\}$与第一个约束条件 $b>a$ 是矛盾的，因此无论怎么选值都不符合这个约束要求。当对区间运算进行改进之后，由于第一次的结果与输入不相等，还需要进行迭代。

第 2 次迭代。

开始：$\{a:[\mathbf{1},+\inf],b:[-\inf,-5]\}$

处理：$b>a$　　　　结果：$\{a:\varnothing,b:\varnothing\}$发生矛盾

由于在初始区间迭代过程发生矛盾，此路径为不可达路径，无法得到$(D_a,D_b)_1$，直接进入不可达路径的处理流程，不再生成测试用例，可省去大量的工作。

每次迭代区间运算的流程如图 9-10 所示。

在迭代区间运算过程中，变量区间集是单调缩小的。因为每一次的区间运算都由初始值来限制，初始条件作为上一次迭代的结果，符合前一次顺序处理的结果，所以在此次区间运算中，初始条件作为包含上一次顺序处理的约束而存在。如

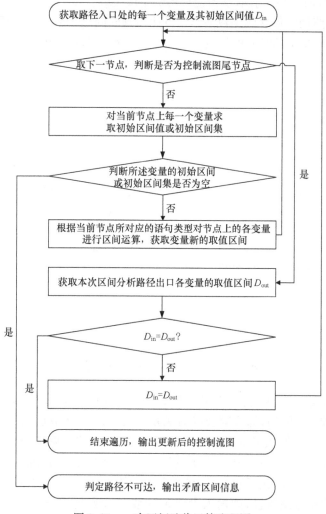

图 9-10　一次区间迭代运算流程图

果其中某一步的区间运算给出的结果超出初始条件的范围,即为不满足上一次的约束,那么此结果就会被"剪枝",最终达到新的稳定区间集。

### 3. 基于库函数语义分析的路径可达性计算

库函数是由系统建立的具有一定功能的函数的集合,不仅可提高程序的运行效率、节省编程时间,也可提高程序的质量。因此,库函数被广泛地应用于工程代码中,尤其是大型工程。另外,库函数本身实现的功能可能会对其输入参数的取值区间有一定的限制,这类限制可能会导致不可达路径的产生。

每个库函数都有其明确的功能,如果不分析库函数的语义,那么就会导致此约束丢失以及区间运算不精确,从而使得用例生成失败。

**例9.5**　路径中包含库函数的路径可达性判断问题,如图 9-11 所示。这是一个被测程序 test2 及其对应的控制流图,其中 if_out_5、if_out_6、if_out_7、exit_9 是虚节点。

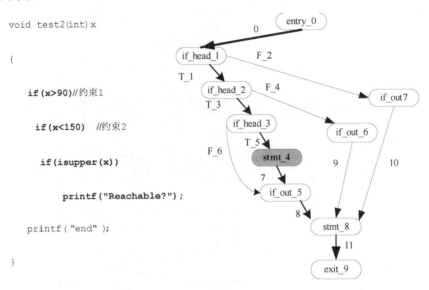

图 9-11　被测程序 test2 及其控制流图

如果令待覆盖路径经过三个 if 条件到达控制流图中标志为 stmt_4 的那条路径(控制流图加粗部分),那么就要同时满足路径上所有 if 节点上的约束。约束 1 和约束 2 将 $x$ 的取值域限定在 [91,149],if_head_3 中的约束是 ctype.h 中的一个库函数,其功能是判定 ASCII 码为 $x$ 的字符是否为大写字母,此约束将 $x$ 的取值域限定在 [65,90]。由此可知,不存在这样一个能为 $x$ 选出合适取值的区间、可生成用例并成功覆盖该路径,即输入参数 $x$ 的取值域为空,待覆盖路径不可达。类似地,在区间运算后将 T_5 和 T_7 标识为矛盾边,将 stmt_4 标识为矛盾节点。

库函数求反操作集 $L$ 是一个五元组 $(E,F,X,I,O)$,其中,$E$ 表示当前处理的包含库函数的约束表达式;$F$ 表示当前库函数的语义;$X=\{x_1,x_2,\cdots,x_n\}$ 表示包含库函数的输入参数的符号集合;$I=\{\mathrm{dom}(x_1),\mathrm{dom}(x_2),\cdots,\mathrm{dom}(x_n)\}$ 表示库函数输入参数符号满足库函数约束时的库函数值域;$I=\{\mathrm{dom}(x_1),\mathrm{dom}(x_2),\cdots,\mathrm{dom}(x_n)\}$ 表示经过区间运算后的库函数输入参数符号的输出区间(由 interval 构成,为了简便起见把区间集均称为区间)。

经过语义解析,得出当前约束表达式 $E$ 中库函数的函数语义 $F$,根据 $F$ 对库函数输入参数列表 $X$ 以对其输入区间 $I$ 进行区间运算,得出其输出区间 $O$。

对于一个库函数 $\mathrm{LF}(x_1,x_2,\cdots,x_n)$,存在一个域 $D=\{\mathrm{dom}(x_1),\mathrm{dom}(x_2),\cdots,$

$\text{dom}(x_n)\}$；对于任意库函数参数 $x_i$，都有当 $x_i \in \text{dom}(x_i)$ $(i=1,2,\cdots,n)$ 时保证此库函数 LF 能够正确执行其函数功能，该 $\text{dom}(x_i)$ 即称为 $x_i$ 的定义域，$D$ 为参数列表 $x_1,x_2,\cdots,x_n$ 的定义域。

将包含库函数的约束表达式形式定义为 $E=(\text{LF}(x_1,x_2,\cdots,x_n) \text{ op } N) \text{ op } M$，其中 $\text{LF}(x_1,x_2,\cdots,x_n)$ 为库函数表达式，$x_1,x_2,\cdots,x_n$ 为库函数的输入参数，$M$、$N$ 为任意符号表达式，op 为操作符。那么存在任意的包含库函数的约束表达式 $E$，库函数表达式 $\text{LF}(x_1,x_2,\cdots,x_n)$ 的值域均可用表达式 $M$、$N$ 的值域来表示。

函数库是具有一定功能的函数的集合，因此为库函数的输入参数生成合适的测试用例必须依据其函数功能来确定其输入参数的定义域，只有生成的用例在其定义域内，才认为这个用例对此库函数是有效的。库函数的反操作集合就是根据库函数语义确定库函数输入参数定义域的一组操作。

求库函数参数定义域的操作就是求反操作，借鉴了数学领域中反函数的思想，下面给出求反操作的定义。

令库函数 $F(X)(X \in I)$ 的值域是 $C$，若找到一组操作 $L_i(i=1,2,\cdots,n)$，能够根据 $C$ 经过区间运算求得输入参数的定义域 $O$，这样的一组操作为库函数的求反操作。

根据对约束表达式语义分析后得出的库函数类型 F_type，可以在求反操作集 $L$ 中找到与此库函数对应的求反操作 $L_i$，并由此得到满足库函数参数定义域的参数取值区间 $O=\{\text{dom}(x_1),\text{dom}(x_2),\cdots,\text{dom}(x_n)\}$，保证最后生成的用例取值 $V=\{V_1,V_2,\cdots,V_n\}$ 一定在此区间内，即 $V_i \in \text{dom}(x_i)$，满足库函数约束要求。

算法 9.2 给出了基于语义分析的库函数区间运算算法(interval arithmetic for library functions based on semantic analysis, IALFZ)的基本流程。

**算法 9.2**　IALFZ 的基本流程

输入：约束表达式 $E$，库函数值域 $I$，库函数参数列表 $X$，以及 $X$ 的区间 $D$
输出：$X$ 的取值区间 $D$

```
1   F_type←null;
2   F_type←JudgeType(E)
3   if (F_type≠null)
4       if (F_type∈S_L. key)
5       L_i←S_L. getValue(F_type);
6   if (L_i≠null)
7       D'←L_i(X,I);
8       D=D∩D';
9   else
10          D←calculate as normal expression (E);
11  return D;
```

在算法 9.2 中,JudgeType($E$)通过输入表达式中的库函数名判定库函数类 F_type,确定其函数语义,$S_L$ 是一个由 F_type、$L_i$ 构成的二元组的集合,$S_L$. key 是所有 F_type 组成的集合,$S_L$. value 为 $L_i$ 组成的集合。根据此类型在库函数反操作集 $S_L$. key 选择求反操作类型,根据库函数值域 $I$(即约束对库函数取值的限定)及其参数列表 X,进行区间运算求出满足库函数定义域的区间 $D'$,进而得出 X 的取值区间 $D$。

这里,以图 9-11 中的粗体部分 path1 作为输入来为输入参数 $x$ 生成用例。由 path1 上的约束可知,若想成功覆盖 stmt4,即输出"path1",必须满足路径上的三个约束。变量 $x$ 的初始区间为($-\infty,+\infty$),通过 $x>90$ 和 $x<150$ 这两个约束对 $x$ 进行区间运算,求得 $x$ 的区间为[91,149],即 $D=[91,149]$。当走到第三个 if 节点时,遇到包含库函数的约束 isupper($x$)$\neq$0,根据关键字 isupper 进行语义解析,可以判定此库函数的功能是判定 ASCII 码为 $x$ 的字符是否为大写字母且只有一个输入参数。根据算法 9.2 可确定 isupper 的求反操作 Lisupper。求反操作 Lisupper 根据 ASCII 码规则将 $x$ 的取值区间限定在[65,90],即经过算法 9.2,求得 $D'=[65,90]$,此操作相当于将约束 3 变为图 9-12 所示的"$x>=65$&&$x<=$ 90"。满足库函数约束的 $x$ 的取值区间 $D'$ 和满足前两个约束的 $x$ 的取值区间 $D$ 作相交运算,可得到满足路径上所有约束的条件,完成覆盖 Path1 的要求。$D'\bigcap D=$ [65,90]$\bigcap$[91,145]$=\varnothing$,由此可知,不存在一个 $x$ 能同时满足路径上的所有约束,即此路径不可达。有了路径不可达这个判定结果,用例求解算法就不会再在 [91,149]区间上作无用功,而是直接返回,节省了时间和资源。

```
void test2(int x)                    void test2(int x)
{                                    {
 if(x>90)                             if(x>90)
  if(x<150)                            if(x<150)
   if(isupper(x))                       if(x>=65&&x<=90)
          printf("path1");                    printf("path1");
 printf(" end ");                     printf(" end ");
}                                    }

        (a)                                  (b)
```

图 9-12　程序 test 及其经过库函数反操作后的形式

### 9.2.3　基于等式系数矩阵的路径可达性计算

等式在被测程序中所占的比例很高,且等式约束相对严格,更容易导致矛盾的产生,因此将等式约束提取出来单独进行判断,其具体流程如图 9-13 所示。对于被测程序中由等式类型约束条件所组成的线性方程组,通过有无解的判断来检测不可达路径。判断依据是线性方程组的系数矩阵(coefficient matrix)的秩 $R_c$ 和增广矩阵(augmented matrix)的秩 $R_a$ 是否相等,而求矩阵的秩则要通过特征值分解或者奇异值分解来实现。

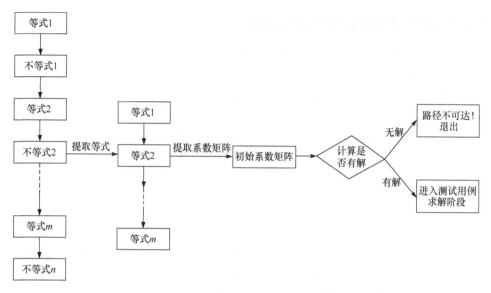

图 9-13  通过等式系数矩阵判断路径可达性的流程图

**例 9.6**  通过等式系数矩阵判断路径可达性的过程。假如待覆盖路径为经过所有 if 节点最后到达打印语句的路径,则需要满足所有的 if 谓词条件。程序如下所示:

```
void test3(int x, int y, int z){
if(x + y + z == 4)
  if(x > 2)
  if(2 * x + y - z == 3)
  if(y + 3 * z == 1)
  printf("Test");
}
```

待覆盖路径中有四个条件要满足,首先不考虑不等式条件而只是提取其中的三个等式组成等式条件集合(方程组),并分别提取由等式所组成的方程组的系数矩阵和增广矩阵,所对应的方程组为

$$\begin{cases} x+y+z=4 \\ 2x+y-z=3 \\ y+3z=1 \end{cases} \tag{9-6}$$

进而 $R_c = R \begin{bmatrix} 1 & 1 & 1 \\ 2 & 1 & -1 \\ 0 & 1 & 3 \end{bmatrix} = 2, R_a = R \begin{bmatrix} 1 & 1 & 1 & 4 \\ 2 & 1 & -1 & 3 \\ 0 & 1 & 3 & 1 \end{bmatrix} = 3$。由于 $R_c \neq R_a$,可知该方程组无解,并由此判断出待覆盖路径不可达,从而避免后续的求解过程。

### 9.2.4 基于仿射运算的路径可达性计算

区间运算的缺点是过于保守,经区间运算所得到的区间经常比实际范围大得多。这个问题在接连的区间运算的长计算链中尤其突出,会导致所谓的"误差爆炸"现象,而这样的长计算链在实际计算中经常出现。

为了解决区间运算过于保守所导致的有些不可达路径无法判定的问题,这里引入仿射运算。与区间运算一样,仿射运算也能自动记录浮点数的截尾和舍入误差,此外还能记录各个不确定量之间的依赖关系,正是这个额外的信息,仿射运算能得到比区间运算紧得多的区间,在长计算链中的优势更为明显[12,13]。

在仿射运算中,一个变量 $x$ 的区间用仿射形式 $\hat{x}$ 来表示,它是一些噪声元的线性组合: $\hat{x}=x_0+x_1\varepsilon_1+\cdots+x_m\varepsilon_m=x_0+\sum_{i=1}^{m}x_i\varepsilon_i$,这里噪声元 $\varepsilon_i$ 的值落在范围 $[-1,1]$ 内。对应的系数 $x_i$ 为实数,决定了噪声元 $\varepsilon_i$ 的大小和符号。每一个 $\varepsilon_i$ 表示对变量 $x$ 的总的不确定性起一定作用的一个独立的错误或误差源,可以是输入数据的不确定性、公式的截断误差、运算中的四舍五入误差等。如果同样的噪声元 $\varepsilon_i$ 出现在两个或更多的仿射形式(如 $\hat{x}$ 和 $\hat{y}$)中,那么变量 $x$ 和 $y$ 的不确定性之间具有某种联系和互相依赖性。

区间和仿射形式之间可以互相转换:给定一个表示 $x$ 的区间 $[\underline{x},\overline{x}]$,其对应的仿射形式可以表示为 $\hat{x}=x_0+x_1,x_0=(\underline{x}+\overline{x})/2,x_1=(\overline{x}-\underline{x})/2$;反之,给定一个仿射形式 $\hat{x}=x_0+x_1\varepsilon_1+\cdots+x_m\varepsilon_m$,其对应的区间形式为 $[\underline{x},\overline{x}]=[x_0-\xi,x_0+\xi]$,其中 $\xi=\sum_{i=1}^{m}|x_i|$。

给定两个仿射形式 $\hat{x}=x_0+x_1\varepsilon_1+\cdots+x_m\varepsilon_m,\hat{y}=y_0+y_1\varepsilon_1+\cdots+y_m\varepsilon_m$,令 $\alpha$ 为实常数,则

$$\hat{x}\pm\hat{y}=(x_0\pm y_0)+(x_1\pm y_1)\varepsilon_1+\cdots+(x_m\pm y_m)\varepsilon_m \tag{9-7}$$
$$\alpha\pm\hat{x}=(\alpha\pm x_0)+x_1\varepsilon_1+\cdots+x_m\varepsilon_m \tag{9-8}$$
$$\alpha\hat{x}=(\alpha x_0)+(\alpha x_1)\varepsilon_1+\cdots+(\alpha x_m)\varepsilon_m \tag{9-9}$$

**例 9.7** 根据上述规则,如果 $\hat{x}=[-1,1]=0+1\cdot\varepsilon_1,\hat{y}=[-1,1]=0+1\cdot\varepsilon_1$,那么在仿射运算里,$\hat{x}-\hat{x}=0$,而 $(2\hat{x}+\hat{y})-\hat{x}=\hat{x}+\hat{y}=0+\varepsilon_1+\varepsilon_2=[-2,2]$,而在例 9.1 中,其得到的结果分别是 $[-2,2]$ 和 $[-4,4]$。显然仿射运算得到的结果比区间运算要精确。因此,使用仿射运算对路径可达性进行判断将会得到比区间运算更为准确的结果。

### 参 考 文 献

[1] 肖庆,万琳,宫云战. 结构测试中的路径产生[J]. 计算机工程,2003,29(2):115-117.
[2] 李青翠. 单元自动化测试系统中路径选择方法的研究与设计[D]. 北京:北京邮电大

学，2011.

[3] 王思岚. 单元测试中代码覆盖分析及路径选择技术的研究与应用[D]. 北京：北京邮电大学，2012.

[4] Ramamoorthy C V, Ho S B F, Chen W T, et al. On the automated generation of program test data[J]. IEEE Transactions on Software Engineering, 2006, SE-2(4): 293-300.

[5] Boris B. Software Testing Techniques[M]. 2nd ed. New York: Van Nostrand Reinhold Co, 1990.

[6] 陈蕊. 程序中不可达路径的识别及其在结构测试中的应用[D]. 北京：中国科学院计算技术研究所，2006.

[7] 陈蕊，张广梅，李晓维. 程序中不可达路径的检测方法[J]. 计算机工程，2006，32(16): 86-88.

[8] Robschink T, Snelting G. Efficient path conditions in dependence graphs[C]. Proceedings of the 24th International Conference on Software Engineering, Orlando, 2002.

[9] Yates D, Malevris N. Reducing the effects of infeasible paths in branch testing[J]. ACM SIGSOFT Software Engineering Notes, 1989, 14(8): 48-54.

[10] Hermadi I, Lokan C, Sarker R. Dynamic stopping criteria for search-based test data generation for path testing[J]. Information and Software Technology, 2014, 56(4): 395-407.

[11] Antic C, Eiter T, Fink M. HEX semantics via approximation fixpoint theory[C]. Proceedings of the 12th International Conference on Logic Programming and Nonmonotonic Reasoning, Corunna, 2013.

[12] Luiz J, Comba D, Stolfi J. Affine arithmetic and its applications to computer graphics[C]. Proceedings of VI Brazilian Symposium on Computer Graphics and Image Processing, Recife, 1993.

[13] Pirnia M, Cañizares C A, Bhattacharya K. A novel affine arithmetic method to solve optimal power flow problems with uncertainties[J]. IEEE Transations on Power Systems, 2014, 29(6): 2775-2783.

# 第 10 章　约 束 求 解

约束求解问题的研究始于 20 世纪 60 年代的 Interactive Graphics 以及 70 年代的 Scene Labeling[1-3]。Gallaire[4] 和 Jaffar 等[5] 分别在 1985 年和 1987 年发现逻辑程序设计(logic programming)实质上是一种特殊的约束求解问题,约束求解的研究取得重要进展。基于这种发现,约束逻辑程序设计(constraint logic programming)[5] 作为求解约束问题的新框架开始出现,现在用于求解约束问题的工具大多都是基于约束逻辑程序框架的,但这并不意味着约束求解仅限于此框架,约束问题也可以在类似于 C++、Java 的命令式语言框架下进行求解。在此之后,随着约束求解技术的不断发展,求解混合约束问题的研究也开始发展起来。

在形式化上,约束满足问题包括三个基本元素:变量 $V$、变量的域 $D$ 和约束 $C$。变量的域 $D$ 是变量可能取值的集合,变量 $V_i$ 只能在它的域 $D_i$ 中取值;约束 $C$ 描述了变量 $V$ 之间必须满足的关系。求解约束问题就是在各变量的域 $D$ 中找到一个(或所有)值 $S$ 使得各变量之间满足约束 $C$。约束求解问题也可以表示为三元组 $\langle V, D, C \rangle$。根据约束问题中变量的域 $D$ 的不同,约束问题可以分为布尔约束问题、有限约束问题、数值约束问题和混合约束问题等。

## 10.1　求解布尔约束满足问题

### 10.1.1　布尔约束满足问题

布尔约束问题要求 $V$ 中的各变量只能在 0 或 1 上取值,即布尔约束问题的域 $D$ 为 $\{0,1\}$。它的约束 $C$ 实际上就是一组命题逻辑公式。命题逻辑公式是布尔变量与逻辑连接符按照一定规则形成的:①布尔变量是公式;②如果 $\varphi$ 是公式,则 $\neg \varphi$ 也是公式;③如果 $\phi$ 和 $\varphi$ 是公式,则 $\phi * \varphi$ 也是公式;④只有上面三条规则生成的表达式是公式。这里,$\neg$ 是一元连接符"非",$*$ 可以是任何一个二元连接符,如 $\wedge$(与)、$\vee$(或)和 $\rightarrow$(蕴含)等。

在布尔约束问题中,命题逻辑公式也可称为布尔约束条件。布尔变量的取值只有"真"和"假"两种,而由连接符连接而成的布尔约束条件也只能取"真"和"假"两个值。求解布尔约束问题的目的就是为该问题中的布尔变量赋值,使得该问题中的每一个布尔约束条件的值为"真"。

### 10.1.2　基础知识

众多领域的实际问题都可以通过等价为约束可满足问题来解决,即该问题能够规约为命题逻辑或一阶逻辑公式。如果公式不可满足,那么需要查找不满足的原因,而公式由短句合取构成,这就要求剔除无关短句,保留能够反映其原因的一部分短句,即提取公式的不可满足子式。近年来,自从融合冲突学习机制等启发式方法的增强 DPLL(davis-putnam-logemann-loveland)算法出现之后,布尔可满足(Boolean satisfiability,BS)求解器得到飞速的发展。另外,由于可满足性模理论(SMT)采用一阶逻辑建模,具有表达能力更强、更接近于高层设计等特点,近年来发展迅速,已广泛地应用于形式化验证领域,基于 SMT 的求解方法也成为今后研究的重点及主要突破的方向。

SAT(satisfiability)是一类特殊的布尔约束问题。它要求约束的形式为($L_{11}$ $\wedge \cdots \wedge L_{n_1}$)$\wedge \cdots \wedge$($L_{m_1} \wedge \cdots \wedge L_{mn_m}$),其中,$L_{ij}$ 为一个变量或变量的非。SMT 工具与 SAT 工具一样都是用来解决命题逻辑可满足问题。不同的是,SAT 工具仅仅能解决只包含布尔变量的逻辑命题,如($a \wedge (\neg a \wedge b)$),其中的 $a$、$b$ 均为逻辑变量;而根据特定理论和逻辑,SMT 工具可以解决更为广泛的命题逻辑问题,这些问题可以包含整数变量、实数类型的变量,如逻辑公式($a+b>10$)$\wedge$($b<3$)。这一优点为有界模型检测提供了方便:不用将模型变量都编码成布尔型变量,只需将得到的含有整数变量或者实数变量的逻辑命题交给 SMT 工具求解即可。

目前,SMT 求解器能处理的理论主要是一些数学理论、数据结构理论和未解释函数,具体如下[6]。

(1) 未解释函数(uninterpreted function,UF)。它主要包含一些没有经过解释的函数符号和它们的参数。通常这个理论带有等号,也被称为 EUF(equational uninterpreted function)。

(2) 线性实数演算(linear real arithmetic,LRA)和线性整数演算(linear integer arithmetic,LIA)。这两类理论的公式形如 $a_1 x_1 + a_2 x_2 + \cdots + a_n x_n \odot c$,这里 $\odot$ 可以是=、$\neq$、$\leqslant$、$\geqslant$、<或>中的任意一个,$c$ 是一个常数,$a_1, a_2, \cdots, a_n$ 是常系数,$x_1, x_2, \cdots, x_n$ 是实数变量(在 LRA 中)或者整数变量(在 LIA 中)。

(3) 非线性实数演算(non-linear real arithmetic,NRA)和非线性整数演算(non-linear integer arithmetic,NIA)。公式的形式为任意的数学表达式。

(4) 实数差分逻辑(difference logic over the reals,RDL)和整数差分逻辑(difference logic over the integers,IDL)。它的一般形式为 $x - y \odot c$,这里 $\odot$ 可以是=、$\neq$、$\leqslant$、$\geqslant$、<或>中的任意一个,$c$ 是一个整数或者布尔值,$x$ 和 $y$ 可以是实数(在 RDL 中)或者整数(在 IDL 中)。这两类理论总称为 DL(difference logic)。

(5) 数组(arrays)和位向量(bit vector,BV)。这两个理论主要处理计算机中的数据结构,用于处理数组和位向量操作。

### 10.1.3　算法

　　SMT 的判定算法大致可分为积极(eager)算法和惰性(lazy)算法。前者是将 SMT 公式转换为可满足性等价的 SAT 公式,求解该 SAT 公式;后者则结合了 SAT 求解和理论求解,先得出一个对命题变量的赋值,再判断该赋值是否理论一致。其中,SAT 求解用的是 DPLL 算法。

　　1. 积极算法

　　积极算法是早期的 SMT 求解器所采用的算法,它将 SMT 公式转换成一个 CNF(conjunctive nomal form)型的命题公式,用 SAT 求解器求解。这种方法的好处是可以利用高效的 SAT 求解器,求解效率依赖于 SAT 求解器的效率。早期 SAT 求解技术取得的重大进步推动了积极类算法的发展。对于不同的理论,积极类算法需要用到不同的转换方法和改进方法,这样有助于提高转换和求解的效率。

　　积极算法的正确性依赖于编码和 SAT 求解器的正确性,且对于一些大的程序来说,编码成 CNF 公式很容易引起组合爆炸,即公式的长度呈指数级增长。因此,这类方法在实际应用中效果不是很好,无法解决很大的工业界应用。

　　2. 惰性算法

　　惰性算法是目前采用的主流方法,也是被研究得最多的算法。惰性算法先不考虑理论,将一个 SMT 公式看成 SAT 公式求解,然后用理论求解器判定 SAT 公式的解所表示的理论公式是否一致。目前,多数大型的 SMT 求解器都采用了惰性算法。可以看出,这类算法结合了 SAT 求解和理论求解。下面介绍判定命题公式的 DPLL 算法。

　　**算法 10.1**　DPLL 算法

　　输入:一个 CNF 公式 $F$

　　输出:真,假

　1　对 $F$ 进行预处理,如果公式为假,返回假;

　2　选择下一个没有被赋值的变量进行赋值;

　3　　根据赋值进行推导;

　4　　如果推导出公式为真,则返回真;

　5　　如果推导出冲突,则

　6　　　　分析冲突,如果能回溯,则回溯;

　7　　　　如果不能回溯,则返回假;

　8　如果没有推导出冲突,返回 2;

第 1 行的预处理是检查公式的结构,看是否存在冲突的子句。如果在预处理阶段没有发现冲突,则按照一定策略对公式中的变量进行赋值。其中第 3 行的推导,主要指对某个变量赋值后某些子句中的变量会被强迫赋值,这个步骤可以不断进行下去。推导的作用主要是找出这类文字并扩充赋值。第 5 行中的冲突指推导出不可能的赋值。产生冲突后,用回溯算法返回前面的变量,重新进行赋值。如果没有冲突,且公式已经被满足,这时就可以返回真,否则要对下一个变量进行赋值。

惰性算法通常又称 DPLL(T)算法,T 代表理论求解器,其一般形式如算法 10.2 所示。

**算法 10.2** DPLL(T)算法

输入:一个 SMT 公式 $F$

输出:真,假

1    得到 $F$ 的命题框架 PS($F$);

2    如果 PS($F$)是不可满足的,返回假;

3    否则对于 PS($F$)的每一个模型 $M$,检查 $M$ 所代表的理论是否一致;

4        如果存在一个模型是理论一致的,返回真;

5        如果所有的模型都不是理论一致的,返回假;

算法 10.2 中的模型 $M$ 指 PS($F$)的一个解。第 2 行用到的是 SAT 求解器,第 3 行中取得模型的方法也是用 SAT 求解器,模型的理论一致性检查采用相应的理论求解器。SAT 求解器一般用到 DPLL 算法。一个逻辑公式的解(模型)可以看成一组文字的合取,模型的理论一致性检查就是检查这组文字代表的理论公式是否有解。理论一致指这组文字代表的理论公式有解。

为了提高算法 10.2 的效率,人们又开发出很多技术,其中多数都源自 SAT 求解技术。

前面介绍的 DPLL(T)算法是将 SAT 求解器当成黑盒,即理论求解器检查模型的一致性要等到 DPLL 算法给出一个解之后才进行,这种方法有时也被称为 offline 方法,其缺点是理论求解器很少参与 DPLL 的求解过程。后来出现的 online 方法对其进行了改进,使得理论求解器参与 DPLL,从而提高了求解效率。这些改进主要有以下几种。

(1) 理论预处理:对 SMT 公式进行预处理,并对其进行简化和标准化,必要时可修改模型中的理论公式。理论预处理可以与 DPLL 预处理相结合。

(2) 选择分支:在 DPLL 中选择下一个被赋值的命题变量是很重要的。在 DPLL(T)中,使用理论求解器来帮助选择下一个被赋值的命题变量。

(3) 理论推导:主要通过理论的帮助来推导出一些文字。在 DPLL 中推导是一种提高效率的重要方法。理论推导可以导致三种结果:①推导出一个文字,该文字和目前的部分模型冲突,这时需要回溯;②推导出一个可满足的模型,这时就可以返回模型,结束求解;③推导终止后,既没有得到可满足的模型,也没有发生冲突,这时需要进行下一步的赋值。

(4) 理论冲突分析:在 DPLL 中,冲突分析有助于回溯到早期的变量,从而提高求解效率。在 DPLL(T)中这种分析是通过理论求解器来进行的。

下面介绍一些用于提高求解效率的优化技术。

(1) 标准化理论公式:有些理论公式看似不同,其实是同一公式。通过标准化能够进行优化,从而减少公式的数目。

(2) 静态学习技术:对公式的结构进行简单的分析,以求检测出一些简单的冲突。

为了实现前面所介绍的技术,一个好的理论求解器必须具备以下的功能。

(1) 模型枚举:因为在求解过程中用到理论公式的模型,所以一个好的理论求解器应该能够输出模型。

(2) 增量求解:DPLL(T)算法大多都不需要等到一个命题模型完全产生后再进行理论求解。一般来说,产生部分模型后就开始调用理论求解器,这就需要理论求解器具有增量求解的功能,在之前求解的基础上,添加公式后能继续快速地进行求解。

(3) 理论推导功能:通过理论进行求解,能够推导出理论上的单元子句。

### 10.1.4 典型的 SAT 求解器和 SMT 求解器

1. Z3

Z3[7]是由微软公司开发的一种 SMT 求解器(也叫定理证明器),是目前最好的 SMT 求解器之一,它支持多种理论,主要用于软件验证和软件分析。Z3 是一个底层的工具,一般作为一个组件应用到其他需要求解逻辑公式的工具中。为了方便使用,Z3 提供了很多 API,这些 API 支持的语言有 C、.NET 和 OCaml。当然,Z3 也可以通过命令行的方式来执行。Z3 的原型工具参加了 2007 年的 SMT 竞赛,获得 4 个理论的冠军和 7 个理论的亚军,之后在陆续参加的 SMT 竞赛中获得大多数理论的冠军。而在 2011 年的 SMT-COMP 大赛中,Z3 求解器更是在 21 项测试中取得 17 项第一的优秀成绩,可以说在当前众多的 SMT 求解器中,Z3 的性能无疑是最高效的。在应用方面,Z3 作为一款高效的 SMT 求解器在微软公司开发的 VCC(verifying concurrent C,并行 C 程序验证系统)和微软研究院设计的 Boogie(中间代码验证语言)中作为后台得以广泛地应用于 C、C♯ 语言的程序验证。目前,Z3 已被用于很多项目,如 Pex、HAVOC、Vigilante、Yogi 和 SLAM/SDV 等。

Z3 的简化器采用一个不完全但高效的简化策略。例如,它将 $x \wedge$ true 简化成

$x$,将 $x=5 \land f(x)$ 简化成 $f(5)$ 等。Z3 的编译器是将输入转换成内部的数据结构和一致性闭包节点。一致性闭包核先接受来自 SAT 求解器的赋值,然后处理 EUF 和相关组合理论,它采用的方式称为 E-matching。SAT 求解器对公式的命题框架进行求解,并将结果交给一致性闭包核处理。理论求解器主要包含浅性算数、位向量、数组和元组。理论求解器是建立在一致性闭包算法上的,这也是目前大多数 SMT 求解器使用的方式,也就是说,一致性闭包可以看成核心求解器,各个理论求解器是外围求解器。

2. STP

约束求解器 STP 的基本方法是把每个数据视为一个独立的字节数组,它提供三种数据类型:布尔、位向量和位向量数组,其中,位向量是固定长度的位序列。STP 支持位连接和位提取操作,以支持 KLEE 的内存模型。STP 支持所有的算术操作、位级布尔操作和关系操作等,代码中的谓词被转换为对位向量的约束。通过一系列位级转换和针对位向量和数组的优化,位向量约束被转换为 CNF 范式形式的命题逻辑公式,再提交给一个标准 SAT 求解器进行判定。

STP 是针对定长位向量理论与数组理论的 SMT 求解器。在求解过程中,STP 首先将需要求解的问题转换为命题逻辑的形式,改写成布尔函数的格式,然后调用 SAT 求解器进行求解。在改写问题的过程中,通过一系列的优化算法,可以降低最终改写出来的布尔函数的复杂度,甚至无需使用 SAT 求解即可得出结果。其系统结构如图 10-1 所示。

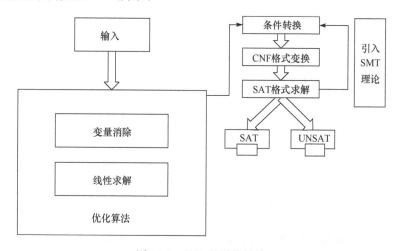

图 10-1 STP 的系统结构

待求解的问题需要转换成 STP 语言进行描述,STP 将输入条件转换成命题逻辑形式,在转换之前,会使用优化算法对转化条件进行化简。将转换后的一般格式的布尔函数转换成 CNF 格式,使用 SAT 求解器对该布尔函数进行 SAT 求解,并结合求解结论得出结果。

通过线性求解和变量消除,STP 可以最大限度地减少输入条件中的变量、降低表达式的复杂度,使最后需要进行 SAT 求解的逻辑表达式尽量简单。STP 在求解 SMT 问题时,需要将约束条件转换为 SAT 问题来进行,但优化算法减少了转换后布尔函数中的变量个数,从而降低了布尔函数的复杂度。搭配高效的 SAT 求解器,STP 在软件分析程序中得到广泛的使用,如 KLEE 工具,便是使用 STP 求解器来进行约束求解。但是由于需要将求解的条件逻辑转化成描述能力较弱的命题逻辑形式才能求解,这种限制成为 SAT 求解在实际应用上不如 SMT 求解有效的原因,而且 STP 对求解理论的支持不足,仅支持数组和定长位向量两种 SMT 求解理论。因此,STP 的求解性能与其他优秀的 SMT 求解器相比处于劣势。

### 3. CVC3 和 CVC4

CVC3[8]和 CVC4[9]由纽约大学和 Iowa 大学联合开发,是 SVC、CVC、CVC live 的后继产品。SVC、CVC、CVC live 都是斯坦福大学的产品。CVC3 比前几个产品更为成熟,功能更多,是一个成熟的 SMT 求解器,支持多种理论。CVC3 的体系结构如图 10-2 所示。

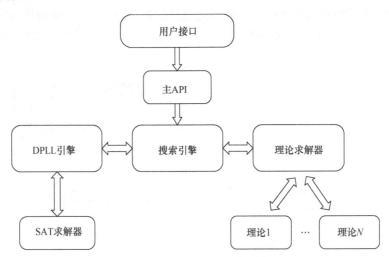

图 10-2　CVC3 的体系结构

CVC3 提供多种用户接口,包括 C 和 C++,支持输入文件和命令行驱动。CVC3 主 API 支持两类主要的操作,即创建公式和可满足性问题检测,其搜索引擎结合了 SAT 求解器和理论求解器。CVC3 的一大特点是使用两个 SAT 求解器,并吸取两者的长处。CVC3 及其前几个版本被用于 HOL(一款交互式的定理证明器)、一些 C 语言的验证工具和一些编译工具等。

CVC4 在 CVC3 的基础上对代码进行优化,并且支持 SMTLIB2.0 的输入标准。

4. Yices

Yices[10] 由 SRI(Stanford research institute)开发,被整合在 PVS(specification and verification system)中,后者是 SRI 开发的一个定理证明器。Yices 主要用于一些有界模型检测、定理证明和学习推理的项目。Yices 的体系结构如图 10-3 所示。

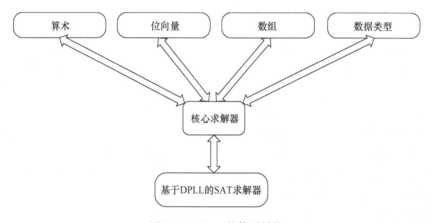

图 10-3  Yices 的体系结构

Yices 的核心求解器和 Z3 一样,也是用来处理未解释函数的。它的理论求解器处理的理论是算术理论、位向量、数组和一些数据结构理论。Yices 中,SAT 求解器和理论求解器的结合比较密切和灵活。理论求解器可以为 SAT 求解器产生子句,并帮助 SAT 求解器进行传播。Yices 的核心求解器采用改进的一致性闭包(congruence-closure),其算术理论采用单纯形法,其数组求解器采用晚初始化(lazy instantiation)方法,位向量求解器采用 Blasting 方法。

Yices 拥有自己的输入文件格式,但也接收 SMTLIB 格式的输入。此外,Yices 还拥有自己的 API,包含一个 MAX-SAT 求解器。

## 10.2  求解有限约束满足问题

### 10.2.1  有限约束满足问题

顾名思义,有限约束问题就是变量只能在有限域上取值的约束满足问题[11]。

在有限约束问题中,通常不考虑约束的具体形式,而列出所有满足该条件的变量取值组合的形式。$N$ 皇后问题、鸽笼问题和图着色问题等都属于有限约束问题。实际上,布尔约束问题可以看成有限约束问题的特例。

### 10.2.2　回溯法

完备算法中最常用的是回溯法。它的思想是通过反复地为变量选择一个与当前部分解相容的值来增量地把部分解扩展到完全解。该方法先为约束问题中的部分变量赋值,在这个部分赋值的基础上为其余变量赋值。如果在部分变量赋值的基础上,下一个待赋值的变量找不到使得约束成立的解,则需要改变部分变量赋值中所赋的值。

在回溯法中,顺序地实例化每个变量,当与某条约束相关的所有变量都被实例化时,就立即检查该约束的相容性。如果当前部分解违反了任何约束,就回溯到最近的仍有可选值的实例化变量,用其论域中的其他值来实例化这个变量。重复这个过程,如果最终每个变量都被实例化,则找到问题的一个解;如果最终没有变量可以回溯,则说明这个约束满足问题无解。显然,无论什么时候部分解违反了约束,回溯法都能从所有变量论域的笛卡尔乘积中删除子空间。回溯法的效率比简单的生成和测试方法高,但缺点在于当实例化变量时经常产生相同的子树,出现大量冗余的工作,即发生所谓的"颠簸"现象,而且由于没有任何启发式信息,只有在冲突约束中的所有变量都赋值后才会检测到冲突。

回溯法可用递归形式表示为算法 10.3,其中,pSol 表示已有的部分变量赋值,初始时没有变量被赋值;Cons 表示当前待求解的约束。

**算法 10.3**　int Sat (pSol, Cons)

```
1  {
2      Propagate(pSol, Cons);
3      if 矛盾的结果
4          return 0;
5      if pSol 为每个变量赋值
6          return 1;
7      在 pSol 中选择一个未赋值的 x;
8      for (i=1; i<=m; i++) {
9          if Sat(pSol∪{x=vi}, Cons)
10             return 1;
11     }
12     return 0;
13 }
```

在该算法中,Propagate 函数是用已有的部分赋值 pSol 简化约束 Cons 的过程。可以看出,回溯法中的两个关键操作是,选取下一个待赋值的变量及其值,以及当有约束不成立时回溯。因此,针对这两个操作,回溯法常用的两种策略是向前看(look-ahead)和回跳(back jumping)。向前看是指在为下一个变量赋值时,通常先进行约束推导(constraint propagation)和选择最合适的变量及变量的值。约束推导可减少搜索空间,而选择最合适的变量及变量的值可加快搜索。向前看策略也称为一致性技术(consistency technique)。回跳是在下一个待赋值的变量找不到解时,不直接为刚赋过值的变量赋其他的值,而是经过分析找到致使下一个变量无解的那个变量,改变其所赋的值。

## 10.2.3　不完备算法-局部搜索法

不完备算法主要指局部搜索法。局部搜索法的优点是速度快,缺点是它的不完全性。相对于完全算法,局部搜索法可以处理规模大得多的 SAT 问题示例。局部搜索类法的困难之处在于如何处理搜索过程中的局部极小点。跳出局部极小点的策略是此类算法是否成功的关键之一。下面对常见的局部搜索算法进行介绍。

### 1. GSAT

在 SAT 的求解算法中有一类重要的算法,属于 GSAT 系列,即基于贪婪(greedy)搜索的 SAT 术解算法。

GSAT 的主要思想是:首先随机地为所有变量赋值,如果这组赋值使得所有的约束都成立,则算法结束;否则,在该组赋值的邻点中选取一个使得约束成立最多的变量值为新的赋值[12]。此过程不断重复,直到找到使得所有约束都成立的解,或者改变次数大于预先设定的值。在此,邻点是指两个赋值仅有一个变元的值不同。为了克服 GSAT 容易陷入局部最小点的缺点,人们提出了各种改进措施,如为子句加权、随机游走等。

### 2. 禁忌搜索

禁忌搜索[13](tabu search,TS)的思想最早由 Glover 于 1986 年提出,它是对局部领域搜索的一种扩展,是一种全局逐步寻优算法,是对人类智力过程的一种模拟。TS 算法通过引入一个灵活的存储结构和相应的禁忌准则来避免迂回搜索,并通过藐视准则来赦免一些被禁忌的优良状态,进而保证多样化的有效探索以最终实现全局优化。相对于模拟退火和遗传算法,TS 算法是又一种搜索特点不同的元启发(meta-heuristic)算法。

禁忌搜索算法涉及邻域(neighborhood)、禁忌表(tabu list)、禁忌长度(tabu length)、候选解(candidate)和藐视准则(aspiration criterion)等概念,它们的选取

直接影响优化结果。禁忌搜索的一般思路如下：

（1）在搜索中，构造一个短期循环记忆表—禁忌表，其中存放刚刚进行过的$|T|$（$T$称为禁忌表）个邻居的移动，这种移动即解的简单变化。

（2）对于进入禁忌表中的移动，在以后的$|T|$次循环内是禁止的，以避免回到原来的解，从而避免陷入循环。$|T|$次循环后禁忌解除。禁忌表中的移动称为禁忌移动。

（3）禁忌表是一个循环表，在搜索过程中被循环地修改，使禁忌表始终保持$|T|$个移动。

（4）即使引入禁忌表，禁忌搜索仍可能出现循环。因此，必须给定停止准则以避免出现循环。当迭代内所发现的最好解无法改进或无法离开它时，算法停止。

### 3. 拟物拟人法

长期以来，人们习惯用数学建立模型来解释和研究物理世界，却很少反过来利用物理知识来解决数学问题。在求解一些问题时，这种"反其道而行之"的研究方法获得了很大的成功。把借助于物理世界的知识或模拟物理现象来求解问题的方法称为拟物法。

由于拟物法为抽象问题在现实世界中找到了对应的模型，人们可以按照物质运动的规律对问题进行求解。事实上，理论物理学已经证明，物理状态的演化天然地按照使其拉格朗日函数的时间积分达到最小的方式进行，这就决定了拟物法最终会落实为数学上的优化问题。

向大自然学习，已经使人们获得了丰富的解决问题的方案，如模拟退火算法、蚁群算法和神经网络算法等。在向大自然学习的同时，人们发现人类社会发展几千年来所积累的经验也能为解决问题带来一些启示。

把借助人类的社会经验来求解问题的方法称为拟人法。一般地，拟物法最终会落实为数学上的优化问题，然而用数学方法求解复杂优化问题时，计算无可避免地会落入目标函数的局部极小值陷阱中。当遇到这种困境时，拟人法可以为计算提出好的"跳出陷阱"策略。拟人法实际上就是从人类社会生活中的某些现象以及人类社会长期积累起来的解决各种问题的丰富经验中学习解决问题的方法。把这些社会生活经验形式化为求解问题的算法，与拟物法结合成为解决问题的一条独特途径，称为拟物拟人法[14]。

拟物拟人法求解问题的一般思路如下：

（1）分析问题，用严格的数学语言来描述问题。

（2）根据问题的具体情况，到物理世界中去寻找类似的物质运动规律，根据规律来建立一个物理模型。

（3）应用物理模型的运动规律求解该数学问题，即用物理方法求解数学问题，最常用的求解方法就是梯度下降法。但采用该方法有一个缺陷，即很容易陷入局部极小值，为了获得全局最小值，可采用一定的拟人策略来跳出局部极小值。

（4）用实验观察与分析这个物理模型，总结计算掉入局部极小值陷阱的规律，在人类社会生活中寻找与所要解决的原始问题"等价"或"相似"的特定现象，仔细地分析这些现象，从中提炼出解决问题的拟人策略。这一步是最关键的，极不容易做到，这也说明获取拟人策略的难度。

（5）对提炼出的拟人策略进行整理，得出具体的形式化算法。拟人策略仅仅是解决问题的思想，还需要把这一思想落实为一个明确的形式化算法。

（6）将算法编成程序在计算机上试算各个算例，分析程序不如人意的表现，再利用拟人的方法将算法作进一步改善。不断重复这些步骤，直至得出满意的结果，此时的算法也就是最终的拟物拟人算法。

拟物拟人法的效率通常比遗传算法、模拟退火算法和神经网络算法等要高。其原因在于，一方面它具有针对性强的特点，针对具体问题找到非常贴切的物理现象，会对任何问题都采用或依赖于一个固定不变的体系方法；另一方面，拟人法是向人类学习，人类显然具有更高的智慧。但是，要想得到合适的拟物拟人算法并不是一件容易的事情，需要经过长期艰苦而细心的工作。这种算法得出过程的艰苦性，可以说是拟物拟人法的一个缺点。

### 4. 爬山法

爬山法[15]也称为逐个修改法或瞎子摸象法，是一种著名的局部搜索算法，属于一种启发式方法。爬山法类似于确定性问题中的一维搜索算法，采用逐步试探的方法，这个过程和在目标函数的曲线上爬山类似。在这座山上，山峰代表局部最优解，洼处代表较差的局部解。在没有启发策略的爬山法中，对当前解的邻域是随机进行评估的，而更好的爬山法则应该通过一定的评估函数来确定下一步的方向，如算法 10.4 所示。

**算法 10.4** 爬山法
1 选择一个初始 $s \in S$;
2 **Repeat**
3 选择 $s' \in N(s)$ 使得通过启发策略 $obj(s') > obj(s)$;
4 $s \leftarrow s'$
5 **Until** $obj(s) \geqslant obj(s')$, $\forall s' \in N(s)$

首先从一个随机选取的初始值开始进行搜索，对这个初始值的邻域进行评估，检查是否有更好的候选解。如果有，则用更好的候选解替换当前解，同时对新的当前解的邻域进行评估；如果发现更好的候选解，则继续进行替换，直到再无更好的候选解可以替换当前解。爬山法执行简单并能快速给出结果，但其搜索容易陷入局部极值,而非全局最优解。这种情况说明搜索结束于并非最优解的一个山峰,而放弃了其他解空间的搜索。此时,认为邻域内再无比当前解更好的解。由此可见,爬山法对于初始值的依赖很严重。对此的一个改进方法就是选取多个初始值,来尝试不同的搜索空间。

5. 模拟退火

模拟退火算法[16]源于对热力学中退火过程的模拟,在某一给定初温下,通过缓慢下降温度,使算法能够在多项式时间内给出一个近似最优解。这里的"退火"与冶金学上的退火相似,而与冶金学的淬火有很大区别,前者是温度缓慢下降,后者是温度迅速下降。

模拟退火的原理也与金属退火的原理近似:将热力学的理论套用到统计学上,将搜寻空间内每一点想象成空气内的分子,分子的能量就是它本身的动能;而搜寻空间内的每一点,也像空气分子一样带有"能量",以表示该点对命题的合适程度。算法先以搜寻空间内一个任意点开始,即每一步先选择一个"邻居",然后计算从现有位置到达"邻居"的概率。

模拟退火算法与初始值无关,算法求得的解与初始解状态 S(是算法迭代的起点)无关;模拟退火算法具有渐近收敛性,已在理论上被证明是一种以概率 1 收敛于全局最优解的全局优化算法;另外,模拟退火算法具有并行性。

算法最早由 Kirkpatrick 等[16]提出,后来又发展成为一种搜索方法。模拟退火的基本原理类似于爬山法,但对于初始值的依赖要弱于爬山法,对于搜索步骤的约束不是很严格。它接受下一个候选解的概率为 $p$,并通过如下公式计算:

$$p = e^{-\frac{\delta}{t}} \tag{10-1}$$

式中,$\delta$ 是当前解和邻域内下一个候选解之间的差距;$t$ 是温度控制参数。

温度根据冷却规则会冷却下来。开始时为了能在搜索空间的较大范围内自由移动,因此温度较高,由此可以看出对于初始值的依赖没那么明显。在搜索的进行过程中,温度逐渐冷却。但是如果冷却过快,导致没有足够大的搜索空间被搜索到,则陷入局部极值的概率变大。最小化目标函数的模拟退火过程如算法 10.5 所示。

**算法 10.5** 模拟退火

1  选择一个初始值 $s \in S$;
2  选择一个初始温度 $t > 0$;
3  **Repeat**
4     it←0;
5     **Repeat**
6        随机选择 $s' \in N(s)$;

7　　　　　　　　$\Delta e \leftarrow \mathrm{obj}(s') - \mathrm{obj}(s)$；

8　　　　　　　**if** $\Delta e < 0$

9　　　　　　　　$s \leftarrow s'$；

10　　　　　　**else**

11　　　　　　　　生成一个随机数 $r$，$0 \leqslant r \leqslant 1$；

12　　　　　　　　**if** $r < \mathrm{e}^{-\frac{\delta}{t}}$

13　　　　　　　　　$s \leftarrow s'$；

14　　　　　　　**end if**

15　　　　　　it←it＋1；

16　　　**until** it＝num_solns

17　　　根据冷却策略减小 $t$；

18　**until** 达到终止条件

# 10.3　求解混合约束满足问题

## 10.3.1　混合布尔约束满足问题

混合约束问题中的变量可以在多个域中取值，例如，变量可以取布尔值，可以在有限数值域、无限数值域上取值等。混合约束问题实质上是对布尔约束问题的一种扩展。

形如 Exp1 rop Exp2 的约束称为数值约束，其中 Exp1 与 Exp2 为数学表达式，如 $3x + y - z$；rop 为数学上的关系操作符，包括＝、$<$、$>$、$\leqslant$ 和 $\geqslant$。

混合约束条件由布尔变量、数值约束和逻辑连接符组成，按照与命题逻辑公式同样的规则形成组合体。例如，$a \wedge (x - y < 5) \rightarrow (x + z \leqslant 8)$。由一个或一组混合约束条件组成的问题称为混合约束问题。

一个数值约束有"成立"和"不成立"两种情况，分别对应于这个数值约束的值为"真"和"假"，混合约束条件的值也如同布尔约束条件的值，只能取"真"或者"假"。因此，求解混合约束问题的目的就是为其中的数值和布尔变量赋值，使得该问题中的每个混合约束条件的值为"真"。如果能找到这样的布尔变量值和数值变量值，则称该混合约束问题能够成立或是可行的（feasible），否则称为不能够成立或是不可行的（infeasible）。

## 10.3.2　数值约束求解算法

数值约束可化为如下的基本形式：

$$\begin{cases} f_i(x)=0, & i=1,2,\cdots,p \\ h_j(x)=0, & j=1,2,\cdots,q \end{cases}$$

式中，$f_i(x)=0$ 为等式约束；$h_j(x)\leqslant 0$ 为不等式约束。

如果数值约束中的等式和不等式约束都是线性的，则称这类问题为线性数值约束问题，否则称为非线性数值约束问题。

### 1. 单纯形法

线性数值约束问题的求解可用单纯形法（simplex method）[17]。单纯形法由美国数学家 Dantzig 于 1947 年首先提出[18]，其基本思路是将模型的一般形式变成标准形式，再根据标准型模型，从可行域中找到一个基本可行解，并判断是否为最优。如果是，则获得最优解；如果不是，则转换到另一个基本可行解。当目标函数达到最大时，得到最优解。

根据单纯形法的原理，在线性规划问题中，决策变量（控制变量）$x_1,x_2,\cdots,x_n$ 的值称为一个解，满足所有约束条件的解称为可行解。使目标函数达到最大值（或最小值）的可行解称为最优解。这样，一个或多个最优解能在整个由约束条件所确定的可行区域内使目标函数达到最大值（或最小值）。求解线性规划问题的目的就是找出最优解。

最优解可能出现下列情况之一：

（1）存在着一个最优解。

（2）存在着无穷多个最优解。

（3）不存在最优解，这只在第三种情况下发生，即没有可行解、各项约束条件不阻止目标函数的值无限增大或向负的方向无限增大。

单纯形法的一般解题步骤可归纳如下：

（1）把线性规划问题的约束方程组表达成典范型方程组，找出基本可行解作为初始基本可行解。

（2）若基本可行解不存在，即约束条件有矛盾，则问题无解。

（3）若基本可行解存在，以初始基本可行解作为起点，根据最优性条件和可行性条件，引入非基变量取代某一基变量，找出目标函数值更优的另一基本可行解。

（4）按步骤（3）进行迭代，直到对应检验数满足最优性条件（这时目标函数值不能再改善），即得到问题的最优解。

（5）若迭代过程中发现问题的目标函数值无界，则终止迭代。

用单纯形法求解线性规划问题所需的迭代次数主要取决于约束条件的个数。现在，一般的线性规划问题都是应用单纯形法标准软件在计算机上进行求解，具有 $10^6$ 个决策变量和 $10^4$ 个约束条件的线性规划问题已能在计算机上解得。

### 2. 高斯-牛顿法

数值法的基础是高斯-牛顿法[19]。高斯-牛顿法是求解非线性方程(即只有等式约束的数值约束)的有力工具,其迭代公式为

$$x_{k+1} = x_k - [f'(x_k)]^{-1} f(x_k), \quad k = 0, 1, 2, \cdots \tag{10-2}$$

对于求解既包含等式又包含不等式的约束问题,数值法将高斯-牛顿法扩展为如下的优化问题来进行求解:

$$\min \parallel x - x_n \parallel$$
$$\text{s.t.} \quad f(x_n) + f'(x_n)(x - x_n) = 0 \tag{10-3}$$
$$h(x_n) + h'(x_n)(x - x_n) \leqslant 0$$

数值法的优点是速度快,其收敛速度是超线性的。但是它对初始点有极强的依赖,如果初始点的选取不接近于真实解,算法有可能找到错误的解;如果原问题无解,那么数值法也不能肯定其就是无解的。

### 3. 符号分析法

符号分析技术在 20 世纪 70 年代就被引入程序分析领域。符号分析用符号值代替程序变量的值模拟程序执行,即并不实际执行程序。赋值语句被认为是符号分析的参数条件,条件语句被认为是符号值的约束系统。具体来说,符号执行包括前向替换(forward substitution)和后向替换(backward substitution)。前向替换是自顶向下依次执行程序语句,通过判断路径中的谓词得到路径约束,这种方法更符合真实的执行过程。后向替换是从程序出口向前依次用赋值语句右侧的表达式替换判断语句中相应赋值表达式中的被赋值变量,从而得到一个仅包含判断语句的约束集合,这就是目标路径关于输入变量的约束集合。具体的更新过程是:如果在布尔表达式中出现被赋值变量,则直接替换为赋值语句右端的值;若被赋值的是数组成员,还要考虑其下标和布尔表达式中同名数组下标是否相等,相等就替换,否则不替换。当数组为多层嵌套时,需要为数组标记层次,再从里向外更新。后向替换法无须保存各变量的符号值,但是两种方法得到的约束是一致的。

现有的符号分析理论主要面向变量间的线性关联问题求解,通常对变量间的逻辑关联不作讨论。目前,比较常见的符号分析工具有 GSE 和 jCUTE 等,可以将复杂数据类型作为输入,处理多线程复杂逻辑程序。符号分析技术的应用领域很广,包括软件测试、调试与维护、程序验证和故障定位等。

符号分析的基本思想是用抽象的符号表示程序中变量的值并模拟程序执行,因此程序输出是符号表达式。符号分析技术的优势是在不执行被测程序的前提下,使用符号运算静态地模拟程序的实际运行情况。它可以描述程序中变量间的约束关系,发现程序中的不可达路径和分支。具体来说就是在进行符号分析时,控

制流图的分支条件隐含地赋予条件变量以进行约束,这些约束就是执行相应路径的条件;用代数中的抽象符号处理变量,结合路径约束推理出描述变量之间关系的表达式,并通过该表达式是否矛盾来判断这条路径是否可达。因为它在遍历数据流的过程中对所有变量在任何可达路径下的可能取值进行计算,所以其分析结果是保守的。处理大规模程序、计算数据流信息时,随着代码行数的增加,程序可执行路径数呈指数级增长。为了防止数据爆炸,需要选择性地采用上限阈值等限制策略。

符号分析能精确地分析程序行为,但也存在一些缺点:①当程序中包含字符串、结构体和数组等复杂数据结构时,为它们生成相应的符号值比较困难;②如果被测程序包含很多函数调用,而符号分析需要对程序进行逐句分析,则会消耗大量计算资源,进一步,如果这些函数的代码不可见,也没有相关的函数摘要,则符号分析无法进行;③对符号分析收集的路径约束进行求解,需要一个功能非常强大的约束求解器。

### 4. 区间运算法

区间运算通过静态分析,将路径上的所有语句转换成变量表和正则约束式表。变量表保存路径上各语句的定值或引用的全部变量,包括临时变量和常量。正则约束式记录变量之间的约束关系,其形式为 $r = d_1 \text{ op } d_2$,其中 op 是算术运算符、关系运算符或逻辑运算符,$d_1$ 和 $d_2$ 是数值变量或常量。

在基于区间运算的约束求解方法中,通过穷举布尔变量值和对参与乘除运算的变量分区间,确定各变量在所有可能情况下的取值范围,再根据正则约束式,用区间削减和区间对分穷举等方法逐渐缩小各变量的取值范围,直至发现问题的解或者路径不可达。由于正则约束式的引入,区间运算能够处理复杂的逻辑表达式,以及包含二次函数等的非线性约束。

这种方法通常会生成与求解路径约束无关的变量,且因其保守性而经常得到比实际要大很多的区间范围。对于区间运算更多的介绍,见本书第 4 章。

## 10.4 基于约束求解的测试用例自动生成

### 10.4.1 常见的测试用例生成方法

#### 1. 静态测试用例生成方法

静态测试用例生成方法最早提出于 20 世纪 70 年代,这种方法是先对被测程序进行解析,然后用符号变量代替实际变量执行一条程序路径,并提取出执行这条路径要满足的约束条件,最后通过约束求解器对这些条件进行求解来得出满足这些路径约束的测试用例。

1）区间削减

1991 年,DeMillo 和 Offutt 提出了区间削减(domain reduction,DR)[20]静态分析技术,来进行基于约束的测试用例自动生成。基于约束的测试可以对测试的目标建立起一个约束系统,而这个约束系统的解能够满足测试目标。他们进行基于约束测试的最初目标是为变异测试生成测试用例。在这个约束系统内,可达性约束(reachability constraints)描述了到达某个特定语句要满足的条件,必要性约束(necessity constraints)描述了"杀死"一个变异体要满足的条件。区间削减技术尝试在这个系统内进行求解。系统的输入是每个变量的区间,这个区间可以根据变量类型得到,也可以由测试人员指定。区间削减流程主要考虑两类约束:一类是由一个关系运算符、一个变量和一个常数组成,另一类是由一个关系运算符和两个变量组成。其余的约束可以通过反向替换进行化简。当无法再进行化简时,就选取区间最小的变量并为它赋一个随机值,这个随机值在系统内进行反向替换,就可以对其余变量进行类似操作。如果所有的变量都以这种方式成功地被赋值,则约束系统被满足,否则就重复变量赋值阶段的操作,并希望能够找到新的随机值使得约束得到满足。Demillo 和 Offutt 还提出了一种用于测试用例生成的工具 Godzilla,其结构如图 10-4 所示。

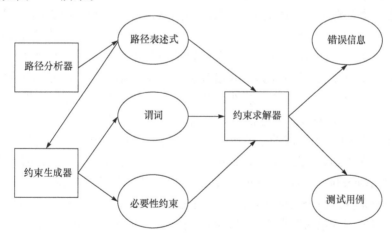

图 10-4 测试用例自动生成工具 Godzilla 的结构

使用基于约束的测试,必须在分析约束前对其进行计算。而这些约束是通过符号分析得到的,因此这种方法也会遇到符号分析的常见问题,如循环和过程调用等。于是,Offutt 等又提出动态区间削减(dynamic domain reduction,DSR)方法,意图解决上述问题。虽然称为动态区间削减,但这种方法并没有实际执行变量的输入,因此仍然属于静态测试用例生成。与 DR 相比,DSR 中变量的区间是在符号分析阶段根据待覆盖路径中所遇到的谓词"动态"削减的。如果分支谓词涉及变量之间的比较,那么在分支处参与比较的变量的区间就会在某个"分割点"处进行分裂,而不是随机地赋予一个值。例如,有两个输入变量 $y$ 和 $z$,它们的区间都是[$-10$, 10],如果出现分支谓词 $y<z$,且需要覆盖其真分支,那么为了满足条件就会对变量的区间进行分裂,如令 $y$ 的区间为[$-10,0$],$z$ 的区间为[$1,10$]。如果以这种方式进行的区间分裂遭遇了死端而无法前进,则需要进行回溯操作以纠正前面的区间分裂操作。

2) KLEE

KLEE[21]是一款由斯坦福大学的 Cadar 等研究设计的自动化软件测试工具,是一种运行在 Linux 操作系统上的开源动态符号执行工具;同时,KLEE 具有自动化生成测试用例的功能,且其生成的测试用例达到很高的代码覆盖率。

KLEE 使用一系列的约束求解优化算法,通过分析约束与变量之间的相关性,将约束表达式划分为相互独立的子集来提高约束求解的效率,从而达到高覆盖率的目标。KLEE 是一个错误检查工具,除了常规的编码错误,还可以检查功能错误。KLEE 使用约束求解器 STP,扮演着处理符号进程的操作系统和解释器的双重角色。KLEE 把内存视为多个无类型字节数组,为每一个数据对象生成一个单独的字节数组,而无类型字节数组又使其能够精确地处理类型不安全的内存访问。KLEE 要求数据对象有具体的大小,因此不能支持大小不确定的数据。KLEE 不能直接支持指针,处理指针的方法是通过一种插桩方法来确定指针指向的对象。对于指针解引用,首先通过一个记录变量到其字节数组的映射表找到指针指向的对象对应的字节数组,然后计算指针相对这个字节数组的偏移量,最后把偏移量作为下标访问数组的元素。路径条件是关于字节数组的约束,对数组进行推理是 STP 的关键。STP 通过对数组推理进行优化保证了它的性能。

KLEE 在 LLVM 生成的字节码上应用动态符号执行技术来对应用程序进行测试。通过调用函数(klee_make_symbolic),KLEE 可以在程序执行时为变量分配符号表示(symbolic expression)。在执行中 KLEE 跟踪这些符号表示的操作,并收集约束条件。在分支语句处,KLEE 复制当前状态,使用路径选择策略选择执行任何可以使用约束求解器求解出来的程序路径。KLEE 的结构如图 10-5 所示。按功能划分,KLEE 可划分五个模块,即解释模块、符号表示模块、约束求解模块、路径选择模块和错误检测模块。

KLEE 中的约束求解主要用来解决两种类型的问题:一是在程序执行中的分支语句处,计算当前约束来决定选择哪个分支来执行;二是在程序路径执行结束,计算重现该路径的变量值。

图 10-6 为 KLEE 约束求解模块的架构,约束集合先通过优化算法简化再调用 STP 求解器进行求解。

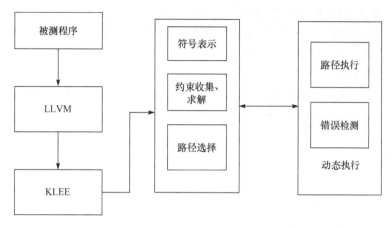

图 10-5　KLEE 的结构图

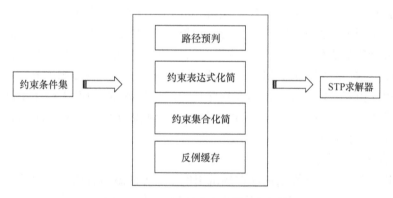

图 10-6　KLEE 约束求解模块的架构

　　国防科技大学的李仁见等[22]提出一种链表抽象表示方法。该方法根据变量对链表节点的可达性质定义变量可达向量,采用带计数的变量可达向量集描述链表的形态和数量性质,并定义基本链表操作的抽象语义。通过简单扩展,该方法可以建模包括环形链表在内的所有单向链表。为了验证该链表抽象方法的正确性,采用 KLEE 作为基本的符号执行器,并对常见链表操作程序的运行时错误、长度相关性质等关键性质进行分析与验证。

　　3) 静态单一赋值

　　Robschink 等[23]提出先将程序静态转换成静态单一赋值(static single assignment,SSA)形式,将程序切片与求解路径约束相结合;然后依据系统依赖图中的路径,确定并简化路径执行的必要条件;最后用约束求解器求解。为了便于采用基于量词消解的约束求解器,该方法要求路径中的所有变量都是存在量词。

　　这个技术仅限于算术公式,而求解其他类型的公式则需要用到其他的约束求解技术。另外,该方法所建立的约束系统会很大,因为它需要将被测试的程序(路径上的语句)转换成 SSA 形式,甚至可能包括一些与求解问题无关的变量。该方法对于线性路径约束不是完备的。

4) 其他方法

Ramamoorthy 等[24]将输入变量进行序,通过将解方程、回溯法和随机法结合起来的方式进行测试用例的求解;Coward[25]将目标函数定义为各有关变量之和,用线性规划求解线性约束系统;Euclide 系统[26]基于符号执行和数值分析,将约束传播、整数线性松弛和搜索算法结合起来进行约束求解;李必信等[27]提出面向对象的分层切片方法及其算法,并将其用于分析和理解程序;Zhang 等[28]用后向替换法建立线性约束系统,用线性规划法进行求解。

### 2. 动态测试用例生成方法

动态测试用例生成基于程序的实际执行。1976 年,Miller 和 Spooner[29]提出动态测试用例生成方法,当时只针对浮点型的测试用例生成问题。这种方法对被测程序进行反复执行,在执行过程中进行信息的收集,并根据这些信息判断对于特定的测试需求,即当前输入能够多大程度上令其得到满足,并依据判断结果指导后面的过程。由于各输入变量的值在程序运行时已经确定,动态法相比于静态法具有一定优势。但是当问题有解时,由于随机性和试探搜索导致的不确定性,动态法不能保证一定找到解。

1) 直线式程序法

Miller 和 Spooner 提出的动态测试用例生成方法就是直线式程序法。这种方法将路径上的判断语句进行替换,变成布尔型赋值语句,其形式为 $B=(b_j \geqslant 0)$,$B=(b_j>0)$,$B=(b_j=0)$,其中 $b_j$ 反映第 $j$ 个分支谓词在多大程度上接近满足。这种方法还使用等价的直线式程序替换路径上的语句。

直线式程序法可用于黑盒测试,能处理一些非线性约束,对被测程序的预处理很少。但它要求用户提前提供问题的部分解,即所有整数类型的变量值。该方法对于输入变量无整数限制的线性约束路径是完备的。由于数值优化过程可能陷入局部极值,该方法对于非线性约束不是完备的。

2) 分支函数极小化方法

直到 1990 年,Korel 对 Miller 和 Spooner 的研究进行了扩展,提出最具代表性的一种动态方法,可用于 Pascal 语言。该方法先试探性搜索前进方向,再用模式性搜索使分支函数值尽快达到最小,采用动态数据流分析技术确定影响分支谓词的变量以尽量减少盲目搜索。该方法最适合处理数值型变量,但在搜索过程中可能受限于局部最优解,从而无法找到满足路径约束的测试用例。对于非线性路径约束,该方法只能找到局部极小值,当谓词函数有多个局部极小值时难以找到解。因此,该方法对于非线性路径约束不是完备的。

1992 年,Korel[30] 提出了面向目标的方法,其中所有的技术都集中在对于某条路径的执行上。之前,为了满足某种覆盖准则,如语句覆盖等,需要先选出一条覆盖每一个待覆盖元素的路径,而面向目标的方法省去了这个步骤,该方法依据目标节点将分支分为三类:关键的、半关键的、非必需的。这种分类可以在控制流图上自动进行。

随着研究的深入,这种方法也暴露出越来越多的问题,很多研究人员开始尝试其他搜索方法。但是 Korel 方法包括其对于分支函数的定义(如表 10-1 所示)对后来的研究一直有着深远影响,很多方法的分支函数都是对于 Korel 方法的改进。奚红宇等将该方法用于 Ada 软件的测试用例生成。1996 年,这种方法被扩充为面向目标的链方法,应用于面向断言的测试用例生成和回归测试用例自动生成。

表 10-1 Korel 方法的分支函数定义方法

| 关系谓词 | 分支函数 | 关系运算符 |
| --- | --- | --- |
| $a>b$ | $b-a$ | $<$ |
| $a\geqslant b$ | $b-a$ | $\leqslant$ |
| $a<b$ | $a-b$ | $<$ |
| $a\leqslant b$ | $a-b$ | $\leqslant$ |
| $a=b$ | $\mathrm{abs}(a-b)$ | $=$ |
| $a\neq b$ | $-\mathrm{abs}(a-b)$ | $<$ |

3) ADTEST

Gallagher 和 Narasimhan[31] 开发的 ADTEST 是对于 Korel 的研究在 Ada 语言上的扩展。该方法通过插装程序强制使程序以任意一组数据为输入来执行路径,插装语句会将各变量和分支谓词的状态返回到测试用例生成器。在执行路径时,该方法对路径上的每个分支谓词施加一个指数形式的罚函数,而目标函数定义为各罚函数之和,从而将问题简化成不带约束的数值优化问题。

这种方法支持整型、实型、离散型以及子程序和异常处理。Gallagher 等用该方法为六万行的 Ada 程序生成测试用例。采用罚函数后,该方法可以有效处理逻辑运算符。但是为尽早发现不可达路径,每次只考虑一个输入变量或者一个判断谓词以及回溯和迭代方法的应用,都会导致大量的资源浪费。该方法的求解效率比较低,难以处理真实的程序。

4) 迭代松弛法

1998 年,Gupta 等[32] 提出迭代松弛法。该方法引入程序切片思想,任选一组数据输入考察路径上的分支谓词,通过数据流分析确定谓词函数对输入变量的依赖关系,构造谓词片和动态切片,建立谓词函数关于当前输入的线性算术表示,再建立输入变量的增量线性约束系统。求解约束系统,获得一个输入增量,进而得到下次迭代的输入值,最终产生覆盖路径的测试用例。因为在每次迭代时程序执行次数与路径长度无关,仅受限于变量个数,所以该方法能够避免 Korel 和 Gallagher 等所提出方法中回溯带来的资源浪费。

Gupta 等最初采用高斯消去法求解约束系统,如果自由变量取值不合适,则会令线性方程不相容,从而需要重新试探新的取值。后来,他们提出用最小二乘法逐步向可行解逼近。Edvardsson 等指出,对于线性程序路径约束,Gupta 等所提出方法是不完备和非终止的。

国防科技大学的单锦辉等对 Gupta 方法进行改进,省略构造谓词片和输入依赖集的过程,先任选一组输入行路径语句,求得路径上各谓词函数的线性算术表示,然后直接为输入变量建立线性方程系统,求解后获得一组新的输入。改进后的方法与原方法生成的约束系统相同。

5) MHS 方法

近年来,基于搜索的软件工程(search-based software engineering,SBSE)正受到越来越多的关注,其最重要的特点就是将元搜索(metaheuristic search,MHS)方法引入软件工程。而使用 MHS 方法生成测试用例,即基于搜索的测试(search-based software testing,SBST),就是其最重要的应用。

为了便于将一个元搜索方法具体应用于一个问题,需要考虑一些决策机制,例如,如何将潜在的解进行编码从而便于搜索技术的实施。一种好的编码方案能够确保即便未被编码,其潜在解仍在目前解空间的邻域内。这样,搜索将会在具有类似属性的相邻集合内很方便地推进。在推进的过程中,需要对候选解进行评估,通常使用的评估方法是目标函数。根据目标函数的返回值,搜索依据已有的知识和过去候选解提供的启发策略找到更好的解。因此,目标函数的制定对于搜索能否成功至关重要。在某种意义上,一个解比其他候选解更优,那它就应该具有更好的返回值;如果一个解比其他解更差,则它的返回值也较差。更优指的是返回值更大还是更小,取决于搜索是在寻找目标函数的最大值还是最小值。下面列举一些比较常见的用于测试用例生成的 MHS 方法。

(1)爬山法。其原理在前面已经介绍过。Korel 在其早期研究中应用爬山法来生成测试用例,在发表的论文中称之为“交替变量法”(alternating variable method)。而在很多 MHS 方法的研究中,都将爬山法作为基线(baseline)进行对比。

(2)模拟退火。其原理在前面已经介绍过。在 Tracey 等的研究中使用模拟退火来进行动态测试用例生成,并希望在求解的过程中克服局部搜索的问题。在使用模拟退火算法时,必须为不同类型的输入变量定义一个合适的邻域。对于整型和实型变量来说,这个邻域可以简单定义成在一个个数值周围的取值范围。而布尔型和枚举型变量对于变量值的顺序要求不高,因此可以认为所有的值都在邻域内。目标函数可以简单定义为与目标路径上指定分支的距离,或与某一关键路径的目标的距离。为了避免陷入局部极值,Tracey 使用新的目标函数,定义方式如表 10-2 所示,其方法需要保证新产生的候选解一定要覆盖曾经成功覆盖的子路径。

**表 10-2　Tracey 方法的目标函数**

| 关系谓词 | 目标函数 |
| --- | --- |
| Boolean | if TRUE then 0 else $K$ |
| $a=b$ | if abs$(a-b)=0$ then 0 else abs $(a-b)+K$ |
| $a\neq b$ | if abs$(a-b)\neq 0$ then 0 else $K$ |
| $a<b$ | if $a-b<0$ then 0 else $(a-b)+K$ |
| $a\leqslant b$ | if $a-b\leqslant 0$ then 0 else $(a-b)+K$ |
| $a>b$ | if $b-a<0$ then 0 else $(b-a)+K$ |
| $a\geqslant b$ | if $b-a\leqslant 0$ then 0 else $(b-a)+K$ |

（3）遗传算法。对于候选解模拟演化过程进行搜索的过程,其搜索的方向由遗传算子和自然选择算子来进行控制。遗传算法是最有名的演化算法,最早是在 20 世纪的 60 年代末由美国的 Holland[33]（也被称为遗传算法之父）所提出。遗传算法涉及很多演化策略,几乎就在同一时期,德国的 Rechenburg[34] 和 Schwefel[35] 提出了这些策略。对于遗传算法来说,搜索过程基本是通过候选解之间交换信息并进行重新组合的一种机制来完成的,并以此"繁育"后代;而演化策略却主要依靠变异来完成,也就是随机改变候选解的一个过程。上述理论都是各自独自完成的,后来的研究逐渐将这些理论进行整合并缩小它们之间的差异。遗传算法采用编码技术将变量区间映射到基因空间,其搜索方向是通过杂交、选择和变异等遗传操作和优胜劣汰的自然选择来决定的。遗传算法维护的不是一个当前解,而是一个候选解的种群。因此,搜索的初始点不止一个,在搜索过程中对于搜索空间的探索范围要比局部搜索大得多。这个种群不停地进行迭代重组和变异,来进行持续的繁衍。因此,遗传算法是一种全局搜索算法,如算法 10.6 所示。

**算法 10.6　遗传算法**

1　随机初始化群体 $P$;

2　**Repeat**

3　　　计算 $P$ 中每个个体的适应度;

4　　　根据候选解从 $P$ 中选择父母;

5　　　重组父母形成新的后代;

6　　　根据父母和后代构建新的群体 $P'$;

7　　　变异 $P'$;

8　$P\leftarrow P'$

### 9 **Until** 达到终止条件

Holland 曾提出了等比例适应度选择策略（fitness-proportionate selection）。在这种选择策略中，一个个体被选择用来繁殖的次数和种群中的其他个体是等比例的。因为这类似于赌场中轮盘赌的选择过程，所以也称为轮盘赌方法（roulette wheel selection）。这个方法是遗传算法中最简单也最常用的选择方法。

遗传算法已经被应用于很多领域，本书主要关心其在测试用例生成中的应用。薛云志等[36]提出基于 Messy GA（genetic algorithm）的测试用例自动生成方法，先把覆盖率表示成测试输入集的函数 $F(X)$，然后通过 Messy GA 不需染色体模式排列的先验知识对 $F(X)$ 进行迭代寻优，提高搜索的并行性，最终提高了覆盖率。莱伟等在进行基于路径覆盖的 Ada 软件测试用例的自动生成时采用了遗传算法。

（4）蚁群算法。遗传算法和模拟退火是在动态测试用例生成领域应用最多的两类 MHS 算法。蚁群算法（ant colony optimization，ACO）又称蚂蚁算法，在管理和工业上应用较多，可用来寻找最优解。它由 Dorigo 等[37]提出，其灵感来自蚂蚁在寻找食物过程中发现路径的行为。蚁群算法是一种模拟进化算法，初步研究表明该算法具有许多优良的性质。相关数值仿真结果表明，蚁群算法具有一种新的模拟进化优化方法的有效性和应用价值。

研究人员多年来对蚁群算法进行了大量的研究和应用开发，该算法现已被大量应用于众多领域。蚁群算法的求解模式结合了问题求解的快速性、全局优化特征和有限时间内答案的合理性，这种优越的问题分布式求解模式经过相关领域研究人员的努力，已在最初的算法模型基础上得到了很大的拓展和改进。现在，也出现了将其用于测试用例生成的研究。

（5）粒子群算法。粒子群优化（particle swarm optimization，PSO）算法，简称粒子群算法，是近年来发展起来的一种新的进化算法。PSO 算法是一种进化计算技术，源于对鸟群捕食行为的研究，于 1995 年由 Kennedy 和 Eberhart 提出[38]。类似遗传算法，PSO 算法也是一种基于迭代的优化算法。系统先初始化一组随机解，再经过迭代搜索最优值。但是它没有遗传算法使用的交叉（crossover）和变异（mutation），而是粒子在解空间追随最优粒子进行搜索。相比于遗传算法，PSO 算法的优势是容易实现且没有必要调整许多参数。PSO 算法以其实现容易、精度高、收敛快等优点引起了学术界的重视，且在解决实际问题中展示出其优越性。近些年的一个热点是将粒子群算法应用到测试用例生成中，并在一些小型的 benchmark 上获得了不错的实验效果。

除了以上介绍的方法，北京化工大学的赵瑞莲等提出面向 EFSM 路径的测试数据生成方法，利用禁忌搜索（TS）策略实现 EFSM 测试数据的自动生成，并使用前向分析的动态程序切片技术来提高基于路径的测试用例生成效率[39-41]。湖南大学的李军义等[42]利用分支函数线性逼近和极小化方法生成测试用例，并基于选择性冗余思想提高测试性能。动态方法有自身的固有问题,例如,如何处理指针变量的适应值函数等。目前,大多数动态方法也仅能处理基本数值类型。

3. 动静结合测试用例生成方法

在静态和动态方法的基础上,研究人员提出了动静结合的方法,即动态符号执行法(dynamic symbolic execution)或者动态符号执行(concrete symbolic,简称为concolic)方法。这种方法动态和静态方法进行折中,使各自的优势最大化。与静态符号执行相比,输入值的表现形式不同,因为它是以具体数值来执行程序代码的。在执行过程中,先启动代码模拟器进行符号执行,在当前路径分支语句的谓词中进行符号约束的收集;然后对该符号约束进行修改并得到一条新的可行路径约束,对其进行求解得出新的可行具体输入,继续对该输入进行新一轮分析。这种方法相比于静态符号执行的优点是:使用具体输入进行执行,当符号执行遇到问题时(如难处理的复杂表达式,或代码不可见的函数调用),会用具体执行所得结果来代替这些难处理的符号表达式,从而使得求解过程更加容易。

贝尔实验室 Godefroid 等在 2005 年首次提出基于动态符号执行的测试用例生成 DART(directed automated random testing)方法[43]。这种方法是先随机生成一个输入用例,通过执行用例记录执行的程序路径;然后用静态符号执行此路径以获取路径上的约束集合;最后把约束集合中的最后分支取反,得到另一路径和此路径的约束集合,求解此约束得到对应路径的测试用例。DART 将动态测试用例生成和模型检测相结合,试图生成覆盖所有程序路径的测试用例,并通过运行时检测工具如 Purify 等来发现程序错误。

DART 只处理整型约束。当符号执行无法进行时,采用随机测试。Koushik Sen 作为 DART 的开发者之一,对此方法进行了扩展,提出针对指针指向的结构体类型的测试用例生成方法。而 CUTE 又扩展了其指针处理方式[44],能够处理非和非空约束的指针表达式。

动静结合法近年来被广泛应用,研究人员不断对其进行改进以提高性能,但依然存在一些问题。2009 年,Lakhotia 对动静结合的 CUTE 和 AUSTIN[45] 工具通过大型的实际开源应用工程进行测试[46]。实验结果表明,这些方法在某些条件下确实对一些小的程序有很高的覆盖率,但对于实际工程的效果却不甚理想,存在一定差距。实际工程的高覆盖率要求对于测试用例生成技术仍然是个很大的挑战。

## 10.4.2　基于抽象内存模型的分支限界法

面向路径的测试用例生成问题是一类约束满足问题,需要通过合适的搜索或寻优算法来求解。分支限界作为全局求解算法提供灵活的回溯机制,可以在局部无解时回到更高的层次以调整搜索的范围并尽量减少访问搜索树上节点的数量。

由于回溯操作会增加算法的时间复杂度,需要有合适的规则扩展叶子节点,包括合理地对自由变量进行排序,在尽量少的次数内为变量找到可行解或者尽快判断局部无解,以及在找到可行解后尽量多地剪枝。同时因为面向路径的测试数据生成只要有一组解即可,所以在搜索过程中不需要生成可扩展节点的全部孩子节点,只要判断一个孩子节点可扩展就可以向下继续进行搜索,这样也可以提高算法执行的效率。这个进行扩展的孩子节点被认为是某种意义下的最优孩子节点,因此提出使用优先队列式分支限界法(best-first-search branch and bound,BFS-BB)进行求解[47](如图 10-7 所示),同时使用状态空间搜索对搜索过程进行建模。

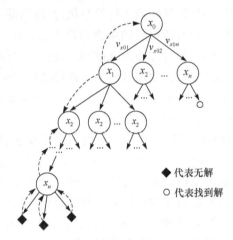

图 10-7　分支限界求解测试用例生成图示

这里的变量都是符号变量。在搜索过程中,变量被分成三个集合:已赋值变量(past variables,PV)、当前变量(current variable)和未赋值变量或自由变量(future variables,FV)。下面对 BFS-BB 进行详细介绍。这里将书中出现的一些算法及其描述列于表 10-3 中。

表 10-3　BFS-BB 中的一些算法及其描述

| 名字 | 描述 |
| --- | --- |
| IVR(irrelevant variable removal) | 移除与路径无关的变量 |
| DVO(dynamic variable ordering) | 对 FV 进行排序并返回待回退的下一个变量 |
| PTC(path tendency calculation) | 计算所有路径变量性质 |
| IDC(initial domain calculation) | 根据 PTC 的返回值,计算为每个变量选取初始回退值的区间 |
| IIA(iterative interval arithmetic) | 优化迭代的区间运算,用于 BFS-BB 所有涉及区间运算的部分 |
| HC(hill climbing) | 对于每个变量回退值进行判断的局部搜索算法,调用区间运算判断为某个变量赋的回退值是否会产生矛盾,并计算相应的目标函数值 |

详细的算法及伪代码描述如算法 10.7 所示。

**算法 10.7**　优先队列式分支限界

输入:待覆盖路径 $p$

输出:覆盖 $p$ 的测试用例

Begin

阶段 1　预处理

1　result←null;

2　路径约束提取;

3　求相关变量集和相关变量闭包;

4　变量级别确定;

5　调用算法 IVR;

6　区间初始化,并调用 IIA 进行判断;

7　调用算法 DVO;

8　调用算法 PTC;

9　调用算法 IDC;

10　$V_{11}$←select $(D_{11})$;

11　initial state← (null, $x_1$, $D_{11}$, $V_{11}$, active);

12　$S_{cur}$←initial state;

阶段 2　状态空间搜索

13　**while**$(x_i \neq$ null)

14　　　调用算法 HC;

15　　　**if** $(S_{cur}=($Pre, $x_i$, $D_{ij}$, $V_{ij}$, inactive))

16　　　　Pre←$S_{cur}$;

17　　　　$S_{cur}$←(Pre, $x_{ij}$, $D_{ij}$, $V_{ij}$, active);

18　　　**else** result←result$\bigcup\{x_i \mapsto V_{ij}\}$;

19　　　　FV←FV$-\{x_i\}$;

20　　　　PV←PV$+\{x_i\}$;

21　　　　调用算法 DVO;

22　　　　调用算法 IDC;

23　　　　$V_{i1}$←select $(D_{i1})$;

24　　　　$S_{cur}$←(Pre, $x_i$, $D_{i1}$, $V_{i1}$, active);

25　final state←$S_{cur}$;

26　**foreach** $x* \in X_{irrel}$

27　　　　result←result$\bigcup\{x* \mapsto V_{random}\}$;

28　**return** result;

End

　　阶段 1 进行预处理操作。首先是预处理工作,包括路径约束的提取、确定相关变量集和相关变量闭包、确定变量级别。通过移除不相关变量对搜索空间进行压缩,只保留与待覆盖路径相关的变量作为算法操作的对象。然后扫描路径约束,使用程序切片技术对变量区间进行压缩。存储测试用例的表 result 为空。对所有相关变量进行排序得到队列,它的队首元素 $x_1$ 成为第一个要被赋值的变量。从 $x_1$ 的区间 $D_{11}$ 中为其选取 $V_{11}$ 进行赋值。以上这些元素构成初始状态(null, $x_1$, $D_{11}$, $V_{11}$, active),即当前状态 $S_{\text{cur}}$。

　　阶段 2 进行状态空间搜索。这时主要是调用爬山法对对应于变量 $x_i$ 的活跃状态(Pre, $x_i$, $D_{ij}$, $V_{ij}$, active)进行判断。具体来说,爬山法会对变量的区间进行区间运算,并通过区间运算的结果来决定下一步搜索的方向。如果区间运算成功,则到达山顶,类型转变成 Extensive,更新 FV 返回下一个待回退变量并成为下一状态的当前变量,$S_{\text{cur}}$ 变成 Precursor。

　　以上这些元素构成一个新状态,继续对其调用爬山法进行判断。如果在一次成功的区间运算后 FV 中再无变量需要进行排序,则意味着所有的相关变量都已经被赋予一个确定值,且这组确定值使得路径 $p$ 可达。最后给所有的不相关变量赋以随机值就完成测试用例 result 的生成。

　　如果某次区间运算失败,则需要对失败信息进行分析,计算目标函数值并对 $D_{ij}$ 进行削减,重新为 $x_i$ 在削减后的区间中选择一个回退值,调用爬山法进行判断,这意味着搜索在搜索树上横向展开。如果当前变量区间内的所有值都被穷举完毕,或者为当前状态进行的区间运算已经达到次数上限 $m$(控制搜索树宽度的阈值),则类型转变成 inactive,意味着搜索将回溯到位于搜索树上一层的 Precursor。

　　分支限界法的搜索流程如图 10-8 所示。

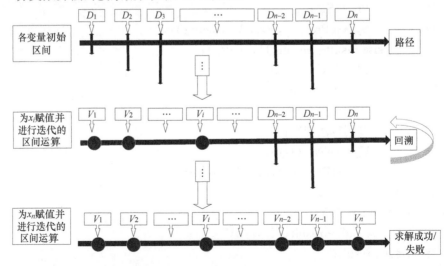

图 10-8　分支限界法搜索过程示意图

# 参 考 文 献

[1] Apt K. Principles of Constraint Programming[M]. Cambridge: Cambridge University Press, 2003.

[2] Dechter R. Constraint Processing[M]. San Francisco: Morgan Kaufmann, 2003.

[3] Hentenryck P V, Saraswat V. Strategic directions in constraint programming[J]. ACM Computing Surveys, 1996, 28(4):701-726.

[4] Gallaire H. Logic programming: Further developments[C]. IEEE Symposium on Logic Programming, Boston, 1985:88-96.

[5] Jaffar J, Lassez J L. Constraint logic programming[C]. The 14th ACM SIGACT-SIGPLAN Symposium on Principles of Programming Languages, Munich, 1987: 111-119.

[6] 金继伟, 马菲菲, 张健. SMT 求解技术简述[J]. 计算机科学与探索, 2015, 9(7):769-780.

[7] de Moura L, Bjørner N. Z3: An efficient SMT solver[M]//Ramakrishnan C R, Rehof J. Tools and Algorithms for the Construction and Analysis of Systems. Berlin: Springer, 2008.

[8] Barrett C, Tinelli C. Cvc3[M]//Damm W, Hermanns H. Computer Aided Verification. Berlin: Springer, 2007.

[9] Barrett C, Conway C, Deters M, et al. Cvc4[M]//Gopalakrishnan G, Qadeer S. Computer Aided Verification. Berlin: Springer, 2011.

[10] Dutertre B, de Moura L. The yices SMT solver[EB/OL]. http://yices.csl.sri.com/tool-paper.pdf[2016-7-18].

[11] 季晓慧, 黄拙, 张健. 约束求解与优化技术的结合[J]. 计算机学报, 2005, 28(11): 1790-1797.

[12] Selman B, Kautz H. Domain-independent extensions to GSAT: Solving large structured satisfiability problems[C]. International Joint Conference on Artificial Intelligence, 1993, 93:290-295.

[13] 张晓琴, 黄玉清. 基于禁忌搜索的启发式求解背包问题算法[J]. 电子科技大学学报, 2005, 34(3):359-362.

[14] 黄文奇, 金人超. 求解 SAT 问题的拟物拟人算法——Solar[J]. 中国科学: E 辑, 1997, 27(2):179-186.

[15] Tsamardinos I, Brown L E, Aliferis C F. The max-min hill-climbing Bayesian network structure learning algorithm[J]. Machine Learning, 2006, 65(1):31-78.

[16] Kirkpatrick S, Gellat C D, Vecchi M P. Optimization by simulated annealing[J]. Science, 1983, 220(4598):671-680.

[17] Nelder J A, Mead R. A simplex method for function minimization[J]. The Computer Journal, 1965, 7(4):308-313.

[18] Dantzig G, Orden A, Wolfe P. The generalized simplex method for minimizing a linear form under linear inequality restraints[J]. Pacific Journal of Mathematics, 1955, 5(2):

183-195.

[19] 林成森. 数值计算方法(下册)[M]. 北京: 科学出版社, 1998.

[20] DeMilli R A, Offutt A J. Constraint-based automatic test data generation[J]. IEEE Transactions on Software Engineering, 1991, 17(9):900-910.

[21] Cadar C, Dunbar D, Engler D. KLEE: Unassisted and automatic generation of high-coverage tests for complex systems programs[C]. Proceedings of USENIX Symposium on Operating Systems Design and Implementation, San Diego, 2008: 209-224.

[22] 李仁见, 刘万伟, 陈立前, 等. 一种基于变量可达向量的链表抽象方法[J]. 软件学报, 2012, 23(8):1935-1949.

[23] Robschink T, Snelting G. Efficient path conditions in dependence graphs[C]. Proceedings of the 24th International Conference on Software Engineering, Orlando, 2002:478-488.

[24] Ramamoorthy C V, Ho S B F, Chen W T. On the automated generation of program test data[J]. IEEE Transactions on Software Engineering, 1976, (4):293-300.

[25] Coward P D. Symbolic execution and testing[J]. Information and software Technology, 1991, 33(1):53-64.

[26] Arnaud Gotlieb. Euclide: A constraint-based testing framework for critical C programs[C]. Proceedings of the International Conference on Software Testing Verification and Validation, Denver, 2009:151-160.

[27] 李必信, 郑国梁, 王云峰, 等. 一种分析和理解程序的方法——程序切片[J]. 计算机研究与发展, 2000, 37(3):284-291.

[28] Zhang J, Wang X. A constraint solver and its application to path feasibility analysis[J]. International Journal of Software Engineering and Knowledge Engineering, 2001, 11(02):139-156.

[29] Miller W, Spooner D L. Automatic generation of floating-point test data[J]. IEEE Transactions on Software Engineering, 1976, 2(3):223-226.

[30] Korel B. Dynamic method for software test data generation[J]. Software Testing, Verification and Reliability, 1992, 2(4):203-213.

[31] Gallagher M J, Narasimhan V L. Adtest: A test data generation suite for ada software systems[J]. IEEE Transactions on Software Engineering, 1997, 23(8):473-484.

[32] Gupta N, Mathur A P, Soffa M L. Automated test data generation using an iterative relaxation method[C]. Proceedings of ACM SIGSOFT Software Engineering Notes, New York, 1998:231-244.

[33] Holland J H. Adaptation in Natural and Artificial Systems[M]. Ann Arbor: University of Michigan Press, 1975.

[34] Rechenberg I. Evolutions strategien[M]//Schneider B, Ranft U. Simulations methoden in der Medizin und Biologie. Berlin: Springer, 1977.

[35] Schwefel H P. Evolutionsstrategie und numerische optimierung[D]. Berlin: Technische Universität Berlin, 1975.

[36] 薛云志,陈伟,王永吉,等. 一种基于 Messy GA 的结构测试数据自动生成方法[J]. 软件学报, 2006, 17(8):1688-1697.

[37] Dorigo M, Blum C. Ant colony optimization theory: A survey[J]. Theoretical computer science, 2005, 344(2):243-278.

[38] Kennedy J, Eberhart R. Particle swarm optimization[C]. Proceedings of IEEE International Conference on Neural Networks, Perth, 1995:1942-1948.

[39] 任君,赵瑞莲,李征. 基于禁忌搜索算法的可扩展有限状态机模型测试数据自动生成[J]. 计算机应用, 2011, 31(9):2404-2443, 2452.

[40] 尤枫,闫宇,赵瑞莲. 含过程调用 EFSM 模型测试数据生成[J]. 计算机工程与应用, 2011, 47(32):87-90.

[41] 王雪莲,赵瑞莲,李立健. 一种用于测试数据生成的动态程序切片算法[J]. 计算机应用, 2005, 25(6): 1445-1447, 1450.

[42] 李军义,李仁发,孙家广. 基于选择性冗余的测试数据自动生成算法[J]. 计算机研究与发展, 2009, 46(8): 1371-1377.

[43] Godefroid P, Klarlund N, Sen K. DART: Directed automated random testing[C]. Proceedings of the ACM SIGPLAN Conference on Programming Language Design and Implementation, Chicago, 2005:213-223.

[44] Sen K, Marinov D, Agha G. CUTE: A concolic unit testing engine for C[C]. ACM SIGSOFT international symposium on Foundations of Software Engineering, Lisbon, 2005, 30(5): 263-272.

[45] Lakhotia K, Harman M, McMinn P. Handling dynamic data structures in search based testing[C]. Proceedings of the 10th Annual Conference on Genetic and Evolutionary Computation, Windsor, 2008: 1759-1766.

[46] Lakhotia K, McMinn P, Harman M. Automated test data generation for coverage: Haven't we solved this problem yet?[C]. Proceedings of Testing: Academic and Industrial Conference-Practice and Research Techniques, Windsor, 2009: 95-104.

[47] Xing Y, Gong Y Z, Wang Y W, et al. Path-wise test data generation based on heuristic look-ahead methods[J]. Mathematical Problems in Engineering, 2014, 2014(1):1-19.

# 第 11 章　源代码分析应用

## 11.1　缺陷检测系统 DTS

软件缺陷检测系统(DTS)是由北京邮电大学、北京博天院信息技术有限公司联合研发的新型软件测试工具,拥有全部自主知识产权。它采用全新的软件测试理念、应用国际上主流的软件测试技术,是国内第一款针对源代码的商用测试工具。

### 11.1.1　产品功能

DTS 具有如下主要功能。

#### 1. 系统配置

在系统运行前,可选择对部分内容进行配置,以达到特定的预期目标。包括系统运行参数配置、编译参数配置、缺陷模式配置、日志输出配置和虚拟机参数配置等。

#### 2. 工程创建

被测程序需提供可供编译的完整信息。C/C++语言包含三种分析模式:源模式分析提供路径中的所有内容、工程模式分析配置文件中的内容、中间模式分析预处理后的中间文件。

#### 3. 测试运行

测试运行分为预处理阶段和测试阶段。预处理阶段将源文件转换为可独立编译的中间文件,并构建文件之间的依赖关系;测试阶段按特定次序选取中间文件,在为其建立通用数据结构后进行求精计算和缺陷检测,在测试完成后提示统计信息。

#### 4. 自动确认

每个测试结果检查点(inspect point, IP)中记录缺陷相关信息,如类型、分类、文件、函数、变量和位置等信息,选定 IP 后展示相关代码和缺陷描述。用户可根据提示信息判断 IP 的准确性,DTS 根据用户的判断结果自动处理所有相似的 IP,并为确认为故障的 IP 自动生成测试数据。

5. 报表生成

在所有 IP 确认后,通过填写报表封面信息和选择输出数据两个步骤,将选定内容输出到指定格式的报表中,生成的报表包括封面、缺陷分布图、缺陷统计表和详细缺陷描述信息。

### 11.1.2　产品特色

DTS 具有如下主要特色。

1. 全面的缺陷模式

DTS 将软件缺陷分为故障、安全、疑问和规则四大类,建立 C/C++/Java 缺陷模式库,每种语言包括 200 多种缺陷模式,每个模式包括版本号、标识 ID、分类、描述信息、适用平台和典型范例等信息。

2. 便捷的规则扩展

考虑到用户新增的规则,DTS 支持两种方式扩展:针对 C 语言版本,若新增模式单纯为某个语法特性,则可通过定制接口实现用户自行扩展;若需要增加较为复杂的模式,可通过厂家补丁的方式实现用户扩展。

3. 准确的检测结果

基于内存建模、区间运算、符号执行、路径分析和上下文分析等技术,实现对程序运行时状态的准确计算。对语法类缺陷的检测准确度接近 100%,对语义类缺陷的检测准确度大于 70%;相对于相同的缺陷模式,DTS 与同类工具相比的漏报率低于 20%。

4. 高效的检测过程

系统采用有限状态机描述缺陷模式,执行状态机实例实现检测缺陷,通过头文件化简、复杂路径切片、复杂运算约束和并行分析等技术实现高效检测。受被测程序复杂度和缺陷模式数量的影响,系统的有效测试速度在每小时 10 万~100 万行代码之间。

5. 快速的结果确认

鉴于此类工具会产生大量的 IP 输出,DTS 提供一种自动处理方法,提高用户对所有 IP 的确认效率。在所有 IP 间构建关联、等价、支配和主宰关系,具有关联关系的 IP 可能存在相同的判定结果,具有等价关系的 IP 一定存在相同的判定结果,支配关系为通过一个 IP 的判定可以自动确认对另一个 IP 的判定,主宰关系可给出一组等价 IP 中唯一需要修改的 IP,并能够为需要修改的 IP 自动生成一组测试数据。

### 6. 多样的执行方式

系统将界面管理功能和缺陷检测功能分为两个独立的程序,界面管理程序向缺陷检测程序输入指令并处理其输出结果,缺陷检测程序接受指令后进行测试,并将检测结果存储于数据库中。基于这种处理逻辑,用户既可通过 DTS 界面管理程序来执行测试,也可以通过命令行的方式来执行测试,甚至还可以二次开发界面管理程序来执行测试。

### 11.1.3 缺陷模式

DTS 支持的缺陷模式如图 11-1 所示。

| 故障模式(能够引起运行时异常或错误) | |
| --- | --- |
| ⊕内存泄漏 | ⊕资源泄漏 |
| ⊕空指针引用 | ⊕悬挂指针 |
| ⊕数组越界 | ⊕缓冲区溢出 |
| ⊕非法计算 | ⊕未初始化使用 |
| ⊕死循环 | |
| **安全模式(存在潜在的安全隐患和漏洞)** | |
| ⊕未验证输入 | ⊕滥用 API |
| ⊕安全功能部件 | ⊕竞争条件 |
| ⊕不当的异常处理 | ⊕缓冲区溢出 |
| ⊕函数约束使用 | ⊕风险操作 |
| **疑问模式(引起质疑的逻辑或效率)** | |
| ⊕低效操作 | ⊕冗余函数 |
| ⊕垃圾回收 | ⊕低效运算 |
| ⊕不良编程习惯 | ⊕强制类型转换 |
| ⊕相同条件分支 | ⊕定义未使用 |
| ⊕无意义的计算 | ⊕不当的异常处理 |
| ⊕疑问的比较 | ⊕死代码 |
| **规则模式(常见的编码开发规范)** | |
| ⊕声明定义 | ⊕版面书写 |
| ⊕分支控制 | ⊕指针使用 |
| ⊕运算处理 | ⊕过程调用 |
| ⊕语句使用 | ⊕类型转换 |
| ⊕比较判断 | |

图 11-1　DTS 支持的缺陷模式

## 11.1.4　技术架构

DTS 的技术架构如图 11-2 所示。

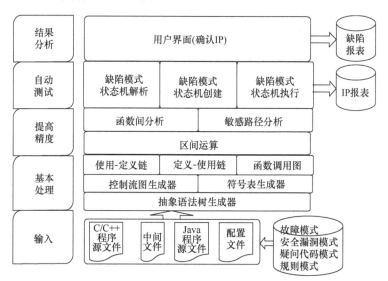

图 11-2　DTS 支持的缺陷模式

### 1. 输入部分

缺陷模式：对支持的缺陷模式进行描述，是测试过程的基础。

配置文件：配置系统运行参数，如缺陷设置、内存配置和输出路径等内容。

程序源代码：被测试程序代码，需包括完整的头文件及库文件。

### 2. 基本处理

抽象语法树生成器：生成抽象语法树。

控制流图生成器：生成控制流图。

符号表生成器：生成符号表。

使用-定义链、定义-使用链：生成数据流关系。

函数调用图：生成函数间调用关系。

### 3. 提高精度

区间运算：计算不同变量在运行时的取值信息，包括简单类型对象和复杂结构对象。

敏感路径分析：采用路径分析技术识别可达及不可达路径，提高分析准确率。

函数间分析：采用函数摘要技术替代被调用函数的完全展开，提高分析效率。

4. 自动测试

缺陷模式状态机解析：分析需要检测的模式，创建成相应的状态机。
缺陷模式状态机创建：针对不同分析对象，创建状态机实例，支持相应的检测。
缺陷模式状态机执行：运行创建的实例，并在其执行过程中检测缺陷。

5. 结果分析

结果聚类：构建所有 IP 间的关联、等价、自配和主宰关系。
数据生成：针对确认为故障的 IP，自动生成能够触发该故障的测试数据。

### 11.1.5　技术指标

1. 支持语言

支持语言包括 C、C++、Java。

2. 支持系统

所支持的操作系统包括 Windows、Linux、Solaris、IBM AIX、VxWorks 和中标麒麟。

3. 缺陷模式

(1) 包括故障、安全、疑问和规则等分类，数量可达 200 余种。
(2) 对于较为简单的缺陷模式，用户可自行定义扩展。
(3) 对于较为复杂的缺陷模式，以厂家补丁方式扩展。

4. 测试准确度

语法类缺陷的测试准确度接近 100%，语义类缺陷的测试准确度大于 70%。

5. 测试充分度

对播入故障的漏报率为 10%，与同类工具相比，漏报率低 20%。

6. 检测效率

检测效率为 10 万行代码/小时～100 行代码/小时。

### 11.1.6　使用步骤

DTS 的使用过程总体包括 6 个步骤，依据测试流程的先后分别是缺陷设置、系统设置、新建测试工程、选择工程进行缺陷扫描、缺陷确认以及生成缺陷报告。

**1. 缺陷设置**

DTS 将其能够检测的缺陷分为四种类型,分别为故障类、安全类、疑问类和规则类。用户在缺陷扫描前需对缺陷类别和类型进行设置,可对上述类型的全部或某几个类型进行测试,也可以选择某几个类别进行测试。选择方法如下:

(1) 选择"设置"菜单中的"扫描设置"命令,打开"扫描设置"对话框,其中给出了系统能够检测的缺陷列表,如图 11-3 所示。

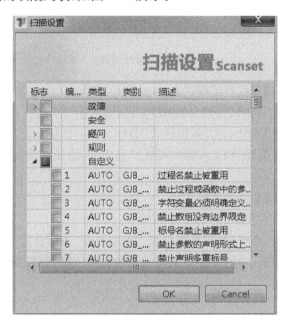

图 11-3　扫描设置

(2) 选取工程需要测试的缺陷类型和类别,单击"确定"按钮。

**2. 系统设置**

为了提高检测精度与效率、满足不同用户的个性化需求,DTS 为用户提供相关的系统设置。DTS 所提供的系统设置的内容有系统配置、宏替换(源和工程测试模式)和宏替换(中间文件测试模式)三个方面。

1) 系统配置

系统配置的方法如下:

(1) 选择"设置"菜单中的"系统设置"命令,打开"系统设置"页面,如图 11-4 所示。

（2）选择"系统配置"选项卡，修改配置相关参数。

（3）单击"保存"按钮。

| 系统配置 | 宏替换（源和工程测试模式） | 宏替换（中间文件测试模式） | | |
|---|---|---|---|---|
| 序号 | 参数名称 | 参数描述 | | 参数值 |
| 1 | | 编译器选择开关，需要相应编译器的支持 | | gcc |
| 2 | MAXVEXNODENUM | 在路径敏感分析前，首先判断当前控制流图的节点个数，如果超过了该上限，则为了提高分析效率不再进行路径敏感... | | 100 |
| 3 | MAXASTTREEDEPTH | 由于中间文件.h中的条件判断节点可能非常复杂（宏展开），导致语法树层次比较多，在区间分析时如果超过了该深... | | 50 |
| 4 | PRETREAT_DIR | 预处理之后中间文件的存放位置 | | temp |
| 5 | PATH_SENSITIVE | 0:路径不敏感 1：部分路径敏感 2：所有路径敏感 | | 1 |
| 6 | TIMEOUT | 对每个文件的分析超时限制，单位为毫秒 | | 2400000 |
| 7 | TRACE | 是否输出函数的控制流图，状态机图等中间信息 | | false |
| 8 | LIB_HEADER_PATH | 系统头文件路径，以分号为分隔符 | | /usr/include;/usr/local/incl... |
| 9 | FILEREPLACE | 是否进行不识别串替换 | | true |
| 10 | InterFile_Simplified | 是否对预处理后的.i中间文件进行简化，如去除重复的头文件展开 | | false |
| 11 | LOG_REPLACE | true表示日志文件删除后重新生成并覆盖；false表示在原日志最后续写 | | true |
| 12 | HW_RULES_CUT | 为了提高华为代码的测试效率，如果只分析华为的规则类，可以跳过自定义使用储和区间分析的步骤 | | false |
| 保存 | | | | |

图 11-4　系统设置

2）宏替换（源和工程测试模式）

宏替换（源和工程测试模式）的方法如下：

（1）选择"设置"菜单中的"系统设置"命令，打开"系统设置"页面。

（2）选择"宏替换（源和工程测试模式）"选项卡，添加宏替换信息。

（3）保存设置。

3）宏替换（中间文件测试模式）

宏替换（中间文件测试模式）的方法如下：

（1）选择"设置"菜单中的"系统设置"命令，打开"系统设置"页面。

（2）选择"宏替换（中间文件测试模式）"选项卡，添加宏替换信息。

（3）保存设置。

3. 新建测试工程

DTS以工程的方式管理每一个测试任务。在对某一目标源代码（或中间文件）进行缺陷扫描前，必须新建一个关于该测试的测试工程。新建工程的过程具体如下：

（1）选择"文件"菜单中的"新建工程"命令，打开如图 11-5 所示的"新建测试工程"对话框。

（2）设置测试工程的名字、源代码路径、头文件路径以及输出文件路径。

（3）单击"Finish"按钮，即可新建测试工程。

新建的测试工程会自动添加到系统界面的工程导航中，如图 11-6 所示。

4. 选择工程进行缺陷扫描

用户可以对工程栏中所建立的任何一个测试工程进行缺陷扫描，也可以对同

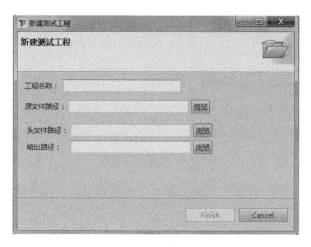

图 11-5 CPP 版新建测试工程对话框

一个测试工程扫描多次。

缺陷扫描的方法如下：

（1）单击工程浏览栏中的待测工程名,选择待测工程。注意,DTS 支持新建多个测试工程,用户在缺陷扫描前必须选择所要扫描的工程。

（2）在菜单栏的"测试"菜单中选择"缺陷扫描"命令,打开缺陷扫描确认对话框。以"ficl"工程测试为例,显示如图 11-7 所示。

图 11-6 新建的测试工程

图 11-7 扫描确认

（3）单击"是"按钮,进行缺陷扫描。如果发现测试工程不是所要扫描的工程,在此单击"否"按钮,即可重新选择测试工程。针对同一工程,如果是第二次（或第二次以上）扫描,系统会提示以系统时间命名保存数据库,该数据库保存在用户指定的输出目录下。

（4）缺陷扫描启动,用户等待扫描结束。扫描过程如图 11-8 所示。等待时间视工程大小及文件复杂程度而定。

（5）扫描结束。分析对话框中显示扫描文件数、代码行数和分析时间,如图 11-9所示。

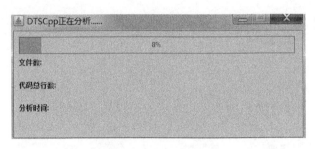

图 11-8　缺陷扫描过程

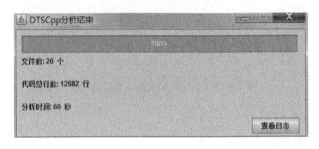

图 11-9　扫描结束

（6）关闭扫描对话框，扫描的缺陷结果会自动显示在系统窗口下部的缺陷列表区。图 11-10 所示为 ficl 工程的扫描结果。

图 11-10　缺陷列表

5．缺陷确认

双击图 11-10 中的缺陷记录，即可展示相关的代码，用户可以参考缺陷描述及相关代码对缺陷进行确认，如图 11-11 所示。

6．生成缺陷报告

步骤（1）～（5）完成了工程的扫描和缺陷确认工作。DTS 支持自动生成 PDF 格式缺陷报告，具体步骤如下。

（1）在工程栏选择将要生成测试报告的测试工程。

（2）在“报表”菜单下选择“生成报表”命令，弹出如图 11-12 所示的对话框。

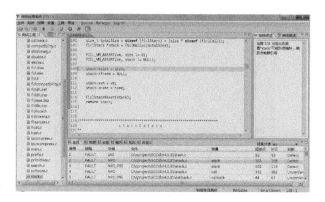

图 11-11　缺陷确认

图 11-12　设置报表头

（3）填写报表头信息。其中，报告名称默认为"DTS 测试报告"，日期为当前日期，存储路径默认为"d：\DTS 测试报告. pdf"，用户可根据需求进行修改。

（4）单击"Next"按钮进入下一步，用户可以根据缺陷类型和判断结果来选择要输出的缺陷类型，如图 11-13 所示。

（5）单击"Finish"按钮，等待报告输出完成。

（6）查看缺陷报告。以 ficl 工程测试为例，缺陷报告"DTS 测试报告. pdf"已经存放到 D 盘下。打开 ficl 工程测试报告，如图 11-14 所示。

图 11-13　缺陷类型选择

图 11-14　测试报告首页

# 11.2　代码测试系统 CTS

## 11.2.1　系统功能

代码测试系统(code testing system, CTS)是由北京邮电大学研发的一款面向 C 语言的单元覆盖测试工具,可自动完成对单元的语句、分支、MC/DC 的覆盖测试。程序的预处理、测试用例的生成、测试环境建立与测试执行、故障定位等功能都完全实现自动化,其系统结构如图 11-15 所示。利用 CTS 可大大提高单元测试的效率和精度,对快速生成指定元素的覆盖率、快速发现故障具有很重要的意义。

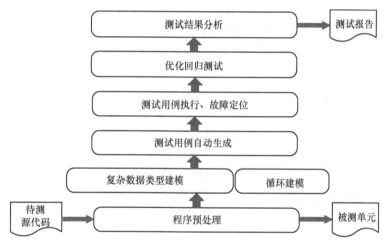

图 11-15　CTS 系统结构图

除了前面介绍的复杂数据类型建模和循环建模模块,CTS 还包括程序预处理、测试用例自动生成、测试用例执行、故障定位和优化回归测试等模块。

1. 程序预处理

程序预处理是指在不运行程序的前提下对被测程序进行分析。在 CTS 中通过对被测 C 文件进行静态分析,可以得到抽象语法树、控制流图、函数间的调用关系、符号表和定义使用链等,为下一阶段的测试用例生成提供足够的信息。

2. 插装

插装模块是为覆盖率统计服务的。根据覆盖准则在被测代码中插入一些插装消息代码,这些消息代码不会影响程序的逻辑和语义,在测试用例执行时这些插装代码会被执行同时返回插装消息,通过分析插装消息可以得到程序的执行路径,并以此统计覆盖率。

### 3. 打桩

一般的函数间都存在依赖关系,当对一个函数进行单元测试时需要隔离其他函数的影响,处理这种问题的方法称为打桩。打桩的实现方式是将当前的函数调用替换为桩函数,通过桩函数返回值的不同影响程序的执行路径。CTS 系统支持面向路径的自适应打桩,即根据上下文环境约束计算出桩函数所需的返回值和相关变量取值。

### 4. 测试用例自动生成

根据覆盖准则选取一条路径,通过分析路径上变量的语义和约束生成测试用例。这种测试用例生成方式的特点是生成测试用例的命中率高,容易达到理想的覆盖率;缺点是生成测试用例耗费的时间最多,容易出现路径爆炸,且对循环的处理一直是一个研究难点。

### 5. 测试用例执行

生成测试用例后的下一个步骤就是执行,借助于插装、打桩和生成的驱动代码调用运行命令执行测试用例,根据插装消息统计覆盖率。如果测试覆盖率有所提升,那么判定该测试用例为有效测试用例,否则重新执行测试用例生成过程,直到达到指定的覆盖率或者覆盖率连续不更新的次数达到阈值。

### 6. 故障定位

通过比较测试用例运行时的实际返回值及其预期值,判断测试用例是否通过。故障定位是当检测出测试用例产生错误的结果时系统为其定位到可能产生错误的语句的一种方式。CTS 工具通过分析所有测试用例的执行路径,评估各个语句(块)的可疑度大小,辅助开发者去判断程序错误以尽早发现程序错误并进行排除,避免后期测试浪费不必要的代价。

### 7. 优化回归测试

单元回归测试最重要的步骤在于回归测试用例的选取。优化的回归测试,旨在选用尽可能少的测试用例集来测试修改后的代码,从而提高回归测试的效率。CTS 通过分析测试用例的执行轨迹,从基线用例库中剔除与修改点不相关的测试用例,筛选出与之相关的用例进行下一步的覆盖测试;若覆盖率没有达到 100%,则以修改点及其后续节点为目标自动生成测试用例作为补充测试用例集。

### 11.2.2 操作步骤

CTS 的主界面如图 11-16 所示,主要操作步骤介绍如下。

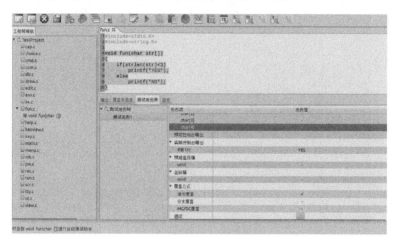

图 11-16 CTS 主界面

(1) 选择"工程"菜单中的"新建工程"命令,打开如图 11-17 所示的"新建单元测试工程"对话框。

图 11-17 "新建单元测试工程"界面

(2) 工程建立完毕后,出现如图 11-18 所示的界面。界面的工程视图中显示了所有的文件信息,这时是没有进行模块划分的文件信息。

(3) 单击工具栏中的"模块划分"按钮,或者右击工程名在弹出的快捷菜单中

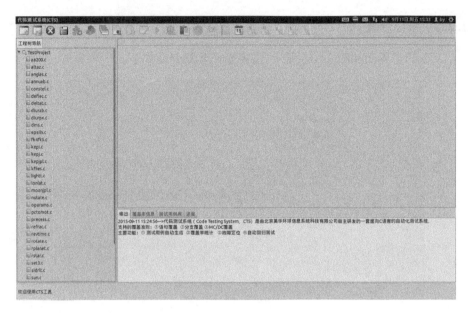

图 11-18　新建工程后的界面显示

选择"模块划分"→"自动模块划分"(或"人工模块划分")命令,系统将对选定的文件和函数进行模块划分,如图 11-19 所示。

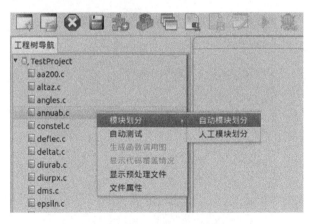

图 11-19　模块划分菜单

(4) 覆盖准则选择。单击工具栏中的"覆盖准则选取"按钮或选择"测试"菜单中的"工程设置"→"覆盖准则选取"命令,出现如图 11-20 所示的"覆盖准则选取"对话框。选择需要的覆盖准则,单击"确定"按钮。

(5) 在工程树中右击被测函数单元,在弹出的快捷菜单中选择"测试用例生成"→"自动测试"命令,CTS 将自动生成满足步骤(4)中指定覆盖准则的测试用例,并统计覆盖率,如图 11-21 所示。

图 11-20　覆盖准则选择

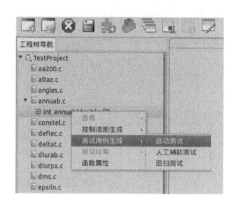
图 11-21　选择测试用例生成方式

（6）查看测试结果。

① 在工程视图中选择某个函数后,可以在右下角的测试结果选项卡中查看覆盖率信息和测试用例库,如图 11-22 和图 11-23 所示。

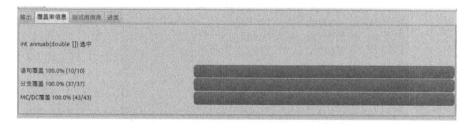
图 11-22　覆盖率显示

图 11-23　测试用例库

② 在工程视图中右击工程名,可在弹出的快捷菜单中选择查看测试结果文件(图 11-24)和工程属性(图 11-25)。

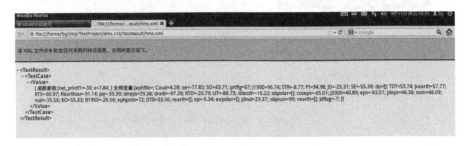

图 11-24　测试结果文件

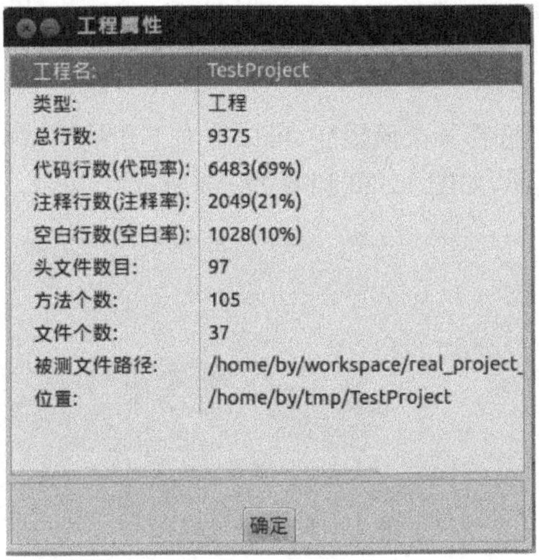

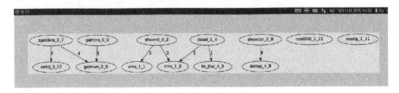

图 11-25　工程属性

③ 在工程视图中选择一个文件并右击,在弹出的快捷菜单中可以选择查看文件内的函数调用图(图 11-26)、代码覆盖情况(图 11-27)和文件属性(图 11-28)。

图 11-26　函数调用图

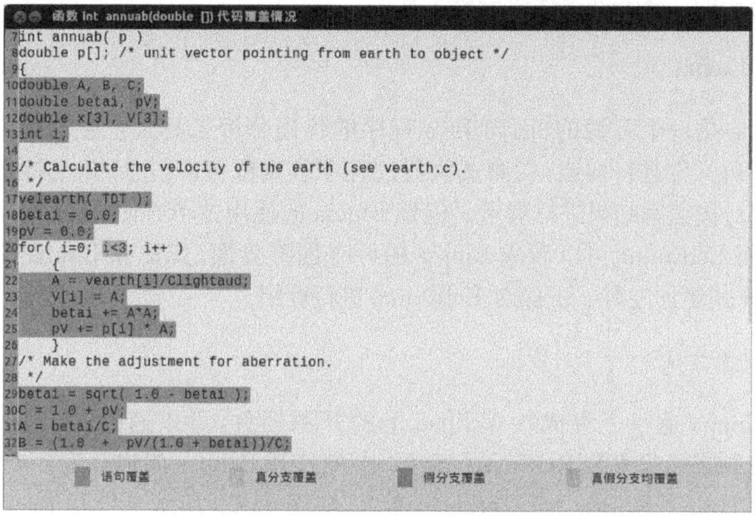

图 11-27　代码覆盖情况

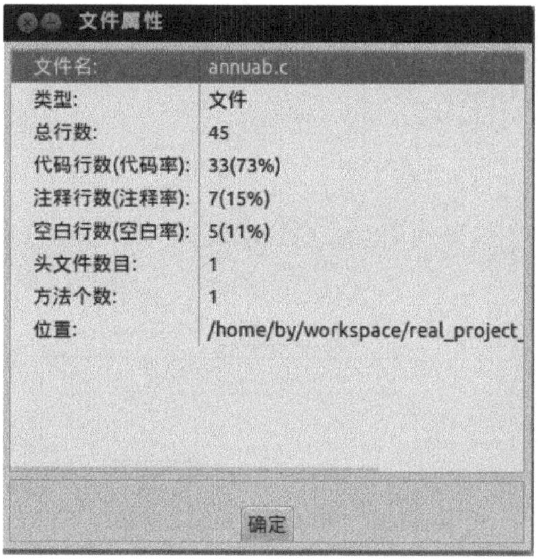

图 11-28　函数属性

# 11.3　其他代码分析工具

　　代码分析工具的主要功能包括词法分析和语法分析、针对不同覆盖准则生成测试用例、覆盖率统计等,并由此来帮助开发者定位程序中的故障和维护代码质量。除了前面介绍的 DTS 和 CTS,还有开源的工具 Emma、Parasoft 公司的 C++test 和

LDRA 公司的 Testbed 等代码分析工具。

### 11.3.1　Emma

Emma 是一个开源的、面向 Java 程序的代码分析工具。它通过对编译后的 Java 字节码文件进行插装,在测试执行过程中收集覆盖率信息,并支持通过多种报表格式对覆盖率结果进行展示。但是 Emma 的使用并不方便,需要使用其专用的命令,而 EclEmma 可以看成 Emma 的一个图形界面,其具有 Emma 的基本功能,使用方式更加友好。下面对 EclEmma 进行介绍。

1. **安装方法**

EclEmma 是一个集成在 Eclipse 上的开源插件,可以通过 Eclipse 标准的 Update机制来远程安装 EclEmma 插件。首先打开 Eclipse 集成开发环境,选择菜单栏中的 Help→Eclipse Marketplace 命令,如图 11-29 所示。打开 Eclipse Marketplace 窗口,在搜索框中输入 EclEmma 进行搜索,如图 11-30 所示。搜索到后单击 install 按钮即进入插件安装界面,安装完成后重启 Eclipse 即可。

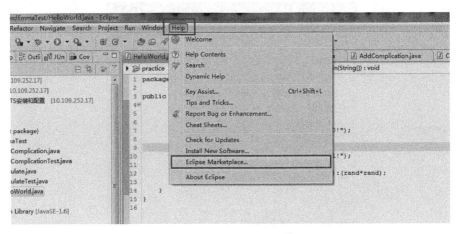

图 11-29　安装 EclEmma 过程(1)

2. **测试过程**

EclEmma 插件安装成功后,工具栏中出现一个图标 ,选择被测程序后单击图标右侧的三角按钮,即可进行相应测试。下面通过一个较为简单的程序来介绍 EclEmma 的测试过程,它包含较为简单的分支判断和基本输出语句。

1) 测试基本流程

(1) 选择被测程序(practice/src/eclEmmaTest/HelloWorld. java)。

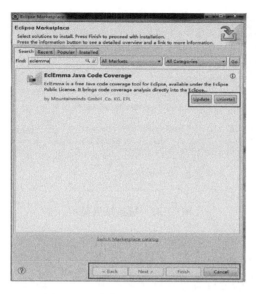

图 11-30　安装 EclEmma 过程(2)

(2) 单击 按钮,在弹出的菜单中选择 Coverage as→Java Application 命令,如图 11-31 所示。

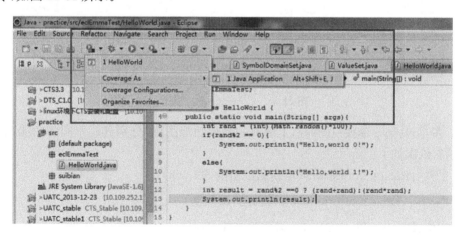

图 11-31　执行测试

(3) 得到覆盖测试结果,如图 11-32 所示。在图 11-32 中,不同的覆盖结果用不同的颜色显示,其中红色表示该行代码根本没有被执行,黄色代表该行代码被部分执行,绿色表示该行代码被完整执行。另外,分支判断对应的代码左侧会标记一个菱形,单击这个标记会显示该分支的覆盖情况,如果该分支没有被完全覆盖,那么标记显示为黄色;如果该分支被完全覆盖,则显示为绿色。

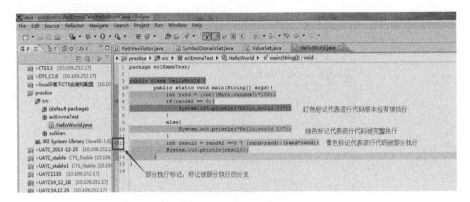

图 11-32　覆盖结果显示

（4）测试完毕。

2）Coverage 单独视图

除了通过对源代码进行着色处理来显示覆盖情况，EclEmma 还设计了单独视图来统计对代码的覆盖情况，如图 11-33 所示。

| Element | Coverage | | Covered Instructions | Missed Instructions | Total Instructions | |
| --- | --- | --- | --- | --- | --- | --- |
| ▲ 🏫 practice | 1.0 % | | 24 | 2,419 | 2,443 | |
| ▲ 🏫 src | 1.0 % | | 24 | 2,419 | 2,443 | |
| ▷ 🎛 (default package) | 0.0 % | | 0 | 2,128 | 2,128 | |
| ▷ 🎛 suiban | 0.0 % | | 0 | 280 | 280 | |
| ▲ 🎛 eclEmmaTest | 68.6 % | | 24 | 11 | 35 | |
| ▲ 📄 HelloWorld.java | 68.6 % | | 24 | 11 | 35 | |
| ▲ ⓖ HelloWorld | 68.6 % | | 24 | 11 | 35 | |
| ⓖ main(String[]) | 75.0 % | | 24 | 8 | 32 | |

HelloWorld (2015-6-25 9:14:48)

图 11-33　Coverage 单独视图

在 Coverage 单独视图的右上侧有一系列功能图标，分别具有不同的功能，从左到右依次如下。

　　:Relaunch Sessions（重新测试当前 Session）；

　　:Dump Execution Data（转储测试数据）；

　　:Remove Active Session（删除当前 Session）；

　　:Remove All Sessions（删除所有 Session）；

　　:Merge Sessions（合并 Sessions）；

　　:Select Active Sessions（选择 Session）；

　　:Collapse All（折叠所有节点）；

：Link with Current Selection(定位到其他 Session 视图)；

：View Manu(更多选项)。

以上图标中较为常用的是 Merge Sessions 和 View Menu。View Menu 选项如图 11-34 所示，其中包含了覆盖测试的覆盖准则和一些视图的显示设置。Emma 支持多种覆盖准则，包括字节码覆盖、分支覆盖、行覆盖、方法覆盖和类覆盖，选择不同的覆盖准则即可进行相应的覆盖测试。

要在一次运行中覆盖所有的代码通常比较困难，如果能把多次测试的覆盖数据综合起来进行查看，那么就能更方便地掌握多次测试的测试效果，EclEmma 也实现了该功能。现在重复数次对 HelloWorld 的测试。Coverage 视图总是显示最新完成的一次覆盖测试。事实上，EclEmma 保存了所有的测试结果，通过 Coverage 视图的工具按钮 Merge Sessions 可查看多次覆盖测试的结果。

当多次运行 Coverage 之后，单击 Merge Session 按钮，弹出如图 11-35 所示的 Merge Sessions 对话框，单击 OK 按钮，即可得到多次覆盖测试的综合结果。

图 11-36 显示了执行 Merge Sessions 命令后的代码覆盖情况，可知经过合并多次测试结果，代码的覆盖率得到了提升。

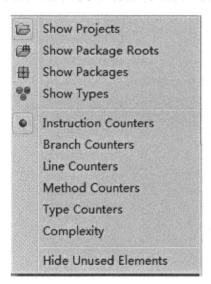
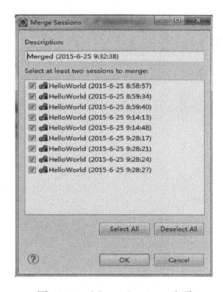

图 11-34　View Menu 选项　　　　　　图 11-35　Merge Sessions 选项

图 11-36 显示第三行代码始终没有被覆盖，原因在于没有生成任何 HelloWorld 这个类的实例，因此其默认的构造函数没有被调用，EclEmma 将这个特殊代码的覆盖状态标记在类声明的第一行。

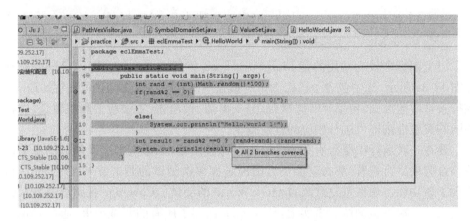

图 11-36　执行 Merge Session 命令后的代码覆盖情况

3）覆盖测试报告

覆盖测试被执行后，可以导出测试结果，生成测试报告，如图 11-37 所示。在 Coverage 单独视图选中被测文件并右击，在弹出的快捷菜单中选择 Export Session 命令，即可得到目录，如图 11-38 所示，选择报告存储格式，单击 Finish 按钮即得到完整的测试报告。图 11-39 显示了 HelloWorld.java 的 HTML 格式的测试报告。

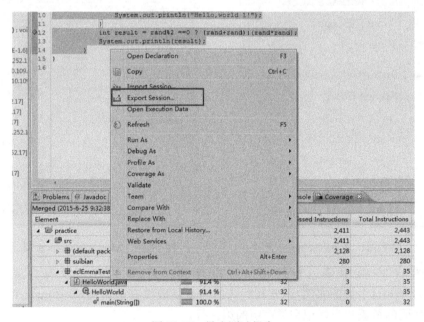

图 11-37　导出测试报告

图 11-38　报告导出设置

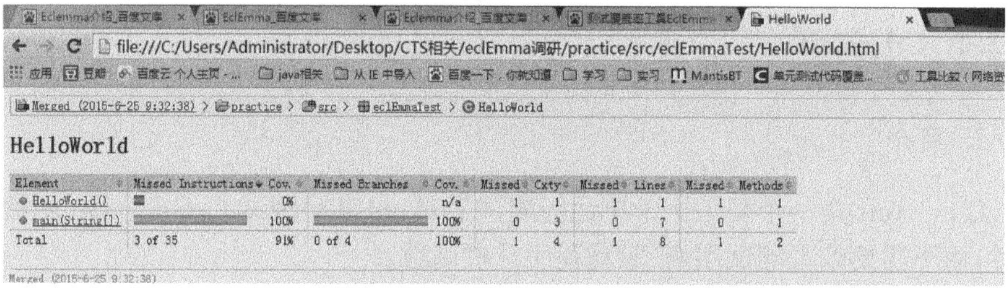

图 11-39　Hello World 的 HTML 格式测试报告

4）EclEmma 对 Junit 单元测试的支持

EclEmma 除了可以进行 Java Application 的测试，还支持 Junit 单元测试。首先需要编写 Junit 单元测试代码，然后对单元测试代码进行覆盖测试。Junit 的测试结果如图 11-40 所示，由于测试方法 minus$(x, y)$ 提供的测试数据不正确，这个方法测试失败，此次的覆盖率只有 80%。

3．Emma 的其他特性

Emma 提供了两种方式来获得覆盖的测试数据，即预插入模式和即时插入模式。预插入模式是指对程序进行测量之前需要采用 Emma 提供的工具对 class 文

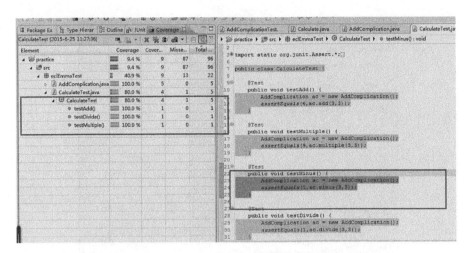

图 11-40    EclEmma 对 Junit 单元测试代码的覆盖测试结果

件或者 jar 文件进行修改,修改完成之后的代码可以立刻被执行,覆盖测试的结果将会被存放到指定的文件中。而即时插入模式不需要事先对代码进行修改,对代码的修改是通过一个 Emma 定制的类载入器(Class loader)进行的。即时插入模式的优点很明显,即不需要对 class 或者 jar 文件进行任何修改;缺点是为了获得测试的结果,需要用 Emma 提供的命令 emmarun 来执行 Java 应用程序。

### 11.3.2　C++test

1. 简介

C++test 是一个 C/C++单元级测试工具,可自动测试 C/C++类、函数或部件,而不需要编写测试用例、驱动程序或桩函数。

2. 运行环境及安装

(1) 运行环境:

Microsoft Windows NT/2000/XP/2003/Vista

(2) 支持的编译器:

GNU and MingW gcc/g++ 2.95.x, 3.2.x,3.3.x, 3.4.x

GNU gcc/g++ 4.0.x, 4.1.x, 4.2.x, 4.3.x,4.4.x, 4.5.x

Microsoft Visual C++ 6.0, Microsoft Visual C++ 2005

Microsoft Visual C++ 2008, Microsoft Visual C++ 2010

(3) 安装:在安装 C++test 之前要先安装编译器,这里安装 Visual Studio 2008(简称为 VS2008),完成后双击 C++test 安装文件,即可将其集成到 VS2008

中,安装过程如图 11-41 所示。集成后的效果如图 11-42 所示。

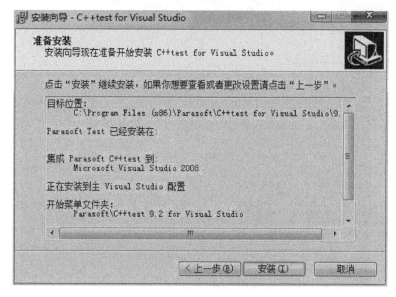

图 11-41　安装过程

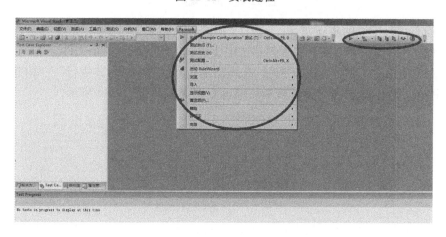

图 11-42　集成后的效果

3. 软件功能

1) 静态代码检测

C++test 通过静态地分析代码来检查与指定代码规范规则的一致性。C++test插件版内建了 1619 条规则,除了使用内建规则进行静态测试,还允许用户导入或自定义规则,如图 11-43 所示。

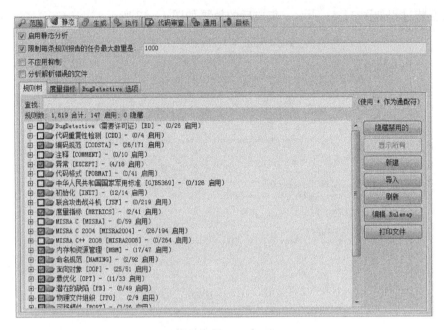

图 11-43　静态规则

静态代码检测的步骤如下：

（1）在 VS2008 左侧资源管理器选中要测试的工程或者单个文件。

（2）单击右上角的"测试"按钮，在弹出的菜单中选择"测试执行"→"内建"→
Static Analysis，选择某个静态规则后即可测试执行，如图 11-44 所示。

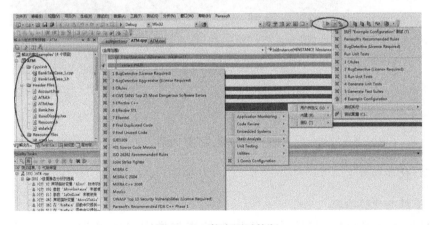

图 11-44　静态测试执行

检测结果显示在 VS2008 界面下部的质量任务视图中，如图 11-45 所示。双
击每条检测结果可以直接定位到相应的代码行。

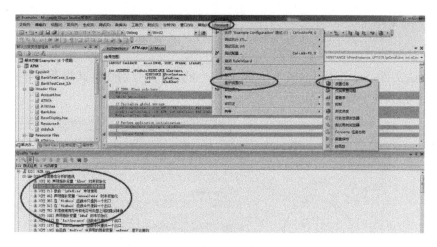

图 11-45　质量任务

2）单元测试

除了可以自动生成测试用例、驱动函数和桩函数，C++test 也可以根据用户配置的 TestConfiguration 自动生成所需要的测试用例、驱动模块和桩模块。

具体执行步骤如下：

（1）在 VS2008 左侧的资源管理器选中要测试的工程或者单个文件。

（2）单击菜单栏右侧的"测试"按钮，在弹出的菜单中依次选择"测试执行"→"内建"→Unit Testing→Generate Unit Test 命令，如图 11-46 所示。

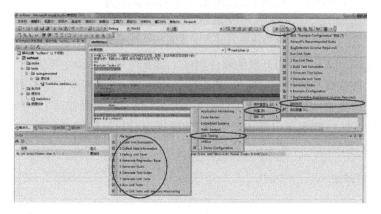

图 11-46　单元测试发

（3）进行单元测试执行。完成后可以单击菜单栏中的 Parasoft→"显示视图"命令，选中相应视图即可查看覆盖率、测试用例和桩函数等。

4. 测试过程

测试的结果如图 11-47 所示。

测试文件：Statistics. c(函数功能：输入一行字符，分别统计其中英文字母、空格、数字和其他字符的个数)。

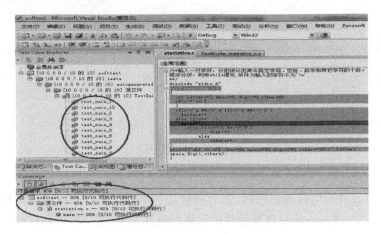

图 11-47　　C++test 测试结果

执行时间：5s。

测试用例：生成 10 个测试用例，均为数字。

覆盖情况：90％的行覆盖率，其他覆盖准则覆盖率为 0。

### 11.3.3　Testbed

Testbed 是 LDRA 公司开发的软件测试工具套件中的一个主要部件。LDRA 公司是专业软件测试工具与测试技术、咨询服务提供者，其总部位于英国利物浦，中国总代理为上海创景计算机系统有限公司。Testbed 的系统界面如图 11-48 所示。

Testbed 的功能主要包括代码评审、质量评审、设计评审、单元测试、测试验证和测试管理，如图 11-49 所示。

1. 代码评审

LDRA 工具套件提供编码规则检查功能，帮助用户提高代码评审工作的效率和质量。用户可以选择使用工具自带的编码规则，也可选择使用行业认可的编码规则标准，如 MISRA C/MISRA-C：2004、GJB5369 等，同时支持用户筛选配置自己的编码规则集，以及根据用户需要添加自定义的编码规则。

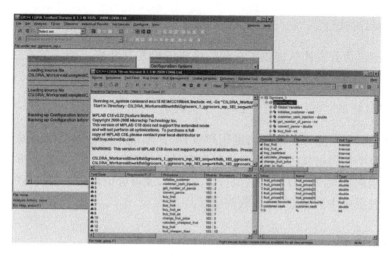

图 11-48　Testbed 系统界面

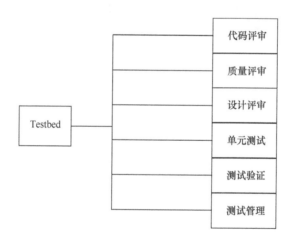

图 11-49　Testbed 组成部分

## 2. 质量评审

软件质量评审可以帮助用户对软件质量特性进行评价。LDRA 工具套件能够实现质量评审过程的自动化,以及代码的全面可视化、系统级的质量度量和代码的结构化简,帮助用户提高整个代码的质量。

## 3. 设计评审

设计评审的目的是对源代码与设计需求之间的一致性进行评审。传统人工方式的设计评审需要花费大量的时间和资源,LDRA 工具套件则实现了设计评审的自动化。

### 4. 单元测试

单元测试为开发团队提供了在初始编码阶段发现和修正错误的方法,帮助软件开发团队提高软件单元/模块的质量。

### 5. 测试验证

软件代码覆盖率分析能够帮助用户直观、详细地了解被测试代码的测试覆盖情况,即"哪些代码被执行过、哪些代码没有被执行过",通过进一步分析明确如何补充测试用例来验证没有被测试执行过的代码,或者分析代码未被执行的原因,从而帮助发现程序中的缺陷、提高软件质量。

### 6. 测试管理

LDRA 工具套件可以和常用的版本管理工具进行无缝集成,用户可以直接在 LDRA 工具套件中进行被测试软件版本的 check-out、测试、源代码修改、再测试、确认以及 check-in,从而实现更加高效的测试管理。